테이블 코디네이트

table coordinate

식공간(食空間)이란 글자 그대로 “음식을 먹는 공간”을 의미한다.

이러한 식공간의 개념은 테이블이나 식당 등 어느 한정된 공간에 국한되는 것이 아니라, 보다 다양하고 광범위한 의미를 지닌다고 할 수 있다. 즉 식(食)이라는 행위가 이루어질 수 있는 모든 공간 전체가 식공간이 될 수 있는 것이다.

예를 들어 테이블, 식당뿐만 아니라 포장마차, 야외 카페는 물론 노천이나 들판 등도 때로는 식공간에 포함될 수 있다.

그러므로 어떠한 환경이나 여건, 장소 등에서도 식공간으로서의 변환이나 공간 창출이 가능하다는 것이다.

앞으로 이 식공간의 개념은 무궁무진하게 넓어질 것이고, 식사하는 욕구충족의 기능 외에도 먹는 사람의 마음을 고치고, 휴식의 장소에서 여유가 담긴 복합 문화공간의 기능, 자아실현의 역할 등 많은 기능을 수행할 수 있을 것이라 생각된다.

식공간 연출은 연출가가 의도한 컨셉이 무엇인가에 따라 그것을 구성하는 요소들도 다양하게 활용할 수 있고, 이것에는 ‘창조’의 과정이 뒤따르는 것을 염두에 두어야 하며, 식공간 연출의 창조는 식(食)의 과정을 위해 가장 편안하고 때와 장소에 맞게 아름답게 장식하고, 고객의 필요에 맞게 식공간의 모든 것이 조화를 이루었을 때 그 미(美)가 완성된다고 하겠다.

머 리 말

이 책의 저자들은 강의경력과 외식에서의 실무경력을 통해 테이블 코디네이트와 식공간의 이론을 구체적이고 체계적으로 제시하여, 현역에 계신 분들과 테이블 코디네이터가 되고자 하는 분들에게 자료로 활용되고자 하는 마음으로 책을 구성했다.

식공간의 개념과 서양, 동양 식탁사, 테이블 구성 웨어들을 자세하게 다뤄주고, 테이블 코디네이트 시에 구체적인 테마를 선정하여, 시각적으로 통일감 있는 테이블의 이미지 연출을 할 수 있도록 차트를 제시하였다. 테이블 코디네이트를 공부하고자 하는 학생들이나 전문적인 지식을 얻고자 하는 이들에게 유용하게 활용되길 바라는 마음으로 한 페이지 한 페이지 엮었다.

식공간 연출의 학문적인 토대를 만들어 감에 앞서 나가신 식공간 연구회 선배님들께 감사하는 마음을 전하고, 경기대학교 관광전문대학원 나정기, 진양호, 김기영, 김명희, 한경수 교수님, 동부산대학 푸드 스타일리스트과 이승재 학과장님, 안진환 학장님, 경기대학교 장신구 디자인과 김병찬 교수님, 평생교육협의회 김광길 교수님, SFCA 이종임 원장님께 감사의 마음을 전하고, 늘 배려를 아끼지 않으시는 백산출판사 진욱상 사장님께 깊이 감사드린다.

c o n t e n t s

part.1 식공간의 개념

part.2 색채

part.3 동양의 식탁사

part.4 서양의 식탁사

part. 1

table co

식공간의 개념

ordinate

part. 1

식공간의 개념

1. 식공간(食空間)의 정의

식공간(食空間)이란 글자 그대로 "음식을 먹는 공간"을 의미한다. 이러한 식공간의 개념은 테이블이나 식당 등 어느 한정된 공간에 국한되는 것이 아니라 보다 다양하고 광범위한 의미를 지닌다고 할 수 있다. 즉 식(食)이라는 행위가 이루어질 수 있는 모든 공간 전체가 식공간이 될 수 있는 것이다. 테이블이 있는 실내공간의 식당뿐 아니라 포장마차, 야외 카페는 물론 노천이나 들판 등도 때로는 식공간에 포함될 수 있다. 그러므로 어떠한 환경이나 여건, 장소 등에서도 식공간으로서의 변환이나 공간 창출이 가능하다는 것이다. 앞으로 '식의 적용범위' 가 확대되면 될수록 식공간의 개념과 영역도 넓어질 것이다.

식공간은 기본적인 먹는 행위가 이루어지는 공간의 개념 이외에 먹는 사람의 마음을 고치고, 휴식의 장소가 되기도 한다. 과학의 발달과 무역을 통해 소득이 증대됨으로써 풍요를 누릴 수 있는 최근 개개인의 개성이 중시되고 있는 현대생활에 있어서 식공간은 물리적인 영양공급이나 생리적인 욕구충족 이외의 목적을 달성하기 위한 공간의 개념을 뛰어넘어 자신만의 개성 연출, 휴식 그리고 가족, 단체를 시작으로 친구나 다양한 그룹의 친목을 도모하고, 특히 사교, 정치, 외교 등의 커뮤니케이션을 위한 공간으로서 사회적인 욕구충족의 기능과 테이블 스타일링을 통한 자아실현과 성취감을 이룰 수 있는 기능 등 식공간의 기능이 다양화되고 있다. 그렇기 때문에 식공간 연출가는 식공간의 음식을 통해 스트레스를 발산하고 기분을 전환시키며, 사람과의 유대관계를 돈독히 해주는 기능을 염두에 두어야 하며, 먹는 사람에 대한 배려를 잊지 말아야 하며, 음식과 공간을 통해 상대방에게 즐거움과 베푸는 마음을 전할 수 있는 기능도 생각해야 한다.

〈그림 1-1〉 In-door에서의 식공간 연출

〈그림 1-2〉 Out-door에서의 식공간 연출

2. 식공간 기본 구성요소

식사하는 행위를 위한 공간과 배고픔을 해결하는 생리적 욕구의 사이클을 지닌 식사 시간, 또한 그 모든 것의 주체가 되는 인간이 삶을 영위하는 곳을 식공간이라고 한다.

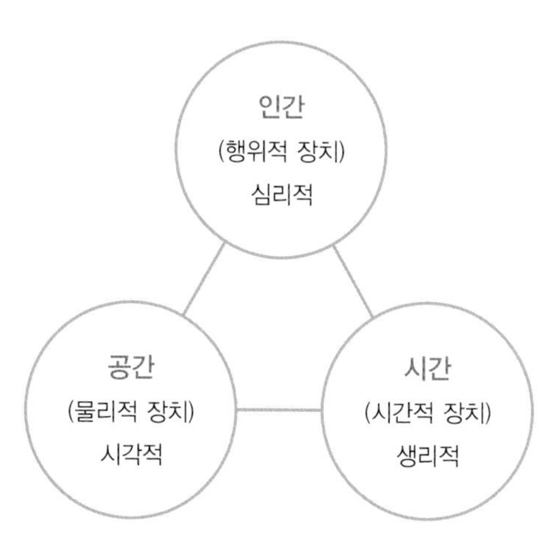

〈그림 1-3〉 식공간 구성요소

식공간을 구성하는 인간, 공간, 시간이라는 개념에서 보면 식탁에 앉게 되는 사람들의 성별, 연령대, 계절, 시간에 따라 식공간의 구성이 다르므로 식탁에 앉게 되는 사람의 정보가 필요하다. 즉 성별에 따라 선호하는 스타일과 컬러가 다르며, 연령에 따라 다르다. 젊은 사람들의 경우 밝고 캐주얼하고 자유스러운 분위기를 좋아하는 반면, 나이가 많은 경우에는 차분하면서 편안하고 안정된 분위기를 선호하는 경우가 있다.

계절별로는 봄, 여름, 가을, 겨울의 사계절에 따라 식공간 디자인의 컬러가 달라지며, 분위기 연출의 소재가 달라진다. 시간적으로는 하루 중 아침, 점심, 저녁 중에 언제 이루어지는 모임이냐에 따라 식공간의 성격이 결정된다. 아침식사인 경우에는 간단한 음식과 단순한 플라워 장식, 부드러운 느낌의 컬러를 사용하여 연출하며, 점심식사인 경우에는 너무 긴장되지 않은 상차림, 저녁의 경우에는 음식이 중심이 되는 격식 있는 모임의 상차림으로 연출해도 좋다.

식사하는 공간, 즉 장소에 따른 분위기 연출은 실외나 실내에 따라 달라지며, 식당이나 안방, 리빙룸에 따라 달라진다.

3. 식공간 디자인

1) 공간 디자인의 구성요소

건축 내부 공간을 그 쓰임에 따라 능률적이고 쾌적한 환경을 창조하여 아름답게 꾸미는 일을 실내 디자인(Interior Design)이라 한다. 실내에서 생활하는 인간에 대한 이해, 환경 및 건축적 이해를 바탕으로 기능적이고 합리적인 접근방법과 예술적이고 심미적인 접근방법의 결합에 의한 실내에서의 생활환경 개선을 목표로 하고 있다.

즉 실내 디자인이란 건물의 내부공간을 생활목적에 따라 편리하고 안락하며 미적인 분위기가 될 수 있도록 설계하는 것이며, 이런 공간을 조성하기 위해서는 생활하는 사람의 기능적 욕구와 실내공간의 바닥, 벽, 천장의 구조, 가구, 조명, 색채 및 장식 등의 실내디자인의 요소를 고려하여야 한다.

최근 들어 공간 구성과 계획, 가구 배치계획, 실내 환경계획(원론적 의미의 환경으로서 빛 환경, 시간 환경, 음 환경, 열 환경 등), 인테리어 가구(built-in-furniture) 디자인, 조명기구 디자인, 마감재 선정, 예산계획 등 여러 분야를 포함하며, 인간의 생활공간을 보다 쾌적하고 안락하게 창출해내는 등 개념이 확대되어지고 있다.

식공간의 실내 구성은 심리적, 심미적, 조형적인 면과 기능적인 면 등 여러 가지 요인으로 인하여 매우 복잡하다. 대화와 만남의 장소로서, 분위기 있는 휴식처로서, 즐거움을 제공할 수 있는 공간으로서의 기능을 기본 체제로 계획되어야 한다.

〈그림 1-4〉 식공간 인테리어 사례

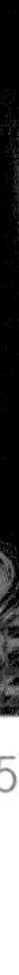

〈그림 1-5〉 식공간 인테리어 사례

(1) 바닥(Floor)

바닥은 천장과 함께 공간을 구성하는 수평적 요소로서 생활을 지탱하는 가장 기본적인 요소이다. 바닥은 외부로부터 추위와 습기를 차단하고 사람과 물건을 지지하여 생활장소를 지탱할 수 있어야 하며, 신체와 직접 접촉하기에 촉각적으로 만족할 수 있는 조건이 구비되어야 한다. 바닥은 고저차가 가능하므로 필요에 따라 공간의 영역을 조정할 수 있도록 한다.

바닥의 컬러는 벽이나 가구, 천장보다 짙으면 실내가 균형 있게 보인다. 중간색의 바닥은 넓은 면을 더욱 넓게 보이게 하며, 시선 이동의 빠른 유도를 돕는다. 식공간은 다른 공간과는 다르게 안정된 분위기를 유지할 수 있는 색상계획을 세워야 한다. 바닥의 재료의 재질은 타일과 석고는 차고 강한 느낌이 들며, 목재는 부드럽고 아늑한 느낌이 들게 하지만 방음에 약하므로 바닥에 카펫이나 러그를 깔아 보완한다.

(2) 벽(Wall)

벽은 공간을 에워싸는 수직적 요소로 수평방향을 차단하여 공간을 형성하는 기능과 외부세계에 대한 침입 방어의 기능을 갖는다. 벽은 실내 공간 요소 중 가장 많은 부분을 차지하므로 의장적으로 가장 중요한 위치에 있으며, 실내 또는 실외에 접하므로 내벽과 외벽으로 구분된다. 바닥에 대한 직각적인 벽은 공간요소 중 가장 눈에 띄기 쉬운 요소이며 벽은 색, 패턴, 질감, 조명 등에 의해 그 분위기가 조절될 수 있고, 벽은 가구, 조명 등 실내에 놓여지는 설치물에 대한 배경적 요소이다. 현대의 벽은 벽 본래의 기능 외에도 미적인 요소가 가미되어 장식화하는 경향이 있다. 벽은 주로 흰색 계열을 많이 사용하며, 흰색 배경은 사람을 가장 아름답게 보이며, 음식 또한 맛있어 보인다. 표면이 부드러울수록 빛이 더 많이 반사되기 때문에, 밝은 색 벽은 아늑하고 확장효과를 주며, 실내 조명의 효과를 높인다. 또한 어두운 색 벽은 실내를 아늑하게 하며, 대체로 중간 색조를 사용하는 것이 무난하다.

벽의 소재로는 벽지, 페인트, 석재, 목재 등의 재질과 가격, 색상 및 패턴이 다양하다. 벽의 마감재는 선택이 다양하므로, 실내 전체의 조화를 고려하여 선택한다. 식사시에 사람들의 시선이 벽에 향할 때가 많으므로 선택시 주의한다.

(3) 천장(Ceiling)

비를 막거나 내부를 따뜻하게 하기 위해 먼저 조성된 것이 지붕이며, 다시 이중으로 차단한 것이 천장이다. 일반적인 천장은 수평으로 되어 있지만, 시각적 흐름이 최종적으로 멈추는 곳이기에 지각의 느낌에 영향을 준다.

천장은 실내 환경에 있어서 가장 동적인 디자인의 대상이 될 수 있는 부분이며, 천장의 형태는 재료의 질감과 함께 실내공간의 음향에 영향을 미친다. 경사진 천장은 실내에 변화와 활기를 주며, 높은 천장은 아늑하고 편안한 분위기를 연출하지만 답답한 느낌도 줄 수 있다.

천장의 컬러는 벽과 동색이나 더 밝은 색을 사용하면 안정되어 보인다. 천장을 벽보다 밝은 색으로 칠하면 천장이 더 높아 보이고, 벽과 천장을 대비되는 컬러로 칠하면 밝고 경쾌한 느낌을 주기도 한다. 천장의 컬러는 조명과의 조화를 고려해야 한다.

(4) 출입문

식공간의 출입문은 외부와 내부를 구분지어주는 역할을 하며 출입의 중앙에 위치하여 한 공간에서 다른 공간으로의 이동을 연결시켜 준다.

(5) 창(Window)

창은 채광, 환기, 조명의 역할을 하고, 실내의 성격이나 디자인의 형태와 크기, 수를 결정하게 된다. 일반적으로 창이 크고 많으면, 실내 공간의 개방감이나 확대감을 주어 시원스런 느낌을 갖게 하지만 안정된 분위기는 결여되며, 반대로 창이 작고 수가 적으면 밀폐감을 주어 안정함을 준다.

2) 식공간의 디자인 요소

식공간을 연출하기 위해서는 디자인 요소와 원리에 대한 지식이 있어야 한다. 개인차가 있지만 본인의 스타일에 따라 식공간의 연출이 결정되기 때문이다.

연출 디자인의 기본원리를 습득하고, 새로운 매체나 다양한 예술부분에서 영감을 받아 자신만의 스타일 연출이 필요한 것이다. 좋은 식공간 연출이란 일정한 형식이나 공식이 없지만 스케일이나 비례, 리듬, 균형, 조화, 강조 등의 조형원리를 적절하게 활용하여 식공간 연출과 환경, 식공간을 이용하는 사람들의 편리성을 돕고, 감성을 풍부하게 만들어 주는 것이 바람직하다. 디자인 요소는 선(Line), 형태(Form or Mass), 문양(Pattern), 질감(Texture), 공간(Space), 색채(Color)로 이루어진다.

(1) 선(Line)

선은 움직이는 점의 궤적이며 엄격히 말해 2차적인 요소라 할 수 있다. 선이란 예술창조의 방향이며 현대예술과 인테리어에서는 특히 지배적인 요소이다. 따라서 하나의 실내공간을 구성하는 느낌은 운동감과 정지감을 주는 선에 의해 확립되기 때문에 효과적인 선의 구사는 가장 중요한 것이다.

선은 다양하며 어떤 형상을 규정하거나 한정하며 면적을 분할하기도 하고 운동감, 속도감, 방향 등을 나타낸다. 선은 사물이나 방의 비례를 외견상 변경시킬 수 있다. 가령 동일한 형상의 직사각형을 각기 가로와 세로로 분할하였다고 가정한다면 시선은 수직선을 따라 위로 올라가게 되고 높게 보이도록 만든다. 반면 가로로 분할된 경우에 시선은 수평으로 이동되어 사각형이 더 넓게 보이게 되는 것이다. 갖가지 선은 식공간에서 독특한 심리적 효과를 나타내기 때문에 바람직한 결과를 얻기 위해 각종 선의 뚜렷한 효과를 마음속에 간직해야 하는 것이다.

① 수직선(Vertical Line)

수직선은 구조적인 높이와 강한 느낌과 존엄성을 느끼게 하는 경향이 있다. 이런 선들은 기둥이나 키가 큰 가구나 커튼의 길고 곧은 주름이 있는 실내에서 찾아 볼 수 있다.

② 수평선(Horizontal Zone)

수평선은 수직선보다 강한 느낌은 덜하지만 차분하고 견실한 느낌을 준다. 아울러 강한 수직선의 효과를 없애거나 약하게 해준다.

③ 사선(Diagonal Line)

사선은 성공적으로 사용되기가 어려우나 효과적으로 적절하게 사용하면 매력요소가 될 수 있다. 경사진 천장이나 계단실 또는 고딕양식의 아치 등에서 볼 수 있는 사선은 활동적인 느낌의 여지를 준다. 그러나 사선의 사용이 너무 많으면 불안정한 느낌을 줄 수 있다.

〈그림 1-6〉 수직선

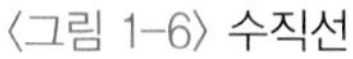

〈그림 1-7〉 수평선

〈그림 1-8〉 사선

④ 곡선(Curved Line)

〈그림 1-9〉 곡선

곡선은 기하곡선과 자유곡선으로 구분되는데 직선보다 더 우아하고 부드러우며 미묘한 점이 있다. 그래서 우아하고 섬세한 느낌의 방을 만들려고 할 때 곡선을 구사한다. 곡선은 개구부의 아치, 커튼의 꽃장식과 둥글고 곡선화된 가구 등에서 발견된다. 인도의 「타지마할」은 우아한 건축의 대명사와 같다. 곡선으로만 장식된 공간은 지루하며 같은 공간에서 과다한 선이 구사되면 불안정하다. 따라서 선의 조심스런 균형은 식공간에서의 안락과 조화를 느끼게 하는 요소가 된다.

(2) 형태(Form or Mass)

식공간에는 여러 가지 형태가 모여 있으나 개개의 모양과 각 형태간의 관계와 양변에서 파악함이 필요하다. 식공간의 형태는 기본적으로 실용적 가치와 장식적 가치를 가진다. 식공간의 대상물이나 테이블 위의 식기들은 삼각, 사각, 원 등의 변형들이 주를 이룬다.

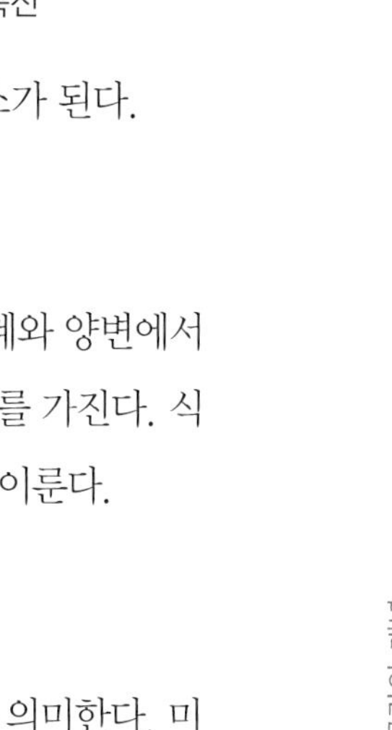

① 아름다운 형태

균형잡힌 형이라 하는데 이것은 조형 요소간의 관계의 밸런스가 잡힌 것을 의미한다. 미의 판단은 다분히 주관적인 것인데, 일반적으로 균형상태를 가장 안정되어 보인다고 한다.

② 유용한 형태

도구의 형태는 사용목적을 무시하고는 성립되지 않는다. "형태는 기능에 따른다"라는 말이 있듯이 "기능적인 것은 아름답다"라고 하는 것은 20세기 디자인의 기본이 되는 사고방법이다. 올바른 형태라는 것에 대해서는 목적에 부합된다는 것과 구조에 거슬리지 않는다는 것이 조건이 된다.

③ 안정된 형태

사람의 마음은 물체나 공간의 형태에 따라 불안도 느끼고 침착하게도 된다. 예각보다는 둔각이 보기에 편안한 것처럼 휴식을 위한 공간이라면 기분을 날카롭게 하는 형태나 구성은 피해야 한다. 그래서 저항감이 적은 원을 많이 이용한다.

〈그림 1-10〉 아름다운 형태

〈그림 1-11〉 유용한 형태

〈그림 1-12〉 안정된 형태

(3) 문양(Pattern)

패턴이란 디자인 행위에서 이루어지는 정돈된 배열을 뜻하는 것으로 장식미술에 있어서 반복된 문양의 하나인 조형단위(造形單位)를 말한다. 패턴은 장식성을 나타낸다는데 그 의의가 있다. 이러한 패턴은 과거로부터 일상생활에서 접해온 것들의 반복적인 형태, 또는 그것의 변형으로 나타났고 상상을 통한 새로운 문양의 창조로 이어지기도 했다. 패턴과 식공간 디자인의 관계는 매우 밀접하다. 패턴의 크기, 배치, 색채 등 그것이 반복되는 형식에 따라 식공간의 이미지가 좌우되며, 테이블 위의 직물의 질감과 색에 따라 테이블의 이미지가 달라지기 때문이다.

패턴은 일반적으로 연속성을 살린 것이 많으나, 이 중에는 반복을 명확히 한 것과 어지럽게 흐트러진 형태의 것이 있다. 반복을 한 패턴은 방향성을 고려할 필요가 있다. 연속성이 있는 것은 리듬감이 생기는데 그 리듬이 식공간의 성격이나 스케일과 맞도록 하는 것이 중요하다. 식공간에서 패턴은 먹는 사람으로 하여금 편안한 느낌을 주는 패턴이 바람직하며, 식공간 속에 있는 모든 패턴이 서로 조화롭게 이루어져야 한다. 예를 들어 세로 줄무늬와 가로 줄무늬를 불완전하게 병용하면 방향성이 혼란스럽게 된다. 식공간이 협소할 경우에는 이질적인 것의 혼용을 피하고 꽃무늬의 커튼을 사용할 때에는 벽은 같은 무늬이든가 무지로 하는 것이 바람직하다.

(4) 질감(Texture)

질감이란 사물이 갖고 있는 표면의 질과 관련된 것이고, 시각적으로나 촉각적으로 느껴지는 물체 표면의 결이다. 다양한 재료가 가지고 있는 특성, 즉 우리의 감각과 관련된 추상적인 이미지로부터 형성된다. 또한 재료에 의한 촉각 경험은 우리로 하여금 특정한 감각을 느끼도록 하는 시각적 단서를 제공한다.

예를 들어 화강석의 거칠음, 카펫의 부드럽고 푹신하며 따사로움이라든가, 판유리가 주는 차고 매끄러운 느낌도 시각이나 촉각을 통하지 않고도 연상할 수 있는 질감효과인 것이다. 결국 질감은 시각적으로 가볍거나 무겁게, 따듯하거나 차게, 조밀하거나 느슨하게, 규칙적이거나 불규칙적인 것으로 느껴질 수 있는 것이다. 식탁에서는 식기의 소재, 식기의 패턴, 식탁 위의 연출과 조명에 따라 질감을 다르게 인지할 수 있다.

(5) 공간(Space)

공간은 아마도 실내건축의 요소 가운데 가장 중요한 것이 될 것이다. 잘 계획되고 잘 구성된 공간은 쾌적한 삶의 공간을 만든다. 공간개념에 대한 완전한 결론이란 있을 수 없으나 공간을 지니지 않은 식공간은 없을 것이다.

(6) 색채(Color)

시각적으로 특별히 고려되어야 할 부분으로 모든 색의 인상과 느낌은 그 인접한 색에 따라 변화하며, 색의 주변과 배경이 전체적 효과에 의해 영향을 받는다. 색의 요소로 서로 밀접한 균형을 이루는 색상을 조화라 하고, 두 개의 대립되는 감각의 차이에서 일어나

는 현상을 대비라 하는데, 실내의 디자인을 돋보이게 하기 위해서는 적절한 대비(색상, 명도, 채도, 동시, 면적, 보색, 한난)를 사용함이 바람직하고 전체적으로 조화를 이루도록 하여야 한다.

3) 식공간 디자인의 장식적 요소

(1) 커튼(Curtain)

외부와 실내의 단열작용을 하여 보온, 보냉의 환경을 만들어주는 역할을 한다. 흡음 기능과 소음을 억제해주는 역할도 하며, 식공간에서는 채광 조절과 프라이버시 유지가 가능하다. 전체적으로 식공간과의 이미지와 색채의 조화가 중요하다.

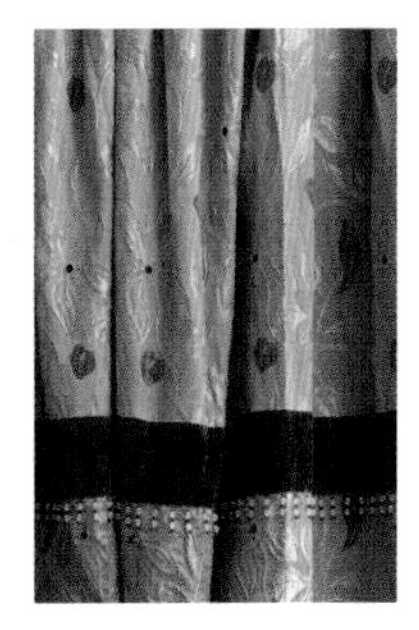
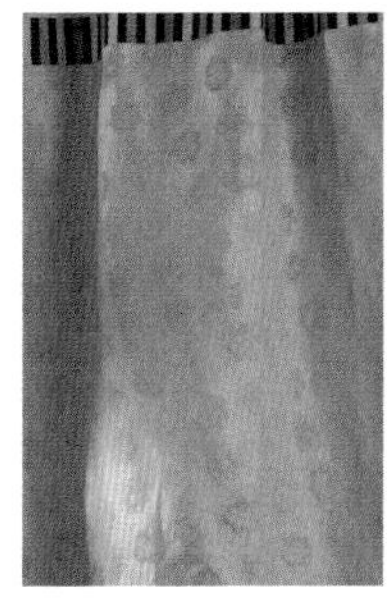
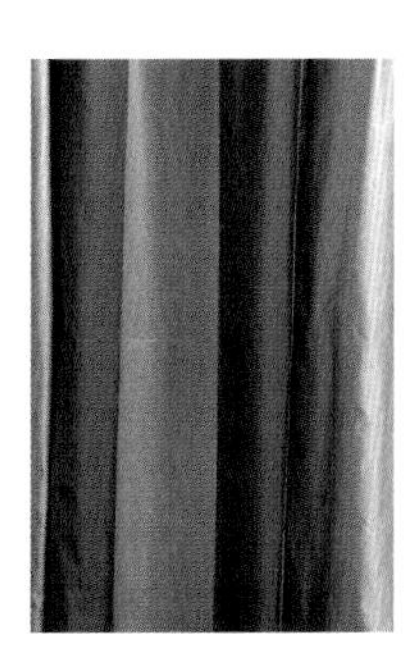

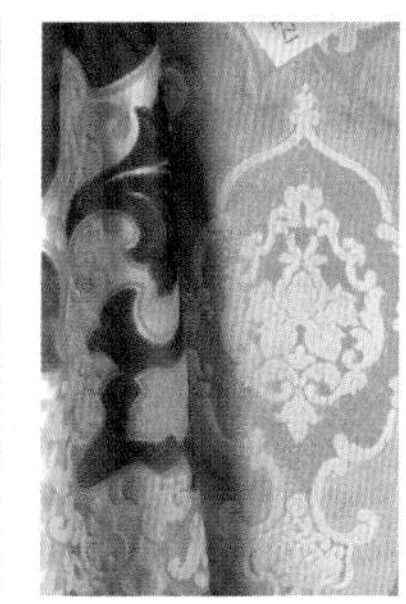

(2) 가구(Furniture)

가구는 건축물과 사람 사이의 매개 역할을 해주고 있다. 사용자의 기호와 행위를 고려한 가구의 형상, 크기, 배치 등은 시각적 특성과 실내공간의 성격을 규정해 주는 주된 요소이기도 하다. 따라서 하나의 가구를 디자인하는 데에 사용 공간에 따른 목적에 따라 기능적인 면과 미적인 면이 동시에 요구된다. 식공간의 가구에는 일반적으로 식탁과 의자, 음식을 나르는 카트, 서비스 스테이션(service station), 그리고 장식용 가구 등을 말한다. 식탁과 의자는 기능, 크기, 용도, 공간의 성격, 가구배치, 디자인 등에 따라 그 구조, 형태, 크기, 재질 등이 매우 다양하며, 유지상태, 컬러, 크기, 배열 등이 시각적인 평가대상이 된다.

(3) 실내 소품 및 액세서리(Accessories)

기능적인 면에서 그다지 크게 영향을 주지는 않지만 장식적인 면에서 식공간의 분위기를 보완하고 나름대로의 개성 연출을 위하여 실내의 품격을 높이는 시각적 소도구로서의 특징을 갖도록 한다. 실내 분위기를 생기 있게 연출할 수 있는 식공간 연출의 최종 작업으로 전체적인 실내공간과의 균형을 고려하여 전체 실내공간의 질서와 통일감을 부여하며 포인트로서의 기능을 갖기도 한다.

(4) 실내 식물 및 자연적 요소

바닥과 화분, 벽 등에 장식용으로 관리되고 있는 실내 식물 및 자연적 요소를 말한다. 예를 들어 바닥에 있는 관목과 교목, 화분에 심어져 있는 화초와 분재, 벽에 걸려 있는 덩굴성 식물 등이 이에 속한다.

(5) 미술품

일반적으로 벽면에 걸리는 그림과 글씨 등을 말한다. 벽에 걸리는 동양화와 서양화, 사진 등이 일반적인 시각적 요소이다. 이 요소들의 평가기준은 가치, 유지관리상태, 진열상태 등이 된다.

(6) 조명(Lighting)

식공간의 조명의 색조는 조명방식에 따라 변하며, 식공간의 전체 이미지와 색채가 비슷한 색상의 조명기구를 선택하고 밝고 온화하며, 안락감을 자아내는 백열등을 사용하는 것이 이상적이다. 또한 각 요소별 조명의 밝기를 고려하여 합리적인 효과를 감안해야 하는데, 다음의 자료는 식공간 조명의 기준을 보여 주고 있다. 조명은 경제적, 미적인 요소와 관련이 깊으므로 조명의 적절한 용도와 각 부위별로 필요한 밝기, 조명, 장치의 범위, 안전성 여부 등을 신중히 고려할 필요가 있다.

식공간에서의 조명은 빛을 단순히 공급하는 역할, 공간을 효과적으로 구성하는 역할 등에도 중요하므로, 조명의 색상이나 조명기구의 모양, 형태 등을 고려해야 하며, 적절한 공간에 배치하는 것에 주의하여야 한다. 조명은 기능적 요소와 장식적인 요소의 측면에서 다양한 방법으로 사용되며, 조명의 결정은 실내의 면적과 지역에 따라 설정되어야 한다.

〈표 1-1〉 식공간에서의 조명 형식 분류

분류	조명 형식	가구 형식	비고
부위별	천장 조명	매입등(Down Light) 팬턴트(Pendant)	천장 면에 매입되는 형식, 공간에 드리워지는 형식
	벽 조명	벽부등(Bracket)	벽부착의 장식 형식
	바닥 조명	스탠드라이트(Stand Light) 플로어스탠드(Floor Stand) 테이블라이트(Table Light)	바닥에 놓여지는 형식, 또는 바닥에 매입되는 형식
형식별	전반 조명	광천장(Lominous Ceiling) 모듈화 조명(Modular)	실내공간 전역
	국부 조명	스포트라이트(Spot Light) 빔 라이트(Bim Light)	집중 조명
	장식 조명	펜던트(Pendant) 샹들리에(Chandelier)	분위기 연출, 장식

〈그림 1-13〉 **천장 조명**

〈그림 1-14〉 **벽 조명**

〈그림 1-15〉 바닥 조명

〈그림 1-16〉 전반 조명

〈그림 1-17〉 국부 조명

〈그림 1-18〉 장식 조명

part. 2

table co

색채

1. 컬러 시스템
2. 배색 테크닉
3. 좋은 배색
4. 식공간의 색
5. 식기의 색
6. 음식의 색
7. 테이블 색 사용의 힌트

rdinate

part. 2 색채

"색상" 이라고 하는 단어는 그 단어만으로도 많은 이미지를 불러일으킨다. 흔히 생활 속에서 "지방색이 다르다" "그 사람은 색이 뚜렷해서 좋다" "미색을 좋아한다" 또는 빨갛다, 발그레하다, 불그스레하다, 검붉다 등 다양한 연상작용을 위해 색을 사용하고 있다. 이렇게 사람의 성격, 그 현상, 환경을 가리킬 때 색이라는 말을 사용하고, 빨갛다, 발그레하다, 불그스레하다, 검붉다와 같이 다양하게 표현되는 색은 우리 생활에 많은 자리를 차지하고 있다.

1. 컬러 시스템

테이블 코디네이트에 있어서의 색은 여러 가지의 색이 한 공간에 서로 엮이면서 하나의 이미지를 완성하게 된다. 따라서 어떠한 색을 배합, 배색하는가에 따라 테이블을 포함한 식공간의 이미지는 달라지게 된다. 즉 테이블이나 식공간이 멋지게 느껴지고, 음식이 맛있어 보이게 하기 위해서는 시각적인 효과가 무엇보다 큰 비율을 차지하고 있기 때문에 시각적 요소 중에서도 색채는 테이블 코디네이트의 중요한 부분을 차지한다. 어떤 색을 보았을 때 좋다, 싫다를 느끼는 것은 개인의 자유의지이나 '테이블 코디네이트' 라는 목적을 가졌을 때는 객관적인 지식을 가지고 시간, 장소, 목적, 테마에 어울리는 색을 선택하는 것이 요구된다.

시간, 장소, 목적, 테마에 어울리는 색을 선택하기 위해서는 색을 객관적으로 볼 수 있는 능력을 기르는 것과 배색의 기본적인 테크닉을 몸에 익히는 것이 필요하다.

식탁의 연출에 있어서, 컬러 코디네이트는 매우 중요한 역할을 한다. 색이 주는 영향은 매우 크고, 배색에 따라 인상이 완전히 변해버릴 수 있기 때문이다. 그렇기 때문에 색 고르기는 망설여지기 쉽지만, 색이 가지는 성격이나 구조를 이해해두면 그렇게 어렵지 않을 것이다.

1) 색의 구별방법

어떤 색인지 표현할 수 있는 구별법은 크게 나눠서 첫째, 색의 이름으로 나타내는 방법, 둘째, 색의 3속성으로 나타내는 방법, 셋째, 수치로 나타내는 방법이 있다. Red, Blue, Yellow 등과 같이 색명으로 나타내는 방법이 가장 간편하게 사용되고 있지만, Red라고 해도 작가 본인이 생각하는 Red와 작품을 보는 관람객의 머릿속에 떠올리는 Red는 조금씩 다를 수 있으며, 거기서 발생하게 되는 이미지의 오차가 생길 수 있다. 즉 보여지는 이미지가 개인의 경험과 주관, 지식에 따라서 틀려지게 될 수 있는 것이다. 따라서 많은 사람들과 색을 공통적으로 의식할 수 있게 해주는 객관적인 체계의 필요성이 요구되는데, 그러한 방법으로 사용할 수 있는 것이 컬러 시스템이다. 테이블 코디네이트를 하기 위해서는 색의 3속성으로 표현하는 방법과 그것을 실용화한 색을 2가지 요소로 표현하는 방법도 이해 해두는 것이 좋다. 자신만의 컬러 시스템이 없는 상태라면 여러 가지 색을 보아도 단순히 따로따로 보기 쉽지만, 컬러 시스템을 활용한다면 색끼리의 차이와 거리를 알 수 있다.

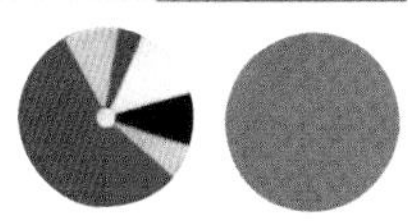

〈그림 2-1〉 규칙이 없는 경우

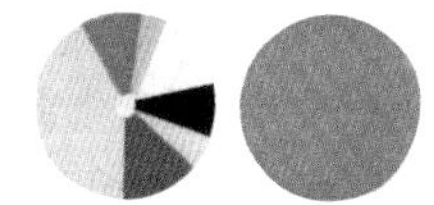

〈그림 2-2〉 규칙이 있는 경우

주석 : 〈그림 2-1, 2-2〉 먼셀의 균형 컬러의 일러스트레이션
먼셀 : 먼셀 [Munsell, Albert Henry]
미국의 화가(1858~1918). 먼셀 색상체계를 완성하였으며, 사후에 먼셀 표색계가 출판되었다.

〈그림 2-3〉 규칙이 없는 경우

〈그림 2-4〉 규칙이 있는 경우

〈그림 2-5〉 규칙이 없는 경우

〈그림 2-6〉 규칙이 있는 경우

2) 색의 분류

색은 크게 2개의 그룹으로 나눠진다. 일반적으로 색을 분류할 때 색채를 느낄 수 없는 무채색과 색채를 느낄 수 있는 유채색으로 구분하여 사용하고 있다. 그러므로 무채색은 색의 개념에는 포함되지만 색채의 개념에서는 제외되고 있으며, 흔히 말하는 색은 유채색의 의미에 더 가깝다고 할 수 있다.

색상 = 적, 황, 청처럼 색의 이름이 기초가 된 색
명도 = 색의 밝기의 정도
채도 = 색의 선명의 정도

① 무채색(achromatic color)

〈그림 2-7〉 무채색(achromatic color)

무채색은 색을 못 느끼게 하는 색, 흰색, 검정, 회색을 뜻하며 색을 구별할 수 있는 성질인 색상을 갖고 있지 않다. 즉 밝고 어두움만을 갖고 있는 색을 말한다. 무채색은 차갑지도 따뜻하지도 않은 중성색의 느낌을 가지고 있으며, 색상과 채도는 없고 명도의 차이만을 가지고 있는 색을 뜻한다.

〈그림 2-8〉 무채색 배색

② 유채색(chromatic color)

〈그림 2-9〉 유채색(chromatic color)

유채색은 색을 느끼게 하는 색이며, 색상을 가지고 있고, 무채색을 제외한 모든 색을 뜻한다. 빨강, 노랑, 파랑 등과 같이 색감을 조금이라도 띠고 있으면 모두 유채색이라고 할 수 있다. 유채색은 색상, 명도, 채도를 모두 가지고 있다.

〈그림 2-10〉 유채색 배색

3) Hue & Tone 시스템

색의 색상(Hue)과 톤(Tone) 2가지의 요소로 색을 나타내는 방법이다. 이 방법은 3가지 요소로 색을 파악하는 것보다 알기 쉽게 통계하는 것으로도 편리하다.

Hue & Tone이라는 2개의 카테고리로 형성되어 있으며, 사람들이 하나의 색을 볼 때 느끼는 인상에서의 공통점에서 착안하여 만들어진 기준이다.

예를 들어 빨강, 파랑, 노랑색은 선명하다. 강렬하다라는 공통의 이미지가 있고, 파스텔 색은 연하다 또는 부드럽다라는 이미지가 있는 것처럼 사람들이 느끼는 공통의 이미지를 말한다. 10가지 색상의 11단계 Tone으로 구성되어 110개 유채색과 10단계의 무채색으로 구성되어 있으며, 그 표기로는 다음과 같은 약자를 사용한다.

색상(Hue)
R : Red, YR : Yellow Red, Y : Yellow, GY : Green Yellow, G : Green, B : Blue,
PB : Purple, RP : Red Purple

색조(Tone)
V : Vivid, S : Strong, B : Bright, P : Pale, VP : Very Pale, Lgr : Light Grayish,
L : Light, Gr : Grayish, D : Dull, Dp : Deep, Dk : Dark

테이블 코디네이트에 관계된 것들에 관해서 이하 색상과 톤이라는 관점에서 정리해 보도록 하자.

색의 구조[color systems]

색의 3속성
색에는 각각의 특징이 있고, 그 차이는 색상, 명도, 채도의 3가지 척도로 나눌 수 있다. 색상은 적, 황, 녹 등의 색미(色味), 명도는 색의 밝기, 채도는 색의 선명함을 나타내며, 이것들을 조합하여 [색의 3속성]이라고 한다. 색에 따라 [따뜻한, 차가운] [화려한, 수수한] 등의 인상을 받을 수 있지만, 이것은 색의 3속성의 영향을 받은 것이다.

색상
적, 황, 녹 등의 색미의 차이
사람의 눈에 보이는 색은 대략 750만색이라고 알려져 있고, 그것들을 크게 분류하면 유채색과 무채색으로 나눌 수 있다. 유채색은 적, 청, 황 등 색미가 있는 것, 무채색은 백, 흑, 회색 등 색미가 없는 것, 색상은 이 색미를 말한다.
*심리적 효과
난색.... 따뜻한, 진출
(적, 오렌지, 갈색 등)
한색.... 추운, 차가운, 후퇴
(청녹, 청, 청보라 등)
*벽지나 커튼에 하면 약 3도의 심리적 온도차가 있다는 데이터가 있다.

명도
색의 밝기, 어두움
색의 밝기를 말한다. 고저로 밝기의 단계를 표현해, 밝은 색은 [명도가 높은 색->고명도색], 어두운 색은 [명도가 낮은 색->저명도색]이 된다. 가장 명도가 높은 것은 흰색, 낮은 것은 검정이다. 유채색 중에서는 황색이 고명도이다.
*심리적 효과
고명도색.... 가벼운, 부드러운, 부풀다.
저명도색.... 무거운, 딱딱한, 수축
*흰색과 검정색의 슈트케이스에서는 검정이 1.87배나 무겁게 느껴진다는 데이터가 있다.

채도
색의 선명함, 강약
색의 강도(선명함)를 말하며 명도처럼 고저로 단계를 표현한다. 선명한 색은 [채도가 높다->고채도색], 칙칙한 색은 [채도가 낮다->저채도색]이 된다. 백, 흑, 회색은 채도가 가장 낮은 무채색이라고 불린다.
*심리적 효과
고채도색.... 화려한, 인상이 강하다.
저채도색.... 수수한, 인상이 약하다.
*상품의 패키지나 기업의 로고에는 선명한 색이 많이 쓰이고 있다.

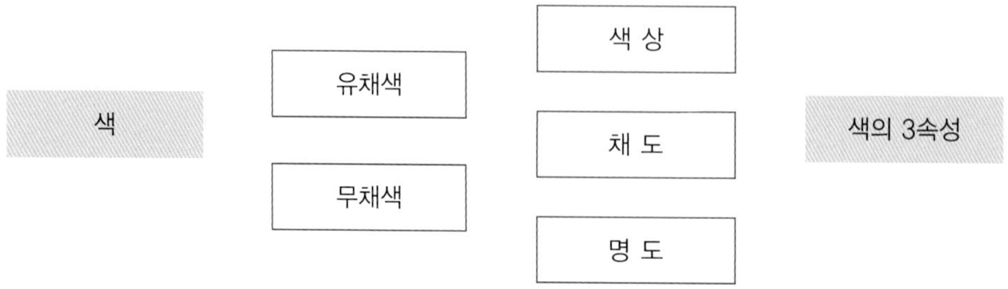

색

유채색
무채색

색 상
채 도
명 도

색의 3속성

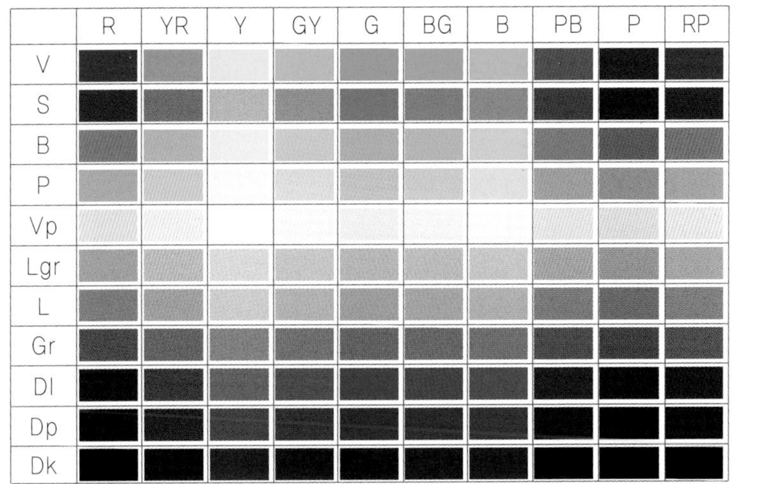

〈그림 2-11〉 Hue & Tone 120 Color System

4) 색의 3속성과 톤의 관계

① 색상환

색상의 변화를 그라데이션으로 늘어놓아 원으로 만든 것을 색상환이라고 한다. 색과 색의 떨어진 정도 등 위치관계를 파악해두면, 배색을 생각할 때 기준이 된다. 예를 들어, 침착한 분위기를 내고 싶다면 가까운 곳에 있는 닮은 색, 두드러지게 하고 싶다면 떨어진 장소에 있는 반대색을 조합시킨다.

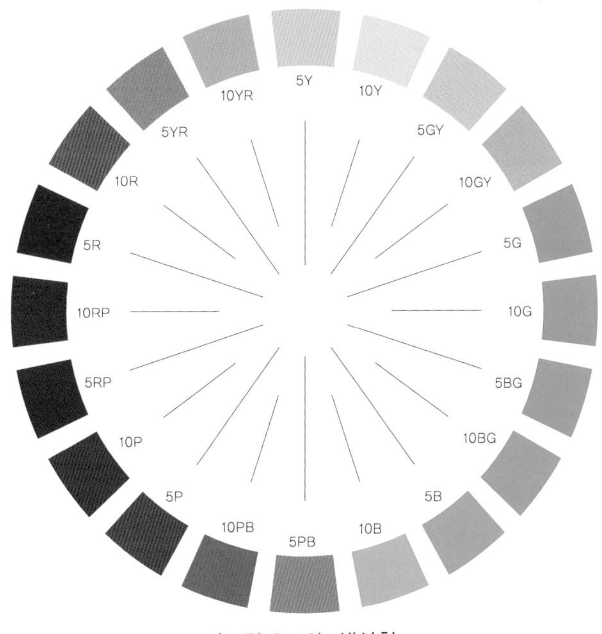

〈그림 2-12〉 색상환

② 색상(hue)

색상은 기본적으로 10색상으로 말할 수 있다. 비슷한 색상을 순서대로 나열하면 그림 2-12 처럼 둥근 모양으로 되고 이것을 10색상환이라고 부른다. 각 색상은 일반적으로 ~계열이라고 부르는 것에 해당된다. 색상환을 파악하고 있으면 색의 원근감을 잘 알게 돼서 많은 도움이 되므로 참고하는 것이 좋다.

③ 명도

명도는 색의 밝고 어두운 정도를 표현한다. 색을 눈으로 보기 위해서는 빛을 통해서 보게 되는데, 어떠한 사물에 빛이 흡수되거나 반사되는 상태에 따라 그 물체의 색을 인지하게 된다. 빛을 반사하는 정도에 따라 밝고 어두운 색의 정도가 결정되며 이것을 명도라고 한다. 가장 밝은 색(이상적인 흰색)과 가장 어두운 색(이상적인 검정색)과의 사이를 10단계로 나눠 지각적으로 등간격이 되도록 분할해서 배열한 색표에 10부터 0의 수치를 붙여 표시한다. 즉 색의 밝고 어두움으로 색을 나누는 것을 명도라 부른다.

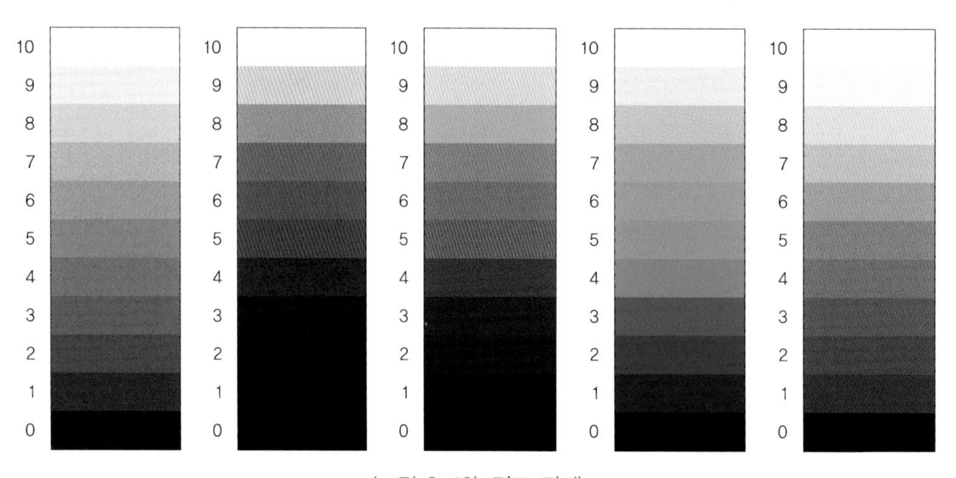

〈그림 2-13〉 명도 단계

④ 채도

색상과 명도가 같은 색표 사이에서 선명함의 차이를 같게 할 수 있도록 하나의 기준을 만든 것이 채도이다. 여기서 말하는 선명함을 채도라고 하는데, 먼셀 표색계에서는 채도를 표면색의 색을 보는 방법에서만 사용된다. 즉 색의 순수도(맑고 깨끗한 정도)이며 같은 색상이라도 '맑고, 탁하고' 하는 색의 강, 약을 정하는 성질을 채도라고 한다. 여기서 채도는 선명도를 나타내는 개념이지만, 선명도는 표면색 뿐만이 아니라 빛의 색에서도 느낄 수 있음으로 빛의 차이와 표면색의 차이에서도 채도의 차이는 나타난다.

〈그림 2-14〉 G의 채도의 차이

〈그림 2-15〉 B의 채도 단계

⑤ 톤(tone)

색의 3속성 중에 명도와 채도를 합친 것을 톤(색조)으로 생각하면 색이 가진 분위기, 이미지를 쉽게 알 수 있다. 그것은 밑의 그림처럼 세로축에 명도를 설정하면(위로 갈수록 밝아짐), 가로축에 채도를 설정하면(오른쪽으로 갈수록 선명해짐) 각각 교차한 구역을 각 톤으로 나눌 수 있다.

명도와 채도의 파악방법을 조합시킨 것으로 순색에 흰색, 검정, 회색을 더해 각각의 단계를 만든다. 각 톤에는 이미지를 나타내는 이름이 있으므로, 이미지를 기본으로 배색을 생각할 때 참고가 된다.

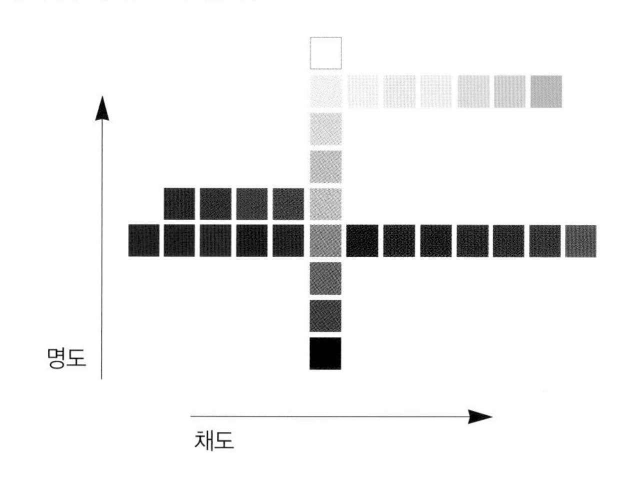

〈그림 2-16〉 명도 채도 단계

〈표 2-1〉 유채색 톤 약어

톤 약호	영어 명	읽기	톤 약호	영어 명	읽기
ow	off White	오프 화이트	pl	pale	페일
oP	off pale Gray	오프 페일 그레이	sf	soft	소프트
oL	off light gray	오프 라이트 그레이	dl	dull	덜
oM	off medium gray	오프 미디엄 그레이	dk	dark	다크
oD	off dark gray	오프 다크 그레이	lt	light	라이트
oB	off Black	오프 블랙	st	strong	스트롱
vP	very pale	베리 페일	dp	deep	딥
lg	light grayish	라이트 그레이쉬	vh	vivid high	비비드 하이
mg	medium grayish	미디엄 그레이쉬	vl	vivid low	비비드로우
dg	dark grayish	다크 그레이쉬	vv	vivid	비비드
vd	very dark	베리 다크			

• 톤의 4단계 속성

화려함, 밝음, 수수함, 어두움 12톤을 4그룹으로 파악한다.

12톤을 화려한 톤 2개, 밝은 톤을 3개, 수수한 톤을 4개, 어두운 톤 3개로 생각하면 톤의 이미지가 알기 쉬워진다. 예로써 각 그룹의 톤을 사용한 테이블사진이 오른쪽에 있다. 분위기의 차이를 느껴 보면 어떤 얘기를 하는지 이해하기가 쉽다.

〈그림 2-17〉 화려한 톤

〈그림 2-18〉 수수한 톤

〈그림 2-19〉 밝은 톤

〈그림 2-20〉 어두운 톤

2. 배색 테크닉

테이블 코디네이트의 경우에는 반드시 색과 색이 배합하는 배색을 하게 된다. 한 가지의 색으로 공간이 연출될 수는 없으며, 적어도 두 가지 또는 그 이상의 색이 같이 어우러져 공간을 형성하게 된다. 배색을 할 때에는 컬러 시스템의 지식이 도움이 된다. 10색상환과 톤 그림에서 색과 색의 위치와 종류에 따라 색끼리의 상관관계가 정해지고, 그것이 색과 색을 배합한 배색의 느낌을 정하게 된다. 같은 색끼리의 관계란 「동일」 「유사」 「반대」의 3패턴으로 이루어지며, 색상에 관해서와 톤에 관해서도 생각해야 한다.

1) 색상의 조합

① 동일 배색

〈그림 2-21〉 동일 배색

같은 색상이라도 명도나 채도의 차이를 준 배색을 말한다. 색상에 따라 따뜻함, 차가움, 부드러움, 딱딱함 등의 통일된 감정을 느낄 수 있다. 명도의 변화를 주어 조화시키는 것이 좋다. 주로 계절감과 온도감을 표현하는 배색에 사용된다. 색상환에서 같은 곳에 속하는 조합으로 이 경우 톤까지 같으면 같은 색이 되므로 톤의 변화를 주는 것이 좋다.

② 유사 배색

〈그림 2-22〉 유사 배색

빨강과 노랑, 파랑과 남색과 같이 색상의 차이가 근접하거나 유사한 배색을 말한다. 이러한 배색은 친근감과 즐거움을 느낄 수 있으며 협조적이고 온화함, 상냥한 느낌을 느낄 수 있다. 명도와 채도의 변화를 통해 조화시켜야 하며 색상환에서 좌우의 색상, 동일 색보다 미묘한 뉘앙스의 색을 표현할 수 있다.

③ 반대 배색

〈그림 2-23〉 반대 배색

색상환에서 1개의 색상 정면을 보고 있는 5개의 색상을 뜻하며, 색상의 차이를 확연하게 알 수 있다. 즉 빨강과 청록, 노랑과 남색 등과 같이 색상환에서 거리가 멀거나 보색관계에 있는 배색을 말한다. 반대색의 배색은 가장 자극적이며 동적인 생동감을 줄 수 있다. 채도와 면적의 변화를 주어 조화시켜야 하며, 운동경기와 같이 활동성이 높은 분야의 배색에 활용된다.

2) 톤의 조합

① 톤온톤 배색

〈그림 2-24〉 톤온톤 배색

색상은 같게, 명도 차이를 크게 하는 배색으로 통일성을 유지하면서 극적인 효과를 줄 수 있다. 일반적으로 많이 사용하는 배색이다.

② 톤인톤 배색

〈그림 2-25〉 톤인톤 배색

서로 비슷한 느낌의 2색의 톤으로, 톤 그림에서 서로 이웃한 2개의 톤은 대체로 유사톤에 속한다. 유사 색상의 배색과 같이 톤은 같게 하면서 색상을 조금씩 다르게 하는 배색을 말한다. 온화하고 부드러운 효과를 줄 수 있다.

3) 배색

배색할 때에 어떠한 색들을 선택해야 하는 것일까를 고민하고 있다면, 결정할 때 표현하고 싶은 분위기에서 선택방법을 바꾸는 것이 좋다. 이것을 색상 배색, 톤 배색이라고 한다.

① 멀티컬러 배색

〈그림 2-26〉 멀티컬러 배색

여러 가지 색상을 동시에 사용하는 배색이며, 즐거운 느낌, 귀여운 느낌, 화려한 느낌 등을 표현하기 쉽다. 고채도의 다양한 색상으로 배색한다. 적극적, 활기참 등의 활동적인 느낌을 줄 수 있는 배색이 여기에 속한다.

② 톤 배색

색상을 퍼지게 해서 톤의 효과(명암과 농담의 차이)를 활용한 배색이며, 조용한 느낌, 어른스런 느낌, 산뜻한 느낌 등을 표현하기 쉽다.

• 까마이외(Cama eu) 배색

〈그림 2-27〉 까마이외 배색

동일한 색상, 명도, 채도 내에서 약간의 차이를 이용한 배색방법으로 동일색에 가까운 배색이다. 색의 차이는 미묘하며, 동일색상에 유사 색조로 이루어진다.

• 포까마이외(Faux cama eu) 배색

〈그림 2-28〉 포까마이외 배색

까마이외 배색과 거의 동일하나 주위의 톤으로 배색하는 차이점이 있다. 색상과 톤에 약간의 변화를 준 배색방법으로 까마이외 배색처럼 거의 차이가 나지 않는다. 유사색상에 유사색조로 이루어진다.

4) 그라데이션(농담: gradation)과 세퍼레이션(분리: separation)

배색할 때 사용하려고 고른 색을 어떻게 나열하는가에 따라 느낌이 달라지게 된다. 색의 나열방법에는 그 종류가 gradation과 separation 두 종류로 크게 나눌 수 있다.

• gradation

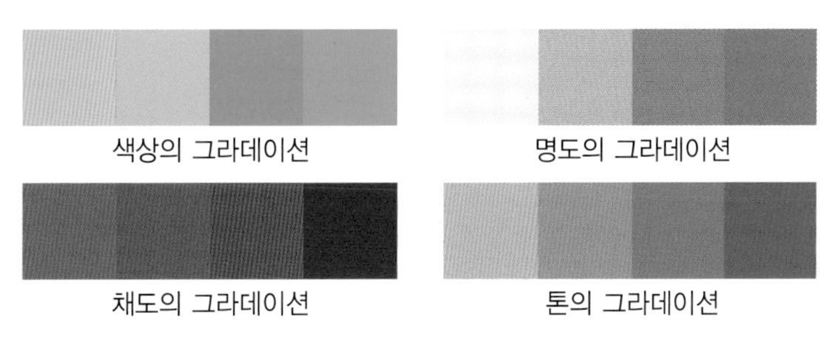

〈그림 2-29〉 그라데이션 배색

그라데이션이란 서서히 변하는 것, 단계적 변화라는 의미이다. 색채의 계조있는 배열에 따라 시각적인 유동성을 주는 것을 그라데이션 효과라 하며, 3색 이상의 다색 배색에서 이러한 효과를 나타내는 배색을 말한다.

명→암, 색상환의 순서 등 질서정연하게 색을 변화시키는 배색이며, 다정하게 섬세한 분위기를 연출하기 쉽다.

• separation

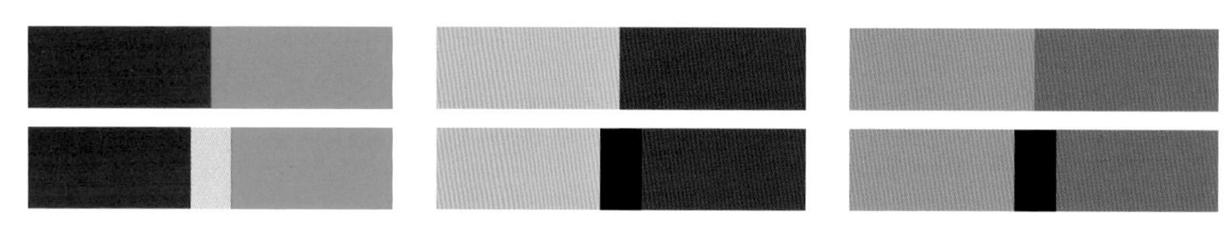

〈그림 2-30〉 세퍼레이션 배색

세퍼레이션이란 분리시키다, 또는 갈라놓다란 의미를 가진다. 두 가지 색, 또는 다색의 배색에서 그 관계가 모호하던지, 대비가 지나치게 강할 경우에 접하고 있는 색과 색의 사이에 세퍼레이션 컬러(분리색)를 한가지 삽입하는 것으로 조화를 이루는 기법이다. 주로 건축이나 회화, 그래픽 디자인이나 텍스타일 등에 사용되는 경우가 많다.

명→암→명, 암→명→암과 같이 명도를 갑자기 변화시키는 배색, 흰색이나 검정을 사이에 두는 경우도 많으며, 빈틈없는 느낌, 산뜻한 느낌을 표현하기 쉽다.

정리와 구분

배색의 기본은 2개 이상의 색으로 「정리하다」와 「구분」으로 나눌 수 있다. 색상과 톤의 2개의 포인트에 대해서는 「동일」이나 「유사」의 부분의 차이를 크게 하면 정리를 할 수 있으며, 반대 부분의 차이를 크게 하면 구분을 할 수 있게 된다.

색이 잘 정리된 느낌은 안정되고, 평온하고, 품위가 있는 이미지를 나타내며, 구분을 잘 활용한 경우에는 동적이고, 살아 있는 것과 강한 이미지를 표현할 수 있다.

3. 좋은 배색

1) 선택 배색

테이블 코디네이트에 있어서 좋은 배색이란 우선 어떤 분위기의 코디네이트를 하고 싶은지를 결정하고 그 목적에 맞게 하는 것이다. 항상 목적을 생각하고 지금까지 배운 배색 테크닉을 사용해서 색의 조합을 생각해 보는 것이 좋다.

1개의 테이블 코디네이트에는 배색 테크닉이 여러 가지가 동시에 사용된 경우도 있고 1개밖에 사용되지 않은 경우도 있다. 각각의 테크닉은 독립된 것이기 때문에 반드시 톤을 배색할 때에는 그라데이션과 같이 정해져 있는 것은 아니다. 그러므로 다른 테크닉을 사용해도 상관이 없다.

2) 청/탁색 배색

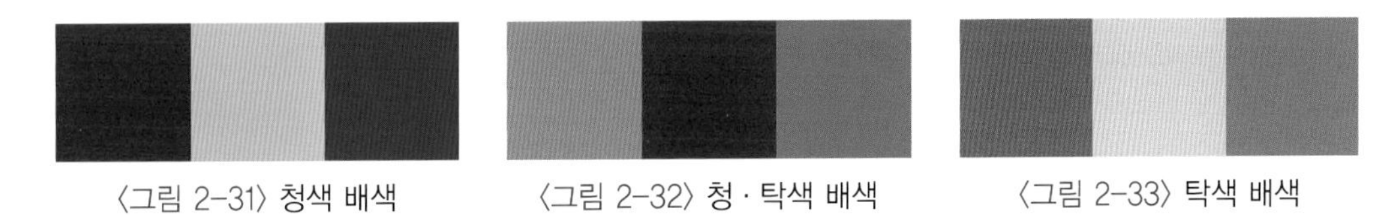

〈그림 2-31〉 청색 배색 〈그림 2-32〉 청 · 탁색 배색 〈그림 2-33〉 탁색 배색

• 청색 / 탁색

V(vivid)톤은 색상 중에서 가장 선명한 색이며 그것을 순색이라고 부른다. 순색에 흰색을 조금씩 섞으면 V에서 B(bright), Pl(pale), Vp(very pale)톤에 가까워진다. 이 세 가지의 톤은 밝고 탁한 기운이 없기 때문에 명청색이라고 한다. 순색에 검정색을 조금씩 섞으면 V에서 Dp(deep), Dk(dark), Dgr(dark grayish)톤에 가까워진다. 이 색상들을 암청색이라 한다. 순색에 회색을 섞어 가면 Lgr(light grayish), L(light), Gr(dark grayish), Dl(dull) 톤으로 변한다. 이러한 색상들은 탁한 기운이 돌기 때문에 탁색이라고 한다.

심리적 탁색
암청색은 물리적으로 청색이지만 심리적으로는 탁색으로 인식된다.

① 청색은 청색끼리, 탁색은 탁색끼리

청색은 청색끼리, 탁색은 탁색끼리 조합하는 것이 기본이며, 청색과 탁색을 조합하면 탁색쪽이 지저분한 느낌으로 보이기 쉽기 때문에 배색시 주의해야 한다. 색상의 차이지만 청탁의 감각에 연결되는 경우도 있다. 차가운 색 계열은 청색, 따뜻한 색 계열은 탁색의 느낌을 준다. 인공적 광택이 있는 소재의 경우는 청색 배색, 자연 소재에는 탁색 배색이 맞추기 쉽다.

〈그림 2-34〉 **청색 배색**

〈그림 2-35〉 **청 · 탁색 배색**

〈그림 2-36〉 **탁색 배색**

② 면적비와 기조 · 강조

배색을 실제에 적용하기 위해서는 면적 비를 생각해야만 하므로, 2가지 색을 사용할 경우 기조색(베이스 컬러)과 강조색(악센트 컬러)의 비율이 5 : 5보다는 7 : 3, 8 : 2, 9 : 1처럼 변화를 주면 좋다. 3색 이상을 사용할 경우에도 위의 비율을 고려해서 배색을 하는 것이 좋다. 예를 들어 5색 가운데 4색을 같은 색상 톤으로 배색하고 남은 1색을 반대색상으로써 강조하는 것이 효과적이며, 강조색이 고채도일 경우는 면적을 적게 하는 것이 효과적이다.

※ 서로 옆에 있는 색끼리의 밝기의 차이가 미세하면, 육안으로는 구별이 힘들다. 밝기의 차는 실제로 색과 색을 비교해서 보고 검토하는 것이 좋으므로, 톤의 차이를 잘 모를 경우에는 흰색과 검은색을 효과적으로 이용해 보는 것도 좋다.

〈그림 2-37〉 5 : 5 면적비 배색

〈그림 2-38〉 7 : 3 면적비 배색

〈그림 2-39〉 8 : 2 면적비 배색

〈그림 2-40〉 9 : 1 면적비 배색

4. 식공간의 색

색은 인간에게 상징과 감정의 대상이며, 실내 공간에 있어서도 색은 '장식'이라는 명목으로 공간의 형태와는 무관하게 공간의 분위기를 연출하는 보조적인 치장의 수단이 된다. 색은 공간의 이미지를 전달하는 상징의 수단이 될 수 있으며, 장식적이며 회화적인 요소로도 이용할 수 있다. 하지만 때로는 색은 공간의 형태를 강조하기 위한 수단으로 활용하며, '색채로 형태를 만들어간다'는 의미로 볼 수도 있다. '색채로 형태를 만들어간다'는 말에서 보이는 것과 같이 어떠한 색을 선택하여 사용하는가에 따라 공간의 느낌과 분위기는 달라질 수 있다.

테마에 맞는 식공간을 만들기 위해서는 테이블과 테이블을 둘러싸고 있는 공간의 색채조화가 중요하다. 공간의 이미지는 면적이 큰 바닥과 벽의 색이 좌우할 경우가 많기 때문에 코디네이트를 할 때는 그 장소의 바닥과 벽의 색을 고려하는 게 중요하다. 일반적으로 테이블 탑만을 염두에 두고 식공간 연출을 하는 경우가 많이 발생하는데, 그럴 경우에 주변의 환경과의 부조화로 인하여 오히려 연출하고자 하였던 이미지에서 벗어난 결과를 빚어낼 수도 있다. 따라서 식공간을 연출할 때에는 바닥의 색상과 톤을 체크하여 어울리는 이미지로 테이블을 코디네이트 하는 것이 좋으며, 식공간의 조명(빛)과 색도 코디네이트 컬러에 영향을 끼치므로 식공간에 사용되고 있는 조명이 어떠한 조명인지 파악하는 것이 좋다. 기본적으로 형광등을 비롯한 푸른색의 빛은 차가운 색 계열(한색)을, 백열등과 같은 오렌지색 계열은 따듯한 색 계열(난색)을 돋보이게 한다. 자연광이라도 아침 일찍은 푸르스름해 보이는 빛, 저녁에는 오렌지색처럼 따뜻하게 보이게 되므로 외부의 빛의 영향을 받는 장소라면 그것을 감안해서 컬러를 사용하는 것이 좋다. 한색과 난색에 대한 느낌을 어떻게 가지는가와 어느 쪽의 빛과 색을 선호하는가는 생활하는 곳의 기후, 풍토, 또는 개개인의 경험에 의해서 다르게 표현되어지고 받아들여진다. 가장 쉬운 예로 추운 지역에서는 따뜻하게 느껴지는 백열 전구나 형광등이 주로 사용되어진다. 평균 기온이 낮아 따뜻한 느낌의 빛은 감각적으로 실내 온도를 높이는 것과 같은 효과가 있어 쾌적한 인상을 주는 효과가 있기 때문이다. 반면에 따뜻한 지역에서는 서늘한 이미지의 흰색의 빛이 선호되고 있다.

색상환을 살펴보면 난색의 색상환에 존재하는 자주, 빨강, 주황, 노랑의 색상은 따뜻한 느낌을 주며, 한색 색상환에 존재하는 청록, 파랑, 남색의 색상은 차갑게 느껴지는 색상이다. 이러한 색에 따라서 실내 온도가 같아도 어떠한 색을 이용해서 식공간을 연출했는지에 따라 체감온도가 틀려지기도 하므로, 식공간에 있어 어떠한 색을 사용하는지는 매우 중요하다. 이러한 온도감은 식공간에서 색채를 설계할 때 중요한 요소가 되는데, 여름에는 한색 계통의 색을 사용하고 겨울에는 난색 계통의 색을 사용하는 것이 바로 그 예이다. 색상환에서 난색과 한색 사이에 위치하는 색은 중성색이라 불리며 극단적인 색의 온도감은 존재하지 않는다. 이러한 경우는 유채색의 경우이며 무채색은 경우에 따라 한, 난감의 변화가 존재한다. 소재의 이미지에 따라 같은 색상이라도 온도감을 느낄 수 있기도 하고 온도감을 느끼지 못하기도 한다.

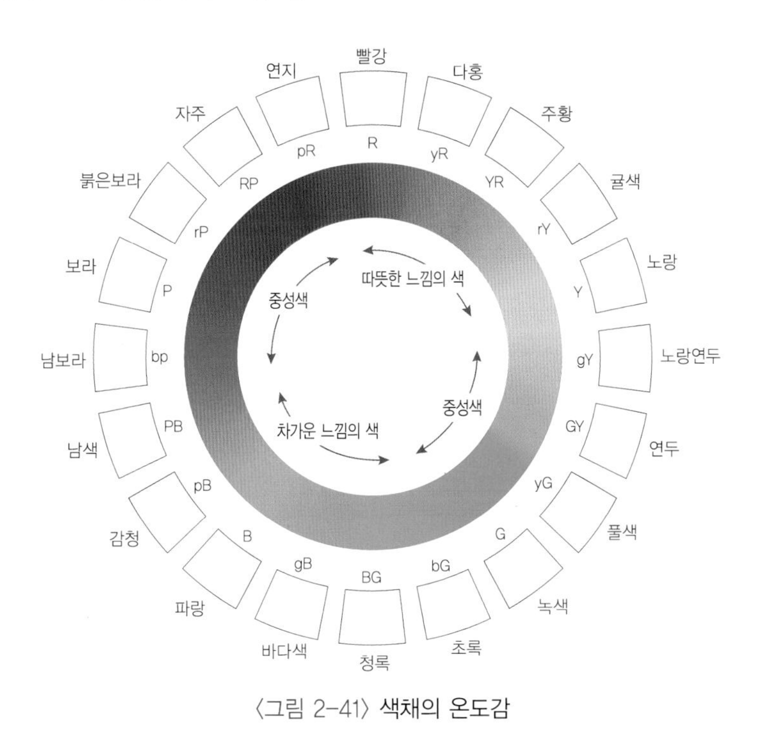

〈그림 2-41〉 색채의 온도감

5. 식기의 색

서양식기의 경우는 요리가 담겨지는 부분이 희고 테두리에 무늬가 있는 경우가 많다. 식기의 모양이나 형태는 그 나라의 식생활이나 조리법에 따라 이루어지게 되어 있다. 서양 요리는 소스가 들어간 음식이 많고 어떤 소스의 색도 잘 보이도록 음식이 담겨지는 부분이 흰색이라고 할 수 있다. 즉 음식을 돋보이게 하기 위하여 식기에 색을 자제하여 흰색 식기를 사용하였으며, 완성된 음식의 형태가 아름답기 때문에 플레이트를 많이 사용하고 있다. 하지만 동양 식기의 경우는 특별히 그런 경향이 없으며 그릇에 자유로운 무늬가 사용되고 있다. 또한 식기의 경우 깊이감이 있는 그릇을 사용하는 경우가 대부분인데, 국물요리를 담기 위한 용기의 형태로 모양을 갖추고 있다. 동양요리는 국물이 많은 것을 넘어서서 음식의 형태가 보이지 않을 정도로 익히거나 끓이기 때문에 음식이 잘 보이지 않는 형태의 그릇이나, 뚜껑이 있는 용기를 사용한다.

서양 식기나 동양 식기에서도 자기의 경우는 색의 경향이 비슷한데, 그 중 가장 많은 주류를 차지하고 있는 색상의 톤은 Purple Blue 계열이 많다. 두 개의 틀린 점은 도기의 경우에서 볼 수 있다. 동양의 도기는 Yellow Red 계열, Yellow 계열이 많다. 이러한 식기의 색으로 인해, 동양의 테이블과 식공간이 약간 톤다운된 이미지를 지니게 되었다. 하지만 이러한 것은 서양의 문화에 비해서 자연과 가까워지려 하는 동양의 사상과 문화에서 나오는 것으로 자연과 가까운 색으로 다가가려는 노력이라고 보여진다. 하지만 최근에는 서양 식기에서도 동양의 음식이나 식기에 관심을 가져서 서양 식기에 동양 도기와 자기의 색 배합이 적용된 식기들이 나오고 있다.

〈그림 2-42〉 동양 식기의 색

〈그림 2-43〉 서양 식기의 색

6. 음식의 색

〈표 2-2〉 색채의 의미

Color	감정적 작용	기후적 작용	공간적 작용
Green	아주 조용함	아주 차가움–중성	멀리 있음
Red	흥분된–아주 자극적	따뜻함	가까이 있음
Orange	자극하는	아주 따뜻한	아주 가까이 있음
Yellow	자극하는	아주 따뜻한	가까이 있음
Brown	자극하는	중성적	아주 가까이 있음
Violet	공격적, 낙담시키는	차가운	근처에 있음
Blue	차분한	차가운	거리가 있는
White	억제하지 않는		눈에 띄게 가까운
Black	억제하는, 말이 없는		경계가 없는

색채와 식욕은 밀접한 상관관계에 있으며 색채에 따라 연상되는 후각적 감각도 달라진다. 식욕을 자극하는 색에는 따뜻한 빨강 계열, 주황 계열, 따뜻한 노랑, 밝은 노랑, 선명한 녹색 등이며 음식점에서 파랑, 마젠타, 보라, 짙은 녹색 계열, 검정 등은 자칫 음식이 부패해 보일 수 있으므로 피해야 한다.

식재료의 색은 색상마다 나누면 많은 색상과 적은 색상이 있는 것을 알 수 있다. 특히 많이 볼 수 있는 것이 Red 계열, Yellow Red 계열, Yellow 계열, Green Yellow 계열, Green 계열과 흰색에서 검정색 사이의 무채색이라고 보여진다. 과일, 야채는 Red부터 Green Yellow 계열까지 넓게 나타나고 Red 계열보다 보라색 빛이 도는 Red Purple 계열을 더 많이 볼 수 있다. 잎이 있는 야채는 Green Yellow 계열부터 Green 계열로 집중되어 있으며 고기나 빨간 어류와 조개류는 Red 계열로 볼 수 있다. 등푸른 생선은 Blue 계열로 분류할 수 있다. 소수이지만 Purple Blue, Purple 계열의 과일 야채도 나타나곤 한다. 무채색 중에 흰색을 대표하는 것은 밥, 밀가루 등을 들 수 있다. 검은색을 대표하는 것은 김, 녹미채 등의 해초류로 분류할 수 있다.

요리의 색에 대한 사람들의 반응은 매우 즉각적이고 민감하며, 나아가 식욕의 증진과 감퇴의 직접적인 원인이 되기도 한다.

순색 중에서 빨간색이 가장 식욕을 돋우는 색이며(빨간 사과, 빨간 딸기, 선홍빛 쇠고기) 주황색 쪽에 가까울수록 식욕은 더욱 자극되는 것으로 알려져 있다.

그러나 노란색 계통은 식욕을 감소시키며, 연두색에서는 현저히 감소한다. 하지만 대자연의 신선함이 있는 초록색이 되면 다시 식욕이 증가되는 반면, 파란색은 식욕 자극에 별다른 효과가 없는 것으로 나타났다.

잘 익은 고기나 빵 종류의 곡물을 연상시키는 고동색도 짙은 주황계통으로 식욕자극에 상승효과를 보인다.

따라서 대부분의 사람들에게 복숭아색, 빨간색, 주황색, 갈색, 담황색, 진노랑색, 맑은 초록색 등이 식욕을 돋우어주는 색으로 알려져 있으며, 분홍색, 엷은 파랑색, 엷은 자주색 같은 색은 들쩍지근하게 느껴져 요리의 색으로는 잘 쓰여지지 않는다.

분홍색은 요리에 사용하기 어려운 색이며, 파란색은 식욕을 돋우지는 못하지만 다른 요리들을 더 맛있어 보이게 해준다. 즉 파란색은 요리 그 자체의 색으로는 적합하지 않지만 요리의 배경색으로는 중요하다고 할 수 있다. 주방에서 요리를 만들어 접시에 담을 때 색채에 대한 감안을 한다면 좋은 요리를 고객에게 제공할 수 있을 것이다.

예를 들면, 주방에는 형광등을 켜고 일하지만 식당에는 붉은 백열등이 있어 요리가 다르게 보일 때가 있다. 그리고 테이블 탑의 요소 모두를 온통 난색 계열로 통일하면 오히려 식욕을 저하시키는 역효과를 낼 수도 있다는 점이다.

빨강이나 오렌지, 노랑은 포인트로 아주 조금만 사용하여 강조할 때 가장 효과적이라고 볼 수 있다. 소스의 색도 중요하다. 갈색 소스가 진하면 맛이 진하게 느껴지고 반대로 소스의 색이 엷으면 맛도 담백하게 느껴진다.

일반적으로 요리나 식품의 색은 짙을수록 맛도 진하게 느껴지는 경향이 있다. 예를 들면 빨간 수박과 노란 수박을 비교해 보면 빨간 수박이 더 달고 맛있게 느껴진다.

이렇듯 색의 종류는 물론 색의 농도도 맛에 큰 영향을 줌으로 요리사는 요리를 디자인할 때 염두에 두어야 한다.

식기류를 선정할 때도 맛에 영향을 미치므로 주의해야 한다.

굽거나 조린 요리는 갈색인데 이것을 청색 그릇에 담으면 더 맛있어 보인다. 특히 샐러드 같은 신선한 색깔의 요리를 유리 그릇이나 나무 그릇에 담으면 보기에도 좋고 식욕을 돋우어 준다. 그리고 디저트는 역시 흰색 접시에 담으면 요리의 질이 높아 보인다. 또한 접시의 색 만큼 중요하지만 접시의 크기에 따라 요리의 맛과 멋이 표현되기도 한다.

요리의 이미지색은 여러 가지가 있다. 요리 이미지색의 기본이 되는 것은 요리다움을 나타내는 "요리색"이다.

식품의 경우에는 식품색이 이미지를 좌우한다. 검은 쌀과 장아찌 같은 것이 잘 팔리지 않는 이유는 식품의 색이 이미지를 좌우하기 때문이다. 그러므로 요리는 이미지색을 잘못 선택하면 실패하게 된다.

이러한 요리가 올라가서 하나의 이미지를 연출하게 되는 것이 식공간이므로 식공간을 연출할 때에는 음식의 색도 고려하여 연출하는 것이 좋다. 그러나 현실적으로 음식의 색은 다양하고 그 색의 분포가 넓기 때문에 하나의 음식에 중점을 두어 연출하는 것보다는 전반적인 음식의 분위기와 그 식공간의 역할을 고려하여 연출하는 것이 좋다.

〈표 2-3〉 요리 이미지색

Color	이미지
White	청결한, 부드러운, 차가운, 담백한, 영양가 있는
Gray	맛없는, 불결한
Pink	달콤한, 부드러운, 로맨틱한
Red	달콤한, 영양가 있는, 신선한, 매운
Deep Red	달콤한, 따뜻함, 진한맛, 색이 지나치게 진한(칙칙한)
Brown	맛없는, 딱딱한, 따뜻함, 진한맛
Deep Brown	맛없는, 딱딱한, 따뜻한, 진한맛
Orange	달콤한, 영양가 있는, 독이 있어 보이는, 맛있는, 상큼한
Deep Orange	오래된, 딱딱한, 따뜻한
Cream	달콤한, 영양가 있는, 산뜻한, 맛있는 부드러운
Yellow	영양가 있는, 맛있는, 산뜻한, 상큼한
Greenish Yellow	오래된
Deep Yellow	오래된, 맛없는
Yellowish Green	산뜻한, 시원한
Yellow Green	산뜻한
Olive Green	무거운, 불결한
Green	신선한
Greenish Blue	시원한
Blue	시원한, 부패

〈표 2-4〉 오색과 연상 이미지

오행	오색	오미	오장	오정	오상	계절	방위	동물
나무(木)	청(靑)	신맛	간장	기쁨	仁(인)	봄	동	용
불(火)	적(赤)	쓴맛	심장	즐거움	禮(예)	여름	남	공작
흙(土)	黃(황)	짠맛	비장	욕심	信(신)		중앙	용, 봉황
쇠(金)	백(白)	단맛	폐장	분노	義(의)	가을	서	호랑이
물(水)	흑(黑)	매운맛	신장	슬픔	智(지)	겨울	북	뱀

※ 오행(五行)은 동양철학에서 우주 만물의 구성요소를 말한다. 목(木), 화(火), 토(土), 금(金), 수(水)와 상화가 있다.

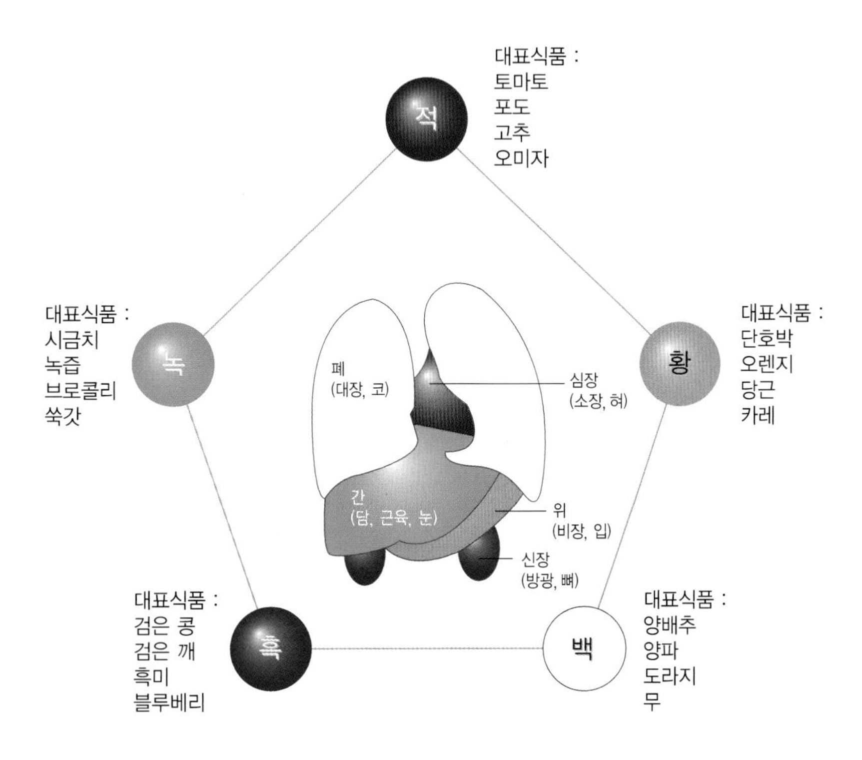

〈그림 2-44〉 오장육부와 5가지 색깔 음식(음양 오행도)

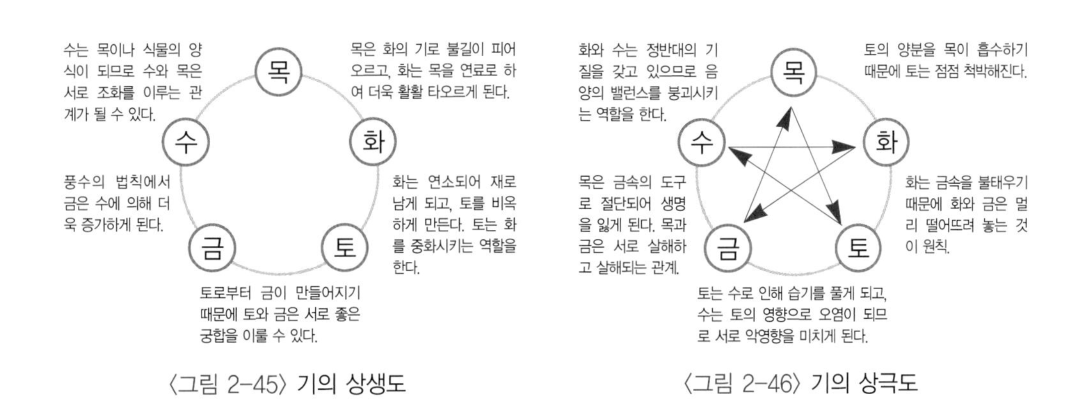

〈그림 2-45〉 기의 상생도

〈그림 2-46〉 기의 상극도

7. 테이블 색 사용의 힌트

일반적으로 색은 사람들이 살아오면서 지금까지의 생활에서 쌓아온 경험에서 느끼고 생각하는 부분들이 나타나게 되어진다. 따라서 같은 색을 보더라도 사람에 따라 공감하는 색이 서로 다르게 존재한다. 이러한 관점에서 테이블 코디네이트에서의 색채는 요리 장르의 이미지에 맞는 색상, 민족이나 계절, 행사 이미지에 맞는 색상, 연령에 따른 색채 선호도 등을 알아두는 것이 좋다.

〈표 2-5〉 민족별 색채

민족	민족적 특징	민족적 컬러	컬러칩
노르만 민족	· 바이킹의 후예 · 스칸디나비아 3국과 덴마크 아이슬란드 등에 정착(핀란드, 스웨덴, 노르웨이)	· 신체적 특징– 금색, 파랑, 흰색 · 숲, 호수– 라이트 블루와 파랑 · 추위에 따뜻한 색채를 추구(태양의 색상인 오렌지색 동경) · 중국 도자기를 모방– 코발트 블루	
슬라브 민족	인도, 유럽어족에 속하면서 슬라브어 사용– 러시아 전역, 발칸 각국에 걸친 민족	· 러시아는 그리스 정교– 판화 '이콘(Icon)'에는 주로 금색, 파랑, 검정, 빨강 · 러시아 발레단– 원색 · 혁명의 상징 공산 주의와 빨강	
아랍 민족	'이슬람교를 믿고 아랍어를 사용하는 민족'	· 모스크(Mosque) 사원은 파랑과 청록 계열 한색계와 아라베스크 문양 사용 · 성전 코란(Koran)에 짙은 초록 · 차도르(chador)– 검은 색	
게르만 민족	「인도, 유럽어족」 중 '게르만어파'(네덜란드, 러시아, 스칸디나비아 반도의 남부)	· 식물에서 태어난 사람(Green Man)– 그린 숭배 · 중국백자(白磁)를 동경– 유럽 최초 백자를 완성 · 주택의 벽돌의 갈색	
앵글로 색슨민족	그레이트 브리튼(Great Britain 잉글랜드, 스코틀랜드, 웨일스 지역을 말함)으로 이주한 게르만족의 총칭	· 영국은 문장(紋章)의 국가– ①금색, 은색, ②원색 ③흰담비 또는 곰의 가죽 중 금속색에서 한가지 색 · 스코틀랜드의 문장인 타탄 체크(Tartan Check)에 초록, 노랑, 빨강 사용 · 훈장, 명예의 색상인 블루	
라틴 민족	고대 이탈리아에 거주하며 라틴어를 사용하는 민족	· 이탈리아의 삼색기– 빨강, 흰색, 초록 · 유백색 유약 위에 베이지, 황갈색, 갈색, 브라운 계열과 노랑, 오렌지, 검정 등으로 채색되는 마졸리카(Majolica) 도자기의 색 · 지중해와 흰색과 파랑– 시칠리아 섬	
프랑크(Frank)민족	프랑크 왕국을 건설하고 현대 프랑스 국가의 기초를 확립한 민족	· 프랑스의 국기– 파랑(자유), 흰색(평등), 빨강(박애) · 로코코(Rococo)양식– 핑크 · 남 프랑스, 프로방스(Provence)의 밝은 노랑	

아프리카 민족	아프리카 민족	· 피부색의 검정 · 갈색 토지에서 물 상징인 파랑 동경 · 재생, 부활, 농업의 신(오시리스)– 초록 얼굴	● ● ●
라틴 아메리카	아메리카 북반구	· 카니발(carnival, 사육제)– 화려한 원색 · 원주민들의 상의(몰라, Mola)의 선명한 원색	● ● ● ●
인도, 아리아 민족	인도어파에 속하고 유럽 언어와도 연관	· 힌두교의 화려하고 짙은 극채색(極彩色) · 인도, 파키스탄의 힌두교 선명한 원색과 옷감의 작은 거울 조각	● ● ●
몽골 계통 (극동 아시아)	중국, 한국, 일본	· 음양오행설(陰陽五行說)의 오색 · 신의 컬러인 동시에 장례(葬禮) 색– 흰색 · 오리엔탈 블랙	● ● ● ○ ●

〈표 2-6〉 현대 회화에서의 색채

작가	작품	작품에서의 색채
고갱(Paul Gauguin 1848~1903)	장날	파랑와 주황색의 보색 대비로 후퇴와 진출 표현 ● ●
고흐(Vincent Ven Gogh 1853~1890)	밤의 카페테라스	노랑과 파랑과의 대비 ● ●
모네(Claude Monet 1840~1926)	아르장뜨유의 요트	빨강– 초록, 보라–노랑의 대비 ● ● ● ●
세잔(Paul Cezanne 1839~1906)	생 빅트와르산 (Le Mont Sainte-Victoire)	파랑색, 초록색, 갈색 ● ● ●
쇠라(Georges Seurat 1859~1891)	아니에르에서의 물놀이	초록과 빨강, 파랑과 노랑, 흰색과 검정의 강한 대비과 원근 표현 ● ● ● ● ○ ●
시나크(Paul Signac 1863~1935)	생 트로페의 항구	회색빛 ●
마티스(Henri Matisse 1869~1954)	독서하는 여인	원색의 대담한 병렬 ● ● ● ●
피카소(Pblo Picasco 1881~1973)	아비뇽의 아가씨들	푸른색과 흰색의 기하학적 윤곽만을 표현하여 입체적인 느낌 ● ○
칸딘스키(Wassily Kandinsky 1866~1944)	구성〈Composition〉	선명한 색채와 기하학적 형태 ● ● ●
몬드리안(Piet Mon-drian 1972~1944)	콤포지션	노랑, 빨강, 파랑의 구성 ● ● ●
앤디워홀(Andrew Warhola, 1928~1987)	캠벨 수프 깡통	대중화된 원색 컬러 사용 ● ● ○

part. 3

table co

동양의 식탁사

1. 한국의 식문화와 상차림
2. 중국의 식문화와 상차림
3. 일본의 식문화와 상차림
4. 아시아의 여러 나라 식문화와 상차림

rdinate

part. 3

동양의 식탁사

1. 한국의 식문화와 상차림

1) 한국의 식문화와 식기 변천사

(1) 구석기 시대(기원전 70만년~ 기원전 1만년, 수렵 채집 경제시대의 식생활)

고고학에서는 인류의 발생을 약 500만년 전이라 하고 돌을 깨트려 만든 연모의 유물로는 약 250만년 전의 것이 발견되었는데, 인류가 농업을 시작한 것은 빠른 것이 약 10000여 년 전이다. 이것으로 볼 때, 인류사에서 자연물 채집경제의 생활은 긴 세월 동안 계속되었으며, 이같은 생활을 하던 때는 뗀석기(打製石器)를 사용하던 구석기 시대가 중심이 된다.

구석기 문화기의 유적은 동굴이나 동굴 근처에 많고 유적에서 발견된 연모의 대부분이 수렵과 관련되며, 중기 이후에는 골각 제품, 밀개와 같은 짐승고기를 다루는 데 필요한 연모가 많아졌음으로 미루어, 동물을 식량으로 쓰고, 뼈로 연모를 만들었으며 그 수가 시대에 따라서 증가했음을 알 수 있다. 그 당시의 식량원은 대부분 들짐승, 산짐승과 같은 동물이었을 것이며, 이 외에 나무 열매, 연한 나뭇잎, 과일, 나무 뿌리, 조개, 물고기, 짐승, 곤충까지도 식량으로 하였을 것이며, 이러한 식량원을 유적에서 발견된 유물에서 알 수 있다.

(2) 신석기시대 중기 ~ 청동기시대(기원전 8000년 ~ 기원전 1000년, 농업의 시작에서 벼농사의 전파기)

신석기 문화의 시작은 B.C. 6000년으로 보는데, B.C. 8000년으로 보는 견해도 있다. 우리나라 신석기 문화의 표식은 간석기와 바닥이 뾰족한 빗살무늬토기이며, 중기에 이르면 원시 농경이 시작된다. 신석기 문화의 유적분포를 살펴보면 주로 강가나 바닷가에 위치하고 거대한 조개 무지를 유적으로 남기고 있으므로, 대체로 강변에 가까운 곳이나 바닷가에 살면서 어로 중심의 생활을 했다고 본다. 이렇게 살던 터에 중국의 동북방으로부터 농업을 아는 무문 토기인이 들어옴으로써 농업을 시작하게 된다.

-신석기시대, 청동기시대 식기와 식공간

토기가 등장하면서 식품을 저장하고 조리를 하며 식사를 할 때 그릇에 담아서 먹는 생활을 하게 되는데, 이것은 식생활의 문화적인 요소가 확대 증진된 모습이다. 신석기 초기 유적에서 발견된 대표적인 토기는 빗살무늬토기이고, 신석기시대 중기에 이르러 농업을 시작하던 때에는 무문(無文)토기가 대표적인 것으로 바뀐다.

유물명칭 : 빗살무늬토기
국적/시대 : 한국(韓國) / 신석기(新石器)
용도/기능 : 식(食) / 음식기(飮食器) / 저장운반(貯藏運搬) / 기타(其他)
소장처 : 학교(學校) /서울시립대

유물명칭 : 빗살무늬토기
국적/시대 : 한국(韓國) / 신석기(新石器)
용도/기능 : 식(食) / 음식기(飮食器) / 저장운반(貯藏運搬) / 기타(其他)
소장처 : 학교(學校) / 경희대

유물명칭 : 빗살무늬토기(바닥부분)
국적/시대 : 한국(韓國) / 신석기(新石器)
용도/기능 : 식(食) / 음식기(飮食器) / 저장운반(貯藏運搬) / 기타(其他)
소장처 : 학교(學校) / 경희대

〈그림 3-1〉 빗살무늬토기

토기의 제조로 음식을 끓일 수 있게 됨으로써 음식조리의 새로운 길이 열렸으며, 토기는 끓임, 저장, 운반, 제사 등의 용도로 사용되면서 토기형태가 다양하게 분화, 발달되었다. 납작밑토기는 땅 위에 바로 세울 수 있어서 가열이나 저장용도로 사용되었으며 이로 인해 저장식품이 발달하였을 것으로 보인다.

신석기의 표식적인 유물인 간석기는 용구의 전면 또는 일부분이나 날의 일부분만을 갈아서 만든 석기로서 신석기 시대에서 청동기시대에 걸쳐 사용되었으며, 석기를 갈아 돌칼로 만들어 물건을 베고 써는 데 사용한 연장이며, 송곳은 뼈 · 뿔 · 나무 따위에 구멍을 뚫는 데 쓰는 연모로 쓰였으며, 갈돌은 갈돌판과 한 쌍을 이루어 갈돌판 위에 열매를 놓고 갈돌을 앞뒤로 움직여 껍질을 벗기거나 가루를 내도록 한 것으로 농경이 시작됨에 따라 많이 사용되어 점차 발굴되고 있다. 이 당시 돌망치, 긁개 등도 조리용으로 이용되었다.

청동기시대의 토기는 모래가 섞인 진흙을 구워서 열을 잘 전달하는 모래로 만든 민무늬토기를 만들었다. 민무늬토기는 빗살무늬토기보다 단단하고 갈색빛이 도는 붉은색의 표면에 무늬가 없고 바닥이 납작밑이란 특징을 갖고 있다.

(3) 초기 철기시대 ~ 연맹국가시대(기원전 10세기 ~ 기원전 4세기, 철기문화에서 농경생활의 정착)

철기문화기는 B.C. 4세기경에 시작되었으며, 농기구의 발전과 함께 벼농사가 가능한 지역으로 보다 발전하여 자리잡게 되었으며, 그 외의 작물재배 기술도 증진되어 농업이 주산업으로서 자리를 잡게 된다. 철기문화가 전개되었던 때는 부여, 고구려, 예, 옥저, 삼한 등 여러 연맹국가가 성립되어 있었다. 그러므로 부여, 고구려, 예, 옥저, 삼한 등 연맹왕국의 농업상에서 이 시기에 식생활을 알 수 있었다. 우리의 벼농사가 일본으로 전수된 것도 철기문화기의 일이다. 벼농사 이외에는 오곡도 재배하였고, 뽕나무를 심어 비단을 짜고, 삼을 재배하여 길쌈을 했으며, 특히 각 나라가 파종할 때와 추수를 마쳤을 때, 모두 모여서 술과 음식을 먹고 노래와 춤을 추며 밤을 지새웠다. 이러한 관행은 오늘날까지 우리 농촌의 부락제로 이어지고, 한편 우리 전래의 잔치 상차림은 동맹(東盟), 무천(舞天)과 같은 천제를 행할 때 실시하던 공동체의 상차림이 뿌리가 되고 있다.

- 초기 철기시대, 연맹국가시대 식기와 식공간

초기 철기시대에는 청동기시대의 민무늬토기 형식을 그대로 이어오면서 아가리를 말아서 띠를 돌린 것 같이 만든 아가리띠토기가 이 시기의 특징 있는 형식으로 나타나고 있으며, 검정, 흑회색 또는 검정광택의 검은 토기는 앙소 용산의 흑도와는 다른 이 시대 우리나라만의 흑색토기라고 할 수 있다. 청동기시대에는 청동으로 만든 식기가 나타나지 않았다.

유물명칭 : 발형무문토기(鉢形無文土器)
국적/시대 : 한국(韓國) / 원삼국(原三國)
용도/기능 : 식(食) / 음식기(飮食器) / 기타(其他)
소장처 : 학교(學校) / 한양대(漢陽大)

유물명칭 : 발형무문토기(鉢形無文土器)
국적/시대 : 한국(韓國) / 원삼국(原三國)
용도/기능 : 식(食) / 음식기(飮食器) / 기타(其他)
소장처 : 학교(學校) / 한양대(漢陽大)

유물명칭 : 발형무문토기(鉢形無文土器)
국적/시대 : 한국(韓國) / 원삼국(原三國)
용도/기능 : 식(食) / 음식기(飮食器) / 기타(其他)
소장처 : 학교(學校) / 한양대((漢陽大))

〈그림 3-2〉 민무늬토기

(4) 삼국시대 ~ 통일신라(기원전 1세기 ~ 7세기 중엽, 식생활 구조의 성립기)

고구려, 백제, 신라의 삼국시대를 거쳐 통일신라에 이르는 과정에서 쌀이 증산되고 밥 짓기가 일반화되었으며, 장, 시, 포, 젓갈, 김치와 같은 상용 기본식품의 가공법도 진전되어 보편화된다. 이에 따라서 밥과 반찬으로 구성하는 밥상차림이 상용 식사의 기본 양식으로 정립되었고, 떡은 밥 짓기가 보편화됨으로써 상용음식이기보다는 의례용, 선물용 등 특별음식으로 자리 잡고, 술빚기와 식혜 삭히기와 같은 식품 가공기술이 전통의 자리를 세워 간다. 이리하여 우리나라 식생활의 기본구조가 성립되는데, 그것은 삼국의 중농정책 환경에서 이루어졌다고 본다.

조선기술이 좋아져서 근해어업으로 확대되고 소, 말, 돼지를 사양하였으며, 수렵도 계속되었다. 곡물의 탈각, 제분 용구와 무쇠솥을 비롯해서 주방용구도 발전하는데, 특히 주방의 필수 용구인 증숙 전용 시루와 자숙전용인 무쇠솥의 두 계열로 발전함으로써 곡물의 자숙요리인 밥은 상용 음식으로, 증숙요리인 떡은 잔치, 의례, 선물용 등 특별 음식으로 구분된다. 또한 구이, 찜, 무침과 같은 조리식품과 술, 장, 시, 해와 같은 발효식품의 가공기술도 보다 발전하여 일반화된다. 따라서 일상식의 밥상 차림으로 잔치와 가례에는 떡, 술, 감주(식혜) 등을 중심으로 한 식생활의 양식이 형성되었으며, 이러한 기본 양식은 이후로 오늘까지 기본 체계로서 이어온다.

– 삼국시대의 식기와 식공간

흙으로 만든 식기로 삼국 및 통일신라시대의 일용식기 종류는 유물이나 고구려, 만주 남북, 중국 산동성 등지의 고분벽화를 통하여 짐작할 수 있다.

통구의 무용총(4세기), 각저총(4세기 말~5세기 초)의 실내 생활모습을 통하여 당시 식기의 모습을 짐작할 수 있다. 짧은 세 개의 굽이 붙은 큰 대접에 과일을 높이 괴어 놓고 있음이 주목되고 또 무엇을 담았는지는 알 수 없으나, 뚜껑 있는 바리 모양의 그릇도 보인다. 또 짧은 굽이 달린 사발, 여러 찬이나 조미료를 담은 듯한 뚝배기 모양의 것, 보시기 같은 것, 종발 모양의 것, 접시 모양의 것들이 보인다. 시대의 진행에 따라 배, 사발 등 작은 것이 늘어나고 각저총의 밥상 그림 등으로 미루어 보아 이때 벌써 개인용 밥상이 차려진 것 같다. 경주 안압지에서는 많은 토제 식기가 출토되고 있다.

금속식기는 그 종류에 따라 신분에 따라 사용에 차등이 있었다. 삼국시대에는 철이나 구리 바탕에 금이나 은을 입히는 도금술이 발달하여 식기에 이용되었고, 경주 안압지 등지에서는 이러한 유물이 많이 출토되었다. 또 38호 고분에서는 순금으로 만든 굽다리그릇이 출토되었다.

신라에서는 식기의 재료에 성골은 제한을 받지 않으나 진골과 육두품은 금 · 은의 도금을 금하고, 사두품에서 서민에 이르기까지는 금 · 은 및 놋쇠의 사용을 금하였다. 곧 식기는 신분에 따라 달리 사용되었던 것이다. 놋쇠식기의 유물은 보이지 않으나 삼국 및 통일신라시대 문헌으로 미루어 놋쇠식기가 있었던 것으로 짐작된다. 『삼국사기』 직관에 철유전이 있으며,『삼국사기』에 유석이 나온다. '유' 는 놋쇠를 말하며 구리와 아연의 합금이다.

나무로 만든 식기로는 「신당서」,「구당서」에 의하면 신라시대 식기로서 유배를 이용하였으며 구리그릇이나 질그릇도 있었다고 되어 있다. 유배는 버드나무가지로 엮은 작은 상자로서 도시락이었으며 잔의 대용으로도 사용되었다. 대나무로 된 것도 있어서 신라의 빈민들은 주로 이것을 사용하였다고 한다.

접시나 잔 같은데 긴 다리가 달린 두형토기를 굽다리그릇이라고 한다. 경주 98호 고분에서 굽다리그릇 형태의 밥상인 듯한 것이 출토되었는데, 커다란 굽다리그릇 위에 반찬 등을 담은 뚜껑 있는 잡은 굽다리그릇이 7개 놓여 있었다. 이 중 커다란 굽다리그릇이 밥상의 구실을 하였을 것이며, 7개의 작은 그릇 가운데서 6개는 뚜껑에 굽다리 모양의 꼭지가 붙어 있으나 1개는 단추모양 꼭지였다.

고구려에는 유물로서 토기가 매우 적고, 고분벽화에도 굽다리그릇에 구체적으로 나타난 것이 없으나 신라에는 굽다리그릇이 특히 많고, 그 후 목제 굽다리그릇이 많아지고 윗면이 평평한 것이 나타났으며, 굽다리가 고정되지 않고 분리되는 것이 있으며 또 뚜껑이 있는 것도 있다.

백제의 굽다리그릇은 신라처럼 많지 않으나 형태에 차이가 있고, 또 뚜껑이 있고 세발이 달린 굽다리그릇도 있는데 이것은 보기 드문 백제의 독자적인 토기이다. 최근 발굴한 경주의 집터자리(3~5세기)에서 나온 굽다리그릇은 지금까지 고분에서 발굴된 것에 비하여 굽이 훨씬 짧다. 따라서 이런 것이 실생활에서 사용되었음을 알 수 있다.

통일신라시대에 접어들면 굽다리그릇의 굽다리가 더욱 짧아지고 있다. 밥상 없이 굽다리그릇에 얹힌 음식을 먹을 때는 굽다리가 길어야 하지만, 밥상에다 굽다리그릇을 얹어서 음식을 먹자면 굽다리가 짧아야 하고 마침내는 굽다리가 없어진 것이다. 그러나 제사상이나 연회상에는 전통에 따라 굽다리그릇이 그대로의 모양으로 쓰이고 있었을 것이다.

유물명칭 : 굽다리접시
국적/시대 : 한국(韓國) / 신라(新羅)
용도/기능 : 사회생활(社會生活) / 의례생활(儀禮生活) / 상장(喪葬) / 고대부장품(古代副葬品) 식(食) / 음식기(飲食器) / 음식(飲食) / 배(杯)
소장처 : 공립(公立) / 부산시복천

유물명칭 : 굽다리접시
국적/시대 : 한국(韓國) / 신라(新羅)
용도/기능 : 사회생활(社會生活) / 의례생활(儀禮生活) / 상장(喪葬) / 고대부장품(古代副葬品) 식(食) / 음식기(飲食器) / 음식(飲食) / 배(杯)
소장처 : 공립(公立) / 부산시복천

유물명칭 : 굽다리접시
국적/시대 : 한국(韓國) / 신라(新羅)
용도/기능 : 식(食) / 음식기(飲食器) / 음식(飲食) / 배(杯)
소장처 : 공립(公立) / 인천시립

〈그림 3-3〉 굽다리토기

우리나라의 각저총(5~6세기)의 주실 내부 벽화에는 방형사족반(方形四足盤)과 원반삼족반(圓盤三足盤)이 보이며, 주실 내부 좌측 벽화에는 다리가 없는 쟁반형과 말굽형 다리의 방형반을 볼 수 있으며, 네모난 널빤지에 짧은 네 다리가 붙은 밥상(소반) 앞에 앉아서 식사를 하고 있으며 이것은 좌식 개인용 밥상 이른바 지금의 독상이라 할 수 있다.

〈그림 3-4〉 각저총 후실 벽화–수족형소반

무용총에는 또 다리가 긴 식탁과 의자가 일체를 이루고 있는데 이것은 입식 밥상으로 독상의 형태를 띠고 있다. 이와 같이 좌식과 입식의 밥상이 아울러 쓰이고 있으나, 중국에서는 당나라시대부터 점차 입식으로 바뀌었고, 우리나라는 통일신라시대 이후 좌식으

〈그림 3-5〉 각저총 후실 벽화-의자, 수족형 기물

로 고정되어 갔다. 우리나라의 밥상이 좌식의 소반으로 고정되어가는 것은 온돌과 관련된다.

이와 함께 삼국시대에는 집 속에 전용의 부엌 공간이 마련되었고, 부엌 공간 속의 부엌세간도 다양해졌다. 조리를 위하여 으레 도마를 이용하였을 것이나 목재이므로 우리나라에는 유물이 남아 있지 않다. 또한 경주 안압지에서는 청동제 식도와 철제 식도가 출토되었고, 경주시 황남동 82호 고분에서도 철제 식도가 나왔다. 식도는 조리용 뿐만 아니라 아마 서양요리의 식탁에 쓰는 나이프와 같은 구실을 하였을 것이다.

숟가락과 젓가락의 사용은 삼국시대에도 이어졌다. 백제 무령왕릉(523)을 비롯한 몇몇 고분에서 청동제 숟가락과 젓가락이 출토되었는데 이들은 당시 중국의 젓가락, 숟가락이 매우 비슷하지만, 통일신라시대에 접어든 황해도 평상이나 경주 안압지의 숟가락은 중국 것과는 형태가 달라지고 있다.

〈그림 3-6〉 무용총 주실 좌부 벽화, 무용총 말굽 모양 방형반과 쟁반

〈안악 3호무덤〉 [安岳三號墳]

황해남도 안악군 오국리에 있는 고구려시대의 무덤이다.

황남 안악군 오국리에 소재해 있는 북한 국보 문화유물 제67호이다. 357년에 축조했으며, 336년(고구려 고국원왕 요동에서 고구려로 망명한 동수의 무덤이라는 설이 있어 동수묘라 부르기도 하였으나, 현재는 고구려의 고국원왕이 무덤의 주인으로 알려져 있다.

봉분은 사각형으로 그 크기는 동서 30m, 남북 33m, 높이가 6m이다. 무덤 자체도 크지만 산 위에 있어서 더 웅장해 보인다. 무덤은 언덕을 파고 반지하에 돌로 쌓았는데 널방(현실)은 현무암과 석회암 판석으로 짜여 있다. 매 벽면마다 하나의 판돌로 되어 있고 무덤 입구도 판돌을 세워 막았다. 내부는 문칸, 앞칸(전실), 동서의 두 곁칸, 안칸(현실), 회랑 등으로 이루어졌다. 천장형식은 평행삼각고임인데 회랑만 평행고임이다. 회랑은 안칸의 동쪽과 북쪽에 ㄱ자로 놓여 있다. 동서 두 곁칸과 안칸, 그리고 회랑에는 문이 없고 돌기둥들을 세워 입구를 표시하였다.

〈그림 3-7〉 안악 제3호분 동수묘 서남벽 부인 초상

벽화는 돌벽 위에 직접 그렸다. 안길의 동서벽에는 무덤을 지키는 호위병이 그려져 있으나 석회가 떨어져나가 잘 보이지 않는다. 앞칸에는 무악의장대를 그리고 서쪽 곁칸에는 화려한 비단옷을 입은 주인공이 문무관을 거느리고 정사를 보는 장면과 시녀들을 거느리고 있는 안주인을 그렸다. 동쪽 곁칸에는 부엌, 우물, 방앗간, 외양간, 마구간, 차고 등을 그렸다. 회랑에는 왕의 '백라관'을 쓰고 수레를 탄 주인공이 문무백관, 악대, 무사 등 250여 명에 달하는 인물들의 호위를 받으며 나아가는 대행렬도가 그려져 있다.

〈그림 3-8〉 안악 제3호분 수족형의 상과 기물

안악 3호 고분의 벽화를 통하여 완전히 독립된 부엌공간 속에서 부뚜막에 시루가 놓여 있는 것을 볼 수 있다. 후한시대의 만주 요령성의 부뚜막에는 솥도 놓여 있었다.

통일신라시대인 경주 안압지(7~8세기)에서는 오늘날과 같은 모양의 화덕이 출토되었다.

이른바 이동식 화덕의 구실을 하였다. 가마솥은 귀가 없고 다리가 없는 경우가 많다. 안악 3호 고분벽화에 보이고 신라, 가야의 고분에서 쇠로 만든 가마가 출토되었다. 이 가마솥이 일본에도 건너가서 일본에서는 지금도 솥을 우리말 그대로 가마라 한다. 화덕이 생김에 따라 가마솥은 불 속에 넣는 것에서 불 위에 거는 것으로 바뀌게 되었다. 화덕은 가마솥이 떨어지지 않도록 되어 있다.

『삼국유사』에 재산이라고는 다리가 부러진 노구솥 한 개가 있을 뿐이라는 말이 나온다. 노구솥은 가마솥보다 작고 오늘날의 냄비에 해당한다. 냄비는 우리말 그대로 나배란 이름으로 일본에 건너갔다. 일본에는 노구솥이 588년 백제에서 건너갔고, 이것은 과로 표기하였다. 솥이 작아지면서 일본의 동부지방에서 노구솥은 집속 화덕 위에 매다는 특유의 풍속이 생겨났다. 세 다리와 손잡이가 있는 쟁개비(작은 냄비)와 작은 항아리를 각각 초두, 초호라 하고 주전자의 구실도 한다. 삼국시대에는 청동제, 철제, 토제의 초두가 출토되고 있다.

찌는 데 쓰는 세간으로 안악 3호 고분이나 약수리 고분의 벽화에는 시루의 모습이 나타난다. 그리고 삼국시대에는 많은 토제 시루가 나타난다.

유물명칭 : 시루 〈토제시루〉
국적/시대 : 한국(韓國) / 삼국(三國)
용도/기능 : 식(食) / 취사(炊事) / 취사(炊事) / 시루(시루)
소장처 : 학교(學校) / 순천대(順天大)

유물명칭 : 시루 〈토제 시루〉
국적/시대 : 한국(韓國) / 백제(百濟)
용도/기능 : 식(食) / 취사(炊事) / 취사(炊事) / 시루(시루)
소장처 : 학교(學校) / 대전보건(大田保健)

유물명칭 : 시루
국적/시대 : 한국(韓國) / 삼국(三國)
용도/기능 : 식(食) / 음식기(飮食器) / 음식(飮食) / 합(盒)
소장처 : 학교(學敎) / 한양대(漢陽大)

〈그림 3-9〉 삼국시대 토제 시루

(5) 고려 시대(10세기 중엽 ~ 14세기)

고려시대는 불교를 정치이념으로 삼으며, 사찰음식의 발달과 체계화된 제사상 형식을 가져 왔다. 불교에서 살생을 죄악시하여 육류와 어류의 섭취가 금지되었고, 곡류와 채식 요리가 발달하였고, 식물성 조리법을 이용한 사찰음식이 발달하였다. 또한 고려시대에는 체계화된 제사상 양식이 이루어졌고 불교의 전례에 쓰이는 불공용 음식은 다채로운 색을 물들이거나 원통형으로 높이 올리는 등의 기교적이면서 조형적으로 행해졌다. 고배 음식상이 확립된 것도 이 때인데, 고배음식은 신이나 또는 귀한 사람에 대한 존경의 차원에서 불교의 영향으로 발달하였다. 부처님께 차를 올리는 헌다(獻茶)의 예와 음차 습관이 널리 성행하게 되었고, 『고려사』에도 진다례에 대한 기록이 있고 궁 안에 차를 담당하는 부서가 있는 것으로 미루어 볼 때, 고려시대에는 차 마시는 풍속이 귀족계급 간에 성행하였던 것 같다. 고려시대의 잔(盞)들은 형태가 매우 다양하여 조형성 높은 주전자류와 함께 고급스런 디자인을 표현하고 있다. 또한 병과류와 차가 발달하여 수려한 청자 다구(茶具)와 함께 다과 상차림의 규범이 성립되어 수려한 청자 식기와 주칠, 흑칠을 한 다기와 식기, 칠기 등 식기문화의 격조가 이루어지는 시기이기도 했다. 또한 음식문화의 문화적 요소가 확대되고 한국식 생활문화의 근세 단계로서 의미가 깊은 시기이다.

〈그림 3-10〉 고려청자-녹청자

고려청자(高麗靑磁)는 형태와 빛깔이 뛰어나 도자기의 종주국인 중국에서조차도 '천하제일(天下第一)'이라고 불릴 정도로 높은 평가를 받았다. 이러한 고급청자는 매우 희귀하였기 때문에 당시 고려사회에서 그것을 사용할 수 있었던 사람들은 왕실이나 귀족 등 소수에 지나지 않았다. 그러나 청자가 일상생활용기(日常生活容器)로써 널리 사용되면서 일반 서민들도 청자를 사용할 수 있게 되었다. 이때 서민들이 사용한 청자는 거칠고 잡물이 많은 태토 위에 녹갈색(綠褐色)을 띠는 유약을 입혀 구워낸 것으로 품질이 떨어지는 녹청자(綠靑磁)이다.

〈그림 3-11〉 고려청자 – 청자상감 매화 갈대 학 나비무늬사이호 靑磁象嵌梅蘆鶴蝶文四耳壺

청자상감 매화 · 갈대 · 학 · 나비무늬 사이호 靑磁象嵌梅蘆鶴蝶文四耳壺
고려 13세기 높이 22.9cm 입지름 8.3cm 몸통지름 15.5cm 굽지름 11.8cm

고려시대는 이전에 형성되었던 일상 음식의 기본요소에 국이 대표적인 부식으로 발달하여 밥과 국이 우리나라의 기본적인 상차림이 되었다. 특히 고려시대의 국그릇은 굉장히 컸는데 이것은 국의 중요성이 강조된 증거로 보인다. 고려시대 식기의 재료로는 신라문화를 이어받아 금속기(금, 은, 금동제, 유기 등)를 많이 썼으며, 금속 식기에 차등을 두어 신분에 따라 사용을 금했다. 도자식기 중에서 청자제품은 귀족계급에서만 쓰였으며 그 수량도 극히 한정되어 있어 일반인들은 그 존재조차 몰랐다고 한다. 도자를 보면 그

나라 정치를 알 수 있다는 말로 '인도이지정(因陶以知政)' 이라는 중국 고사가 있다. 어느 사회에서는 도자기가 발달하는 시기는 정치, 경제, 문화가 안정되었을 때이다. 우리나라도 귀족문화가 꽃피었던 고려시대에 세계에 유례없는 비색의 고려상감청자가 탄생했고, 송나라 사람 서긍의 『선화봉사고려도경(宣和奉使高麗圖經)』에 보면, 고려시대 귀족들의 식생활이 사치의 극을 이루었던 것이 기록되어 있다. 이렇듯 도자기의 발달은 정치 · 문화 발달과 깊은 관련을 맺고 있다.

고려 사람 이규보의 『도옹부(陶罋賦)』에 "내가 질항아리를 하나 가졌는데 술맛이 변하지 않으므로 매우 소중히 여기고 사랑한다"는 시가 있다. 이 시로 보아 서민들은 질그릇(토기류)을 일상 용기로 사용했음을 알 수 있다.

이규보 [李奎報, 1168~1241]
'백운거사' 라고 불리우며, 고려시대의 문신 · 문인, 명문장가로 그가 지은 시풍(詩風)은 당대를 풍미했다. 몽골군의 침입을 진정표(陳情表)로써 격퇴하기도 하였다. 저서에 「동국이상국집」, 「국선생전」 등이 있으며, 작품으로 「동명왕편(東明王篇)」 등이 있다.

(6) 조선시대(15세기 ~ 19세기 중엽)

조선시대는 유교를 새로운 정치이념으로 삼았다. 유학자들은 의례를 중요시하여 의례식이 등장했으며, 가부장적인 대가족제도와 남존여비(男尊女卑), 내외법(內外法)의 확립으로 남녀는 같은 밥상에서 식사를 할 수 없었고, 가장인 주인과 남자 식구들은 모두 '독상' 을 받았고, 여성들은 지방에 따라 차이는 있지만, 대체로 '부엌' 에서 식사를 하기도 하였다. 독상을 차리기 위해 부엌이나 수장 공간인 찬간에는 여러 개의 상들을 보관하였고 독상을 볼 수 있는 공간 또한 필요하였다. 혼례, 장례, 제사 등의 의례적 행위가 모두 주택 안에서 준비되고 수행됨으로써 식재료의 저장 · 조리, 조리된 음식물의 저장과 상보기, 이의 설거지 등이 일상식에 필요로 하는 공간보다는 확장된 공간을 요구하게 되었고 이 때문에 부엌 앞마당이나 대청 등에서 이들 행위를 수행하게 된다. 또한 제사 때와 같은 특수한 대사에 사용하던 식기류는 제기고(祭器庫)와 같은 특별한 수장 공간에 따로 보관하였다.

중국, 일본, 우리나라 중에 유독 우리나라에서만 숟가락과 젓가락을 사용하는 전통이 내려오고 있는데, 이는 우리의 음식이 '삶는' 요리가 발달되어 습성 인식이 많기 때문이기도 하고, 숭유주의자들이 공자시대에 숟가락을 사용하였음을 끝까지 고집하여 숟가락을 버리지 않았기 때문이기도 하다.

– 조선시대 식기와 식공간

불교의 쇠퇴와 함께 차를 마시는 예법도 사라졌고 그 유습은 ‘차례(茶禮)’ 에만 남아 있을 뿐이다. 국교를 유교로 하면서 가부장적인 대가족제도와 선조를 공경하는 제사가 중요시되어 제기, 주기, 반상 형식의 발달을 가져 오게 되었다.

어른께 드리는 진지상은 ‘반상(飯床)’ 이라 하여 반찬의 같은 조리법, 같은 식품이 겹치지 않도록 3~9첩까지 여러 단계의 원칙을 규범화하여 보통은 3,5,7첩이고 대가나 궁중에서는 9첩 또는 12첩을 쓴다. 첩이란 뚜껑이 있는 반찬그릇을 말하는 것으로 국과 김치를 제외하고 반찬그릇의 수에 따라 첩수를 센다. 이처럼 반상의 규범이 정해지는 것과 함께 식기 역시 그에 맞추어 ‘반상기’ 로 정형화되었다. 반상기는 밥그릇, 국그릇, 조칫보, 김칫보, 종지와 반찬 그릇, 대접, 대접을 올리는 쟁반이 한 벌을 이룬다. 이는 뚜껑과 한 벌을 이루고 있으며 나무, 유기, 은기, 사기 등으로 만들었다.

반상의 상차림은 대개 장방형의 사각반에 차렸으며, 격식을 차리는 직위가 높은 고관들에게는 외상차림으로 하고, 아래 직급은 겸상이며, 더 아래의 직급들은 두레상에 함께 대접을 하였다. 상에 올라가는 그릇의 재질은 모두 같게 하여, 여름철에는 백자나 청백자 반상기를 주로 쓰고 겨울철에는 유기나 은기를 사용하였다.

– 백자양각시명 부채모양 필가

백자양각시명 부채모양 필가 白磁陽刻詩銘扇形筆架
조선 19세기 높이 3.6cm 크기 9.4×5.2cm

– 백자철화용무늬 항아리

백자철화용무늬 항아리 白磁鐵畵龍文壺
조선 17세기 높이 32.6cm 입지름 19.0cm 몸통지름 41.5cm 굽지름 14.3cm

– 백자청화 꽃 · 새무늬 항아리

백자청화 꽃 · 새무늬 항아리 白磁靑畵花鳥文壺
조선 18세기 높이 34.1cm 입지름 13.2cm 굽지름 14.3cm

〈그림 3-12〉 조선 백자

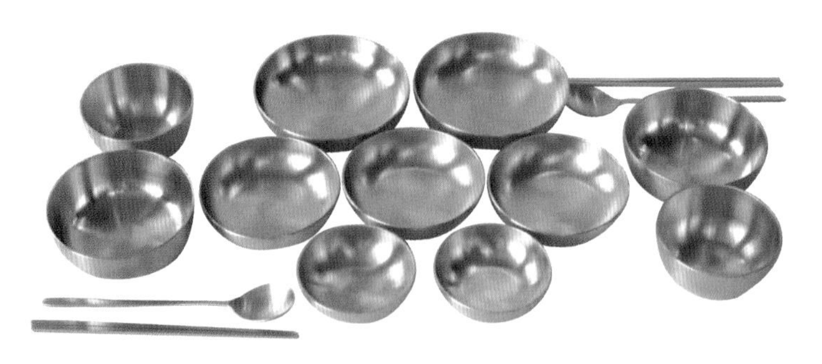

〈그림 3-13〉 유기

조선시대 도자기는 임진왜란(1592~1598)을 기점으로 초기의 분청사기가 그 자취를 감추고 백자를 중심으로 순백자, 철화백자, 청화백자 등이 생산되었다. 그 외에 질그릇, 옹기, 칠기 등은 실생활의 요구에 따라 오랜 전통 그대로 계속 제작되었다.

조선시대 백자는 초기 왕실에서만 사용하였던 어기(御器)로, 후기에 들어서서 일부 양반만이 사용할 수 있었다. 조선시대 후기로 갈수록 신분에 따라 다른 식기를 사용하였는데 지배층이 사용하는 백자와 청화백자, 피지배층이 사용하는 옹기로 크게 나누어 볼 수 있다. 양질의 순도 높은 백자는 후기로 갈수록 발전하면서 설백색, 유백색의 백자 위에 중국에서 수입된 코발트의 장식으로 청화백자가 많이 제작되며 화려해진다.

(7) 개화기 이후(19세기 중엽 ~ 19세기 말)

조선시대 말기(1900년대)에 이르러 일본, 중국, 서양과의 교류가 활발하게 이루어졌는데 이 때를 개화기라고 한다. 외국의 다양한 식생활 습관이 유입되며, 19세기 말에는 서양의 식품과 요리법, 식생활 관습이 전해지면서 우리나라의 식생활은 한식과 양식이 혼합된 형태를 띠게 되었고, 서양 음식은 우리나라에 찾아온 서양 사람들이 소개하였다.

– 개화기 이후 식기와 식공간

1945년 한국인의 대표적인 식기업체로서 '행남사', '대한경질도자기' 등이 설립되었고, 6 · 25 전쟁 등을 거치면서 1957년부터 근대화 과정으로 대량생산이 본격적으로 시작되었지만, 상류층에서는 외국제품을 애호하였다.

그 당시에 식기의 대체 재료로서 가볍고 은백색과 유사한 색깔인 '양은'(알루미늄+구리, 알루미늄+아연)이 서양과의 문화가 개방되면서부터 그 원료가 수입되어 가볍고, 사용하기 편리한 식기였다. 이후 '스텐'이라 불리는 스테인리스 스틸이 들어와 식기에 큰 변화를 갖게 되었다. 1960년대 후반에 들어서는 우리나라의 식습관과 식사내용을 고려하지 않고, 일본 등지에서 서양의 '디너 세트' 를 동양에 보급하기 위하여 친근감 있는 홈 세트(Home Set)라 한 것을 우리도 그대로 따라 쓰게 되었다. 이로 인해 전통 도자기의 사용은 점차 사라지고 식기류의 디자인에 있어서도 우리의 식생활에 맞는 형태나 문양이라기보다는 서양식기의 형태나 문양을 변형한 식기류가 생산되었다.

2) 한국의 전통 식기(食器)

– 주발(사발) : 밥을 담는 그릇을 주발이라 하고, 국을 담는 그릇은 탕기 또는 갱기라 하며, 찌개를 담는 그릇은 조칫보라고 한다. 이 세 종류의 그릇은 모두 모양이 같고 크기만 대 · 중 · 소 세 가지인데, 가장 큰 것에 밥, 중간 것에 국, 작은 것에 찌개를 담는다.

– 바리 : 여자 밥그릇을 말하며 사발보다 약간 부르고 아가리가 좁아지는 모양에 꼭지가 달렸다. 가장 흔한 주발은 연엽주발이고, 배가 부른 것은 우멍주발이라 한다.

– 탕기 [湯器] : 국이나 찌개 따위를 떠 놓는 자그마한 그릇, 모양이 주발과 비슷하다. 사기로 바리처럼 만들되, 뚜껑이 없는 상태로 국을 담는 그릇을 바리탕기라 하기도 한다.

– 대접 : 사발보다 큰 형태로 국, 면류를 담는 그릇으로 대접이 있는데 '대첩(大貼)' 이라고도 한다. 평상시에는 밥을 다 먹은 뒤에 마시는 숭늉을 담았다. 오늘날 보통 국그릇이라 칭하며 널리 이용되는 대표적인 식기이다.

– 보시기 : 보아(甫兒), 김칫보라고도 부르며 사발과 종지의 중간의 크기로 주둥이의 부위와 아래 부위가 거의 같은 크기이다. 용도는 밥상에 김치를 담는데 쓰인다. 반상기에 사용되는 보시기는 운두가 낮으며 지름 20cm를 넘지 않고 뚜껑이 있다. 보아에 뚜껑이 있는 것을 이름 앞에 '합' 자를 붙여 합보시기 등으로 부른다.

– 조칫보 : 국물이 적게 만든 찌개나 찜을 이르러 조치라고 하며 조치를 담는 용기로서의 그릇을 조칫보라 이른다. 김칫보보다 조금 크고 운두가 낮은 그릇이다. 주발과 모양이 비슷하며 탕기보다는 작은 모양이다. 조치를 담는 데 쓴다.

- 쟁첩 : 쟁첩은 접시인데 뚜껑이 없이 벌어진 그릇을 말한다. 접시는 원래 우묵한 사발의 일종이었으나 점차 운두가 낮고 납작한 그릇으로 변했다. 조선시대에 17세기의 기록에는 접시를 첩시(貼是)로 기록하고 있다. 밥상에서 주로 반찬을 담는 그릇으로 이용되며 조선시대 연회시 고임상을 기본으로 하는 상차림에서 접시가 많이 이용되었다.

- 종지 : 보시기보다 형태가 작고 초장이나 간장을 담아 밥상에 올려놓는 것으로 '종주'라고도 한다. 또한 사발 모양의 작은 그릇으로 종자(鍾子)와 같은 용도로 올려지는 것으로 종발(鍾鉢)이 있다. 종주라고도 하는 종자는 음식의 간을 맞추는 양념을 담는 식기로 3첩부터 간장을, 5첩에서는 간장과 초간장을, 7첩에서는 간장과 초간장, 초고추장을 담아내는 용기로 사용한다. 또한 종자는 의례, 연회의 상차림에서도 빠지지 않고 양념을 담아내는데 이용되어 작지만 매우 중요한 식기로 사용되었다. 반드시 뚜껑이 함께 제작되었다.

- 합 : 찜은 합이나 조반기에 담는다. 합은 아래위가 평평한 운두가 높지 않고 둥글넓적하게 생겨 크기가 여러 가지이며, 차례로 겹쳐 놓을 수 있게 삼합이나 오합으로 되어 있다. 조반기는 대접처럼 생겼는데 꼭지 달린 뚜껑이 있는 그릇으로 잣죽이나 찜을 담는다.

- 접시 : 운두가 낮고 납작한 그릇을 말한다. 반찬, 과일, 떡 등을 담는데 사용된다.

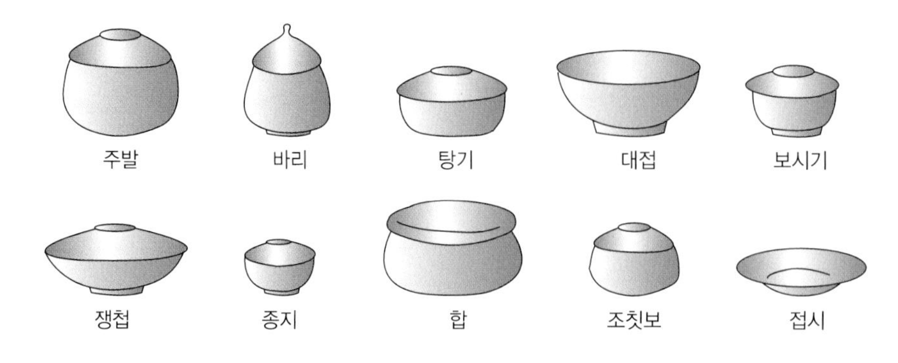

〈그림 3-14〉 정통 한식기의 형태

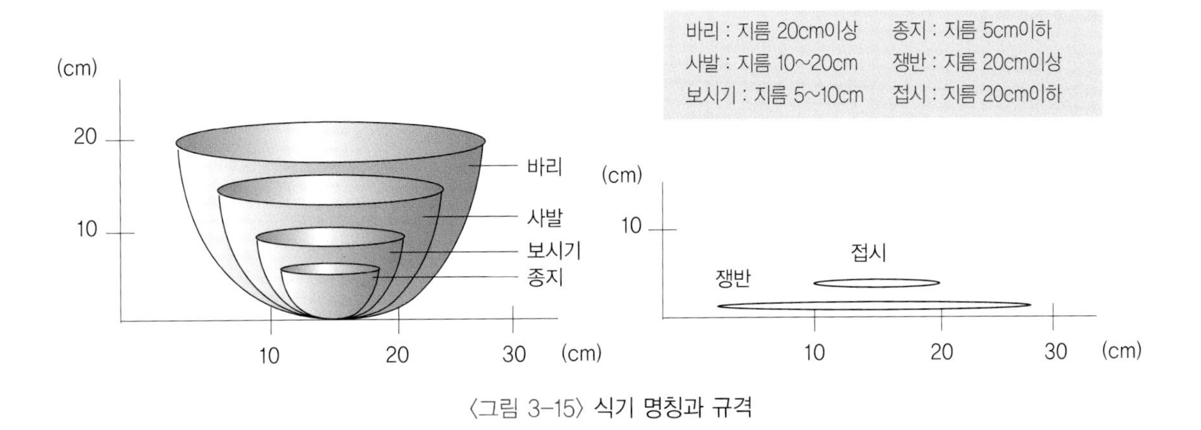

〈그림 3-15〉 식기 명칭과 규격

3) 한국의 상차림

독상 상차림을 기본으로 주식과 부식이 나뉘어져 있다. 상을 차릴 때 오른쪽에 수저와 젓가락, 탁기 등을 두고, 왼쪽엔 찬품류의 식기들이 식사하는 사람의 안쪽으로 들어오게 둔다. 평면 전개형으로 비대칭 구조로 전개한다. 테이블 클로스를 까는 서양과는 달리 광택이 나는 칠기 소반에 식기의 질감 등이 조화를 이루게 하여 계절에 따른 변화를 줄 수 있다.

(1) 일상 상차림

- 반상 : 밥, 국, 반찬을 기본으로 차리는 밥상을 말하며, 어른께는 '진짓상', 임금님 밥상은 '수라상'이라고 한다. 상에 놓이는 음식의 종류와 찬수에 따라 반상의 종류와 차림이 달라진다. 첩 수로 상차림을 구분하는데, 첩이란 뚜껑이 있는 반찬 그릇을 의미하며 밥, 탕, 김치, 찌개, 장 등을 제외한 반찬 그릇 수를 말한다. 서민들은 3첩, 5첩, 사대부들은 7첩, 9첩, 궁중에서는 12첩은 임금님만 드시는 수라상 차림이었다.

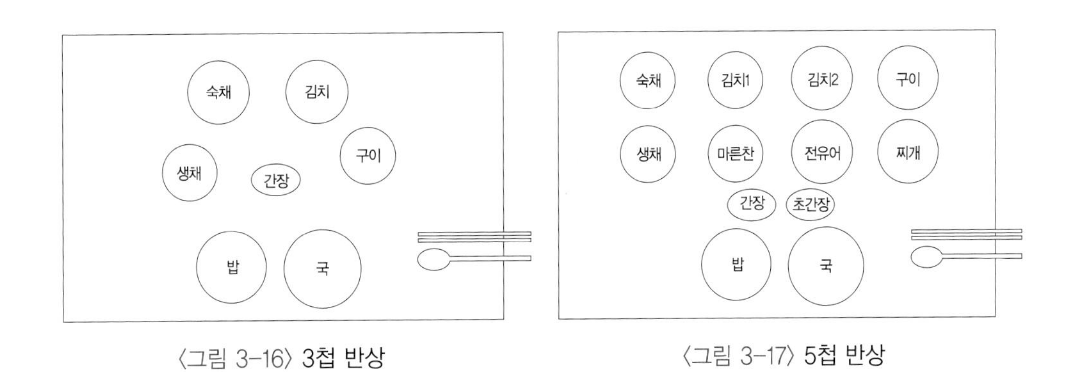

〈그림 3-16〉 3첩 반상

〈그림 3-17〉 5첩 반상

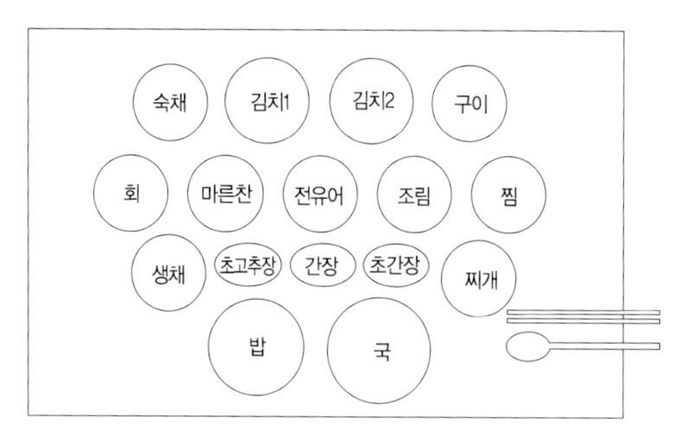

〈그림 3-18〉 7첩 반상

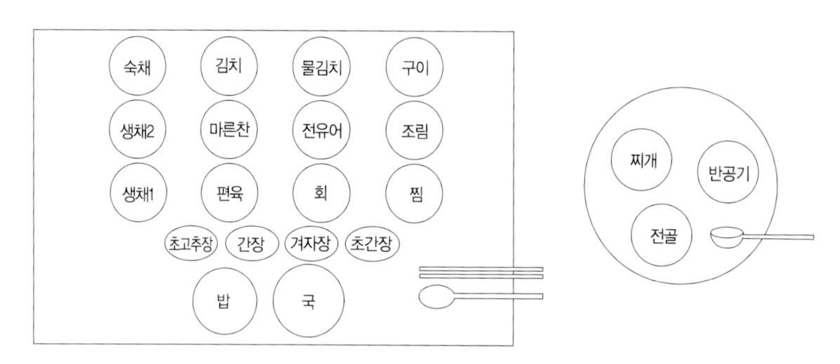

〈그림 3-19〉 9첩 반상

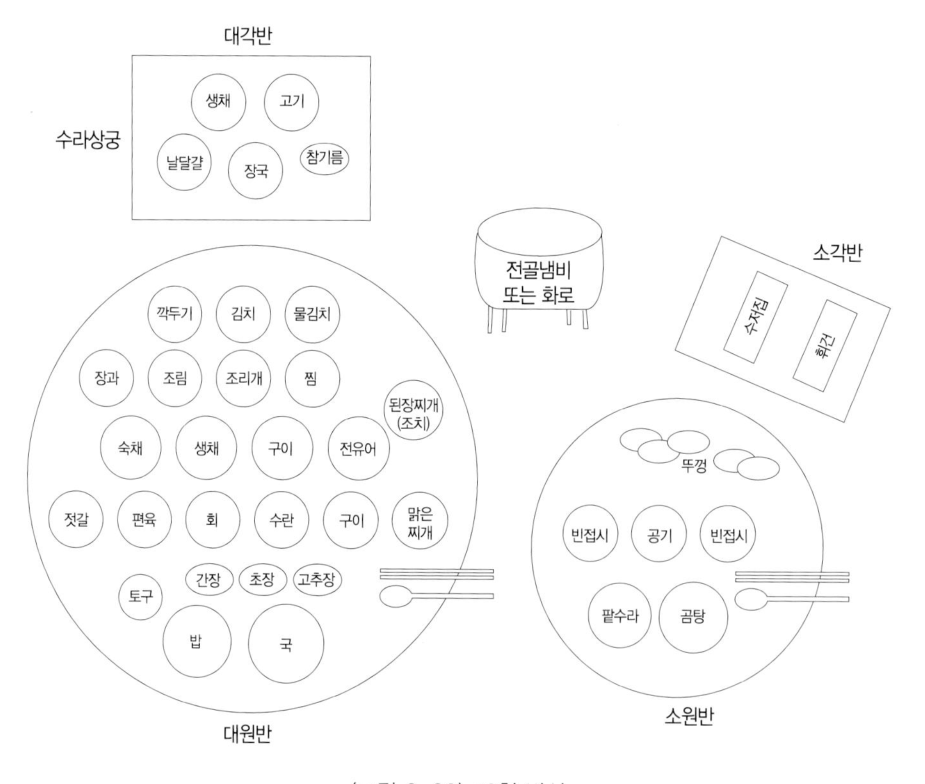

〈그림 3-20〉 12첩 반상

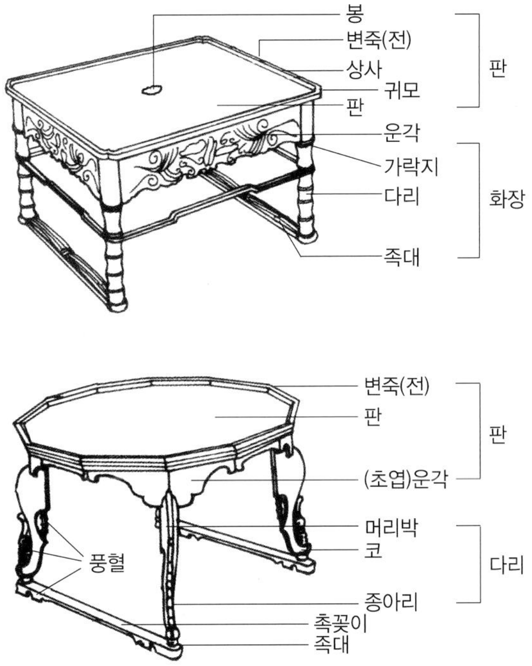

〈그림 3-21〉 소반 기본 구조도

- 면상, 만두상, 떡국상 : 밥을 대신하여 점심 또는 간단한 식사 때 차리는 상으로 반찬으로는 전유어, 잡채, 배추김치, 나박김치 등이 주로 올랐다.

- 주안상 : 주안상은 술을 대접하기 위한 상으로 혼자 드는 외상보다는 둘 이상의 겸상 차림을 하였다. 국물이 있는 음식(전골이나 찌개), 전유어, 회, 편육, 김치를 내며 술의 종류에 따라 음식의 종류를 고려한다.

- 교자상 : 경사가 있을 때 여러 사람이 먹을 수 있도록 큰 상에 차리며, 주된 음식은 상의 중심에 놓고, 국물이 있는 음식은 한 사람분씩 작은 그릇에 각각 담아 낸다. 주식은 냉면이나 온면, 만두 중에서 계절에 맞게 내고, 탕, 찜, 전유어, 편육, 적, 회, 채(겨자채, 잡채, 구절판), 신선로, 김치(배추김치, 오이 소박이, 나박김치, 장김치 중 두 가지 정도), 후식(각색편, 숙실과, 생과일, 화채, 차)을 올렸다.

- 다과상 : 교자상 차릴 때 나중에 내는 후식상이다.

(2) 통과 의례 상차림

사람이 태어나고 성장하고 생을 마칠 때까지 단계적으로 이루어지는 의례를 말하며, 공동체의 구성원에게 자신의 지위를 인정받는 기능을 한다. 의례는 각각의 규범화된 의식이 있고, 그 의식에 따라 음식도 달라지며, 의례를 상징하는 특별한 양식이 있다.

우리나라에서 전통적으로 행하는 통과의례는 출생, 삼칠일, 백일, 첫돌, 관례, 혼례, 회갑, 희년, 회혼, 상례, 제례 등이다.

– 출생에서 백일까지

출생 직후에는 먼저 삼신상을 먹는데 상위에 아기와 산모의 건강회복을 축복하고 산신께 감사하는 의미로 흰밥과 미역국을 준비하며, 삼칠일상은 출생 후 21일째(三七日) 되는 날에 대문에 달았던 금줄을 떼어 외부인의 출입을 허락하고 축하하는 의미로 백설기 떡을 준비하여 집안에 모인 가족끼리 나누어 먹는다. 백일상은 출생 후 백일이 되는 날에 먹으며, 무병장수를 기원하는 백설기와 액을 물리치는 붉은 수수팥떡, 오행(五行), 오덕(五德), 오미(五味)와 같은 관념으로 만물의 조화를 뜻하는 오색 송편을 준비한다.

– 첫돌상

아기의 첫 번째 생일을 첫돌이라 하며, 돌상에는 새로 준비한 밥그릇과 국그릇에 흰밥과 미역국을 담아 놓고 푸른 나물, 과일 등도 올리고, 백일 때와 같이 백설기, 수수경단, 오색송편을 올린다. 또한 음식과 함께 쌀, 흰타래실, 책, 종이, 붓, 홍실로 묶은 미나리, 활과 화살(여아의 경우 가위, 바늘, 자, 색실) 등을 놓고 아기가 집도록 하며 아이의 장래를 예측하는 '돌잡이' 의식을 행했다.

〈그림 3-22〉 돌잡이 상차림 – 김홍도 돌잔치

- 관례(成年禮)

〈그림 3-23〉 혼례 - 김준근 신부연석

서양의 성인식과 같은 의미로 15세 이상이 되었을 때 어른이 되었음을 상징하는 의식이다. 남자는 땋았던 머리를 빗겨 올려 상투를 틀어 올리고 관을 쓴다고 해서 관례이고, 여자의 경우도 땋았던 머리를 올려 족을 지고 비녀를 꽂는다고 하여 계례라 하였다. 관례는 관을 쓰는 것이 인도(人道)의 시작이라 하여 대게 정월 중에 택일을 했다. 관례날이 정해지면 관례를 치르는 당사자와 그의 아버지가 사당에 고하게 되는데, 이때 음식은 주(酒), 과(果), 포(脯)이다.

- 혼인례(婚姻禮)

인간이 성장하여 부부의 연을 맺는 의식을 혼례라 하고, 남녀의 결합을 사회적으로 인정받는 것이다. 혼인 전날 저녁 신랑집에서 신부집으로 납폐함이 들어올 시간에 맞추어 쪄서 준비하는 봉채떡이 있는데, 이것은 반드시 찹쌀과 붉은 팥으로 만든 떡에 대추와 밤을 둥글게 박아 만들며, 찹쌀은 부부금슬을, 팥은 화를 피하고, 대추는 자손 번창을 의미한다.

신랑 신부의 결연을 의미하는 동뢰상은 앞줄에는 밤, 대추, 유과를 놓고 다음줄에는 흰절편, 황색 대두, 붉은 팥을 한 그릇씩 놓고 절편에 갈색 물을 들여 수탉과 암탉모양으로 만들어 동서좌우에 놓았다. 신부가 시부모님과 시댁의 친족에 처음으로 인사드릴 때 신부측에서 준비한 음식을 놓는데 이것을 폐백이라 하며, 지역에 따라 음식은 다르지만 서울 지역은 주로 육포와 대추를 이용하고, 그 외 지역은 감, 대추, 호두, 엿, 고기 음식 등을 준비한다.

〈그림 3-24〉 혼인 상차림

- 수연례(壽筵禮)

세상에 태어나 61세가 되는 해를 '회갑년' 이라고 하며 자기가 태어난 해로 돌아왔다는 뜻으로 환갑이라고 한다. 큰상차림으로 여러 가지 음식을 높이 괴어 차린 음식으로 한다. 큰상의 각 고임에는 상화를 꽂아 장식하고 상 앞에는 감, 포도, 오이, 가지 등의 갖가지 과채를 빚어 만든 꽃떡과 헌수할 상을 놓는다. 잔치가 치러지는 동안에는 고임으로 차려진 음식을 당사자가 먹을 수 없기 때문에 당사자가 먹을 수 있게 입맷상을 차리기도 한다.

수연의 종류에는 육순, 회갑, 진갑, 미수, 희수(칠순), 팔순, 졸수(구순), 백수가 있다.

〈그림 3-25〉 봉수당진찬도(奉壽堂進饌圖),
- 정조가 어머니 혜경궁 홍씨에게 차려 드리는 회갑연

〈그림 3-26〉 큰상

- 회혼례(回婚禮)

혼례를 올리고 만 60년을 해로한 해를 회혼이라 한다. 이 때 혼례를 치렀던 일을 되새겨 신랑, 신부 복장을 하고 자손들로부터 축하를 받으며, 의식은 혼례 때와 같지만 자손들이 헌주하고 권주가와 음식이 따른다.

〈그림 3-27〉 회혼례첩(回婚禮帖)

– 제의례(祭儀禮)

돌아가신 조상을 추모하여 지내는 의식이며, 다른 의식보다 절차가 까다롭다. 제례의식은 돌아가신 뒤에도 계속 효를 다한다는 의미가 있으며, 종류로는 차례, 기제, 시제(묘제), 시조시향제, 불천위 제사 등이 있다. 제사에 사용되는 음식을 제수라고 하며, 제사상에 제찬을 배열하는 것을 진설이라고 한다. 제상에 올리는 음식은 지방에 따라 다른데, 일반적으로 첫째 줄에는 과일과 조과(造菓), 둘째 줄에는 나물, 셋째 줄에는 탕, 넷째 줄에는 적과 전, 다섯째 줄에는 밥(메), 국(탕) 등을 올린다.

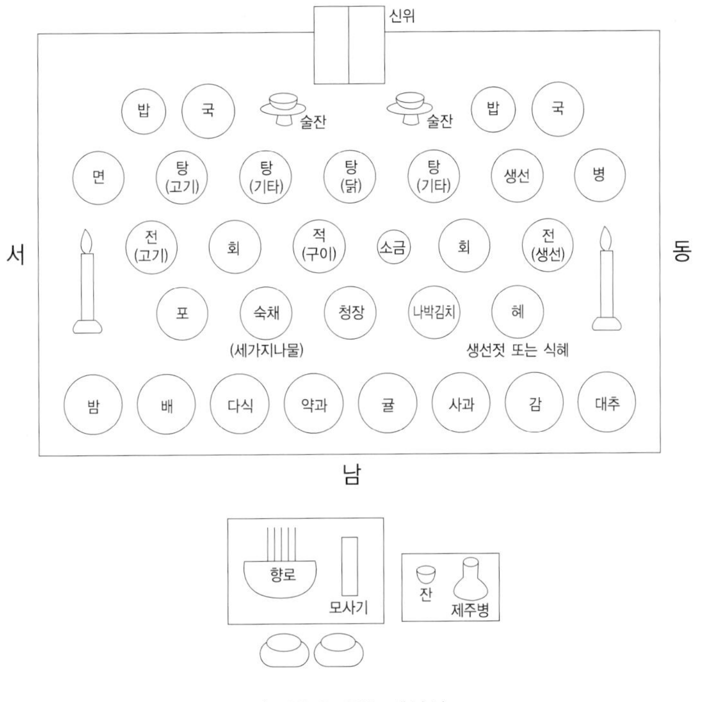

〈그림 3-28〉 제사상

(3) 한국의 절기와 상차림

- 설날(음력 1월 1일)

설이란 새해의 첫머리라는 뜻이며 설날은 그 중에서도 첫날이란 의미로서 우리 민족 최대의 명절이다. 풍속으로는 차례, 세배, 설빔, 덕담, 문안비, 설 그림, 복조리기 걸기, 윷놀이, 널뛰기 등이 있다. 차로 차례를 지내는 정초 다례와 떡국을 올리는 떡국 차례가 있다. 설날에 먹는 음식들을 설음식, 세찬(歲饌)이라고 하고, 정월 초하루 제사의 제물(祭物)을 차리고 손님에게도 냈다. 꿩고기, 쇠고기, 닭고기를 이용하여 국물을 만들고 가래떡을 이용한 떡국이 대표음식이며, 만두, 편육, 전유어, 육회, 느름적, 떡회, 잡채, 장김치, 배추 김치, 약식, 정과, 식혜, 수정과, 강정 등을 즐겨 먹는다.

〈그림 3-29〉 설날 테이블 스타일링

- 정월대보름(음력 1월 15일)

상원(上元)이라고도 하며, 정월 대보름의 풍속으로는 동제, 줄다리기, 지신밟기, 부럼깨기, 액연날리기, 달맞이, 달집태우기, 다리밟기, 사자놀이, 관원놀음, 들놀음, 오광대탈놀음, 석전, 고싸움, 쇠머리대기, 놓채싸움 등이 있다. 음식으로는 14일 저녁에 오곡밥이나 약식을 하고, 말려 놓은 묵은 나물들을 반찬으로 하고 목욕재계하고 달맞이를 한다. 15일 아침에는 1년 내내 부스럼이 없도록 밤, 호도, 잣, 콩 등 부럼을 깨물고 아침식사에는 귀가 밝아지라고 귀밝이술을 내놓는다. 묵은 나물을 먹으면 더위를 먹지 않는다고 믿었으며, 복쌈이라고 하여 대보름날에 김이나 취나물, 배춧잎에 싸서 먹으면 복이 오고 풍년이 들기를 기원하였다고 한다.

〈그림 3-30〉 정월대보름 테이블 스타일링

- 중화절(2월 초하루)

농사일을 시작하는 날로 당나라의 중화력에서 유래되었다. 농가에서 머슴들의 수고를 위로하기 위해 음식을 대접하고 즐기는 날이라고 하여 머슴날이라고도 한다. 중화절에는 떡과 많은 음식을 차려 먹는데 「동국세시기(東國歲時記)」에 의하면 정월 대보름에 세웠던 볏가릿대를 내려서 속에 넣었던 곡식으로 일하는 사람들에게 송편을 나누어 주었다고 한다.

- 삼짇날(음력 3월 3일)

삼사일(三巳日) · 중삼(重三)이라고도 한다. 강남에 간 제비가 돌아와 추녀 밑에 집을 짓는다는 때이다. 삼짇날 무렵이면 날씨도 온화하고 산과 들에 꽃이 피기 시작한다. 봄을 알리는 명절로 이 날 장을 담그면 장맛이 좋다고 하며, 집안 수리를 하고 농경제(農耕祭)를 행함으로써 풍년을 기원하기도 했다.

진달래꽃을 뜯어다가 쌀가루에 반죽하여 참기름을 발라 지지는 꽃전(花煎), 녹두가루를 반죽하여 익힌 다음 가늘게 썰어 꿀을 타고 잣을 넣어서 먹는 화면(花麵)을 즐긴다. 다른 음식으로는 수면(水麵), 조기면, 탕평채, 산떡, 고리떡, 쑥떡, 절편, 생실과(밤, 대추, 건시), 포(육포, 어포) 등을 먹었다.

풍습으로는 꽃을 따라 날아드는 나비를 보고 점을 치기도 했는데, 노랑나비나 호랑나비를 먼저 보면 소원이 이루어질 길조라 하고, 흰나비를 먼저 보면 부모의 상을 당할 흉조라고 했다. 삼짇날 머리를 감으면 머리카락이 물이 흐르듯 소담하고 아름답다 하여 부

녀자들이 머리를 감았다.

– 한식(寒食, 동지로부터 105일째 되는 날, 음력 4월 5일, 6일경)

청명절(淸明節) 당일이나 다음날이 되는데 양력으로는 4월 5 · 6일경이며, 예로부터 설날 · 단오 · 추석과 함께 4대 명절로 일컫는다. 한식이라는 명칭은, 이 날에는 불을 피우지 않고 찬 음식을 먹는다는 옛 습관에서 나온 것인데, 한식의 기원은 중국 진(晉)나라의 충신 개자추(介子推)의 혼령을 위로하기 위해서라고 한다. 개자추가 간신에게 몰려 면산(山)에 숨어 있었는데 문공(文公)이 그의 충성심을 알고 찾았으나 산에서 나오지 않자, 나오게 하기 위하여 면산에 불을 놓았다. 그러나 개자추는 나오지 않고 불에 타죽고 말았으며, 사람들은 그를 애도하여 찬밥을 먹는 풍속이 생겼다고 한다. 그러나 고대에 종교적 의미로 매년 봄에 나라에서 새불(新火)을 만들어 쓸 때 이에 앞서 일정 기간 구화(舊火)를 일체 금한 예속(禮俗)에서 유래된 것으로 여겨진다. 이날을 전후로 쑥탕, 쑥떡을 해먹으며, 한식날 먹는 메밀국수를 한식면(寒食麵)이라고 한다.

〈그림 3-31〉 한식 테이블 스타일링

- 초파일(석가탄신일 · 釋迦誕辰日, 음력 4월 8일)

석가모니의 탄신일이라 하여 불탄일(佛誕日), 또는 욕불일(浴佛日), 민간에서는 흔히 초파일이라고 한다. 이 날은 관등놀이로 가정이나 절에서 여러 가지 등을 만들어 저녁에 불을 밝히는데 등석 행사는 그 이튿날인 9일에 그친다. 음식으로는 증편, 느티떡, 쑥떡, 화전, 양색주악, 생실과, 어채(魚菜), 어만두(魚饅頭), 미나리 강회, 웅어회, 도미회 등이 있다.

〈그림 3-32〉 초파일 테이블 스타일링

– 단오(음력 5월 5일)

수릿날 · 천중절(天中節)이라고도 한다. 1년 중에 가장 양기가 왕성한 날이라 하였고, 한국, 중국, 일본에서 지키는 명절이다. 고대 마한의 습속을 적은《위지(魏志)》〈한전(韓傳)〉에 의하면, 파종이 끝난 5월에 군중이 모여 서로 신(神)에게 제사하고 가무와 음주로 밤낮을 쉬지 않고 놀았다는 것으로 미루어, 농경의 풍작을 기원하는 제삿날인 5월제의 유풍으로 보기도 한다. 여자들은 단오날 '단오비음'이라 하여 나쁜 귀신을 쫓는다는 뜻에서 창포를 삶은 물로 머리를 감고 얼굴도 씻으며, 붉고 푸른 새 옷을 입고 창포뿌리를 깎아 붉은 물을 들여서 비녀를 만들어 꽂았다. 남자들은 창포뿌리를 허리춤에 차고 다녔는데 액을 물리치기 위해서라고 한다. 단옷날 아침 이슬이 맺힌 약쑥은 배앓이에 좋고, 산모의 약, 상처 치료에 썼다. 또 단오날 오시(午時)에 목욕을 하면 무병(無病)한다 하여 '단오물맞이'를 하고 모래찜을 하였다. 이 밖에 단오 절식으로 수리취를 넣어 둥글게 절편을 만든 수리취떡(車輪餅)과 쑥떡 · 망개떡 · 약초떡 · 밀가루지짐 등을 먹었고, 그네뛰기 · 씨름 · 탈춤 · 사자춤 · 가면극 등을 즐겼다.

〈그림 3-33〉 단오 테이블 스타일링

– 유두(流頭, 음력 6월 15일)

유두날이라고도 한다. 유두란 말은 '동류두목욕(東流頭沐浴)'의 준말이다. 유두날에는 맑은 개울물을 찾아가서 목욕을 하고 머리를 감으며 하루를 즐긴다. 그러면 상서롭지 못한 것을 쫓고 여름에 더위를 먹지 않는다고 한다. 유두의 풍속은 신라 때에도 있었으며 동류(東流)에 가서 머리를 감는 것은 동방은 청(靑)이요, 양기가 가장 왕성한 곳이라 믿었기 때문이다. 유두날 선비들이 술과 고기를 장만하여 계곡이나 수정(水亭)을 찾아가서 풍월을 읊으며 하루를 즐기는 것을 유두연(流頭宴)이라고 한다. 유두 무렵에는 새로운 과일이 나기 시작하므로 수박 · 참외 등을 따고, 국수와 떡을 만들어 사당에 올려 제사를 지내는데 이를 유두천신(流頭薦新)이라고 한다. 조상을 숭배하는 사상이 강한 옛날에는 새 과일이 나도 자기가 먼저 먹지 않고 조상에게 올린 다음에 먹었다.

유두날의 음식으로는 유두면 · 수단 · 건단 · 연병 등이 있다. 유두면을 먹으면 장수하고 더위를 먹지 않는다고 하였다. 또 액을 쫓는다 하여 밀가루를 반죽하여 구슬처럼 만들고 오색으로 물을 들여 3개씩 포갠 다음 색실로 꿰어 허리에 차거나 대문 위에 걸어 두는 풍습도 있었다.

– 삼복(三伏, 음력 6월에서 7월 사이)

하지 다음 제3경일(庚日: 양력 7월 12일경~7월 22일경)을 초복, 제4경일을 중복, 입추(立秋) 후 제1경일을 말복이라고 한다. 중복과 말복 사이에 때때로 20일 간격이 생기는

데, 이 경우를 월복(越伏)이라 한다. 초복에서 말복까지의 기간은 일년 중 가장 더운 때로 이 시기를 삼복(三伏)이라 한다. 복날 더위를 피하기 위하여 술과 음식을 마련하여, 계곡이나 산정(山亭)을 찾아가 노는 풍습이 있다. 옛날 궁중에서는 높은 벼슬아치들에게 빙과(氷菓)를 주고, 궁 안에 있는 장빙고에서 얼음을 나눠주었다 한다. 민간에서는 복날 더위를 막고 보신을 하기 위해 계삼탕(鷄蔘湯)과 구탕(狗湯: 보신탕, 개장국), 팥죽, 육개장, 잉어구이, 오이 소박이, 증편, 복숭아 화채 등을 먹는다. 또한 금이 화에 굴하는 것을 흉하다 하여 복날을 흉일이라고 믿고, 씨앗뿌리기, 여행, 혼인, 병의 치료 등을 삼갔다.

〈그림 3-34〉 삼복 테이블 스타일링

– 칠석(음력 7월 7일)

1년 동안 서로 떨어져 있던 견우와 직녀가 만나는 날이라 하여 여자들은 길쌈을 더 잘할 수 있도록 직녀성에 빌었다. 가정에서는 밀전병과 햇과일을 차려 놓고, 장독대에 정화수를 떠 놓고 가족의 수명장수와 집안의 평안을 기원하기도 했다. 또 여름 장마철 동안 눅눅했던 옷과 책을 말리는 풍습도 행해졌고, 이 시기에 호박이 잘 열고, 오이와 참외가 많이 나올 때이므로 민간에서는 호박부침을 만들어 칠성님께 빌었으며, 절식으로는 밀국수와 밀전병, 깨찰편, 밀설기, 주악, 규아상, 떡국, 영계탕, 어채, 생실과 등이 있다.

– 추석(음력 8월 15일)

중추절(仲秋節), 가운데 뜻의 가배(嘉俳), 가위 · 한가위라고도 부른다. 중추절(仲秋節)이라 하는 것도 가을을 초추 · 중추 · 종추 3달로 나누어 음력 8월이 중간에 들었으므로 붙은 이름이다. 한가위는 우리 민족 최대의 축제 중 하나로 여겨지게 되었다. 풍속으로는 차례, 벌초, 성묘, 소놀이, 거북놀이, 강강술래, 원놀이, 가마싸움, 씨름, 반보기, 온보기, 올게심니, 밭고랑 기기 등을 들 수 있다. 추석은 시기적으로 곡식과 과일이 풍성한 때이므로 햇곡식으로 밥과 떡, 술을 만들었고, 대표 절식으로는 송편이며, 그 외에도 토란탕, 배화채, 배숙 등이 있으며, 추석 술은 백주(白酒)라고 하며, 햅쌀로 빚었기 때문에 신도주(新稻酒)라고도 한다.

〈그림 3-35〉 추석 테이블 스타일링

– 중양절(重陽節, 음력 9월 9일)

중구(重九)라고도 한다. 9는 원래 양수(陽數)이기 때문에 양수가 겹쳤다는 뜻으로 중양이라 한다. 중양절은 제비가 강남(江南)으로 간다고 하며 제비를 볼 수 없다. 이 날은 유자(柚子)를 잘게 썰어 석류알, 잣과 함께 꿀물에 타서 마시는데 이것을 '화채(花菜)' 라 하며 시식(時食)으로 조상에게 차례를 지내기도 한다. 또 이날 서울의 선비들은 교외로 나가서 풍국(楓菊) 놀이를 하는데, 시인 · 묵객들은 주식을 마련하여 황국(黃菊)을 술잔에 띄워 마시며 시를 읊거나 그림을 그리며 국화놀이를 즐겼다. 음식으로는 '국화전(菊花煎)' 을 부쳐 먹는데 3월 3일에 진달래로 화전을 만드는 것과 같으며, 밤단자, 생실과 등이 있다.

– 동지(冬至, 12월 22일, 23일경)

24절기 가운데 하나로, 대설(大雪)과 소한(小寒) 사이이다. 음력 11월 중기(中氣)이고 양력 12월 22일경이 절기의 시작일이다. 북반구에서 태양의 남중고도가 가장 낮아서 밤이 가장 긴 날이며, 같은 시간에 남반구에서는 이와 반대인 하지가 된다. 축사(逐邪)의 힘이 있다고 생각하는 붉은 팥으로 죽을 쑤는데 죽 속에 찹쌀로 새알심을 만들어 먹었다. 이 새알심은 맛을 좋게 하기 위해 꿀에 재기도 하고, 시절 음식으로 삼아 제사에 쓰기도 한다. 팥죽 국물은 역귀(疫鬼)를 쫓는다 하여 벽이나 문짝에 뿌리기도 했다.

〈그림 3-36〉 동지 테이블 스타일링

– 제석, 그믐(음력 12월 31일)

제야(除夜)라고도 하며, 한 해를 마치는 날이라 하여 예로부터 궁중에서나 민가에서 여러 가지 행사와 의식을 행하였다. 조선시대에는 이날 밤 대궐 뜰에서 악귀를 쫓는 의식인 나례(儺禮)를 베풀었다. 2품 이상의 조관(朝官)은 왕을 뵙고 묵은해 문안을 드렸으며 민가에서는 사묘(祠廟)나 손위 어른들에게 묵은세배를 드렸다. 궐내(闕內)에서는 연종포(年終砲)를 놓고 화전(火箭)을 쏘고 징을 울렸으며, 민가에서는 등불을 밝히고 서로 지난해를 반성하면서 밤샘하는 풍습이 있었다. 음식은 골무병, 주악, 정과, 잡과, 식혜, 수정과, 떡국, 만두, 골동반, 완자탕, 여러 가지 전골, 장김치 등이 있다.

4) 한국의 식사예절

① 좌석의 위치는 어른이나 손님이 상석에 앉는다.

② 어른과 함께 식사할 때에는 어른이 먼저 수저를 든 다음에 아랫 사람이 들도록 한다.

③ 숟가락과 젓가락을 한손에 들지 않으며, 젓가락을 사용할 때에는 숟가락을 상 위에 놓는다.

④ 숟가락이나 젓가락을 그릇에 걸치거나 얹어 놓지 말고 밥그릇이나 국그릇을 손으로 들고 먹지 않는다.

⑤ 밥과 국물이 있는 김치, 찌개, 국은 숟가락으로 먹고, 다른 찬은 젓가락으로 먹는다.

⑥ 음식을 먹을 때는 소리를 내지 말고 수저가 그릇에 부딪혀서 소리가 나지 않도록 한다.

⑦ 수저로 반찬이나 밥을 뒤적거리는 것은 좋지 않고, 먹지 않는 것을 골라내거나 양념을 털어내고 먹지 않는다.

⑧ 먹는 도중에 수저에 음식이 묻어 있지 않도록 하며, 밥그릇은 제일 나중에 숭늉을 부어 깨끗하게 비운다.

⑨ 여럿이 함께 먹는 음식은 각자 접시에 덜어 먹고, 초장이나 초고추장도 접시에 덜어서 찍어 먹는 것이 좋다.

⑩ 음식을 먹는 도중에 뼈나 생선 가시 등 입에 넘기지 못하는 것은 옆사람에게 보이지 않게 조용히 종이에 싸서 버린다.

⑪ 상 위나 바닥에 그대로 버려서 더럽히지 않도록 한다.

⑫ 식사 중에 기침이나 재채기가 나면 얼굴을 옆으로 하고 손이나 손수건으로 입을 가려서 다른 사람에게 실례가 되지 않도록 조심한다.

⑬ 너무 서둘러서 먹거나 지나치게 늦게 먹지 않고 다른 사람들과 보조를 맞춘다. 어른과 함께 먹을 때는 먼저 어른이 수저를 내려 놓은 다음에 따라서 내려 놓도록 한다.

⑭ 음식을 다 먹은 후에는 수저를 처음 위치에 가지런히 놓고, 사용한 냅킨은 대강 접어서 상 위에 놓는다.

2. 중국의 식문화와 상차림

1) 중국의 식문화와 상차림 변천사

① 고대(古代) 은(殷, 기원전 1700~1027), 주(周)시대(기원전 1027~771), 전한시대(기원전 202~ A.D. 24)

중국요리는 기후, 지리적 특성, 민족성에 따라 각양각색의 특징을 지니고 있다. 식의동원(食醫同原)사상으로 발전해왔기 때문에 한의사를 중심으로 요리법이 발전되었다. 요리사의 사회적 지위도 높아 은나라 시대에 이윤(伊尹)이라는 사람은 요리사로서 재상이 되었다. 이윤은 『본미론(本味論)』이라는 요리책을 저술하였으며, 조리기구를 가지고 가서 오리통구이를 황제 탕왕(湯王)에게 바치고 궁중 요리사임을 계기로 국정에 대한 건의를 하였는데, 황제는 그의 생각이 출중하여 그를 재상으로 중용하였다고 한다. 요리사가 음식을 맛있게 만듦으로써 당대 권력자의 측근에서 정치에 참여할 수 있었고, 요리기술이 고대로부터 전해져 내려왔음을 알 수 있다.

주(周) 말기에 이르면 철기가 출현하여 생산활동에 급격한 발전이 있게 되고 음식생활에도 큰 변화가 있으며, 조리법이 발전하여 통돼지구이, 개의 간구이 등 불 맛을 보인 음식 수준을 벗어나 청동제 솥 따위의 조리기구로 익혀낸 음식을 먹기 시작한 것이다. 이때 황제의 음식을 돌보는 관리가 208인이고 일꾼만도 2000명이 넘었다고 한다.

저식 문화권 가운데 젓가락을 가장 먼저 사용한 중국의 경우 전한(前漢) 때의 환관이 지은 『염철론』에 상아로 젓가락을 만들었다는 기록이 있는데, 당시는 숟가락 없이 밥을 손으로 집어 먹었으며, 젓가락은 오직 국 건더기를 건지는데 사용하였다.

② 중고(中古) 후한(後漢, 東漢: A.D. 25~ 220), 삼국(三國, 魏, 蜀, 吳: A.D.220~280), 진(晉) 기원전 265~420)

술, 식초, 장, 누룩 등의 제법이 발달하였다. 한나라시대로 접어들면서 떡, 만두 등 곡류로 가루를 내어 음식을 만들어 먹는 조리법이 생겼고 식기로 금, 은, 칠기 그릇을 만들어 사용하기 시작하였다. 한나라 때는 식사 때 안(案)으로 불리는 소반을 사용했고, 외상을 차려 먹었으며 신발을 벗고 방에 들어가 돗자리 위에서 생활하였다.

허난성(河南省, 하남성)의 미시엔(密懸, 밀현) 1호분 벽면 2세기 후반, 차를 즐기는 장

〈그림 3-37〉 화상석(畵像石: 연회 장면)

면 칠기제의 낮은 탁자가 주인과 손님이 앉은 평상 앞에 놓여 사용되며, 하인들이 접시와 공기, 쟁반 및 기타 식기들을 그 위에 차리는 모습을 보여주고 있다.

③ 수(隨: 서기 581~617), 당(唐: 서기 618~907), 오대십국(五代十國: 907~979)

수, 당 왕조는 북조 출신이기 때문에 음식문화도 생선의 사용이 적고 양고기나 면을 주로 이용하여 북방의 성격을 띠었다. 그리고 양자강과 황하를 잇는 대운하가 건설되어 강남의 질 좋은 쌀이 북경까지 전달되는 등 남북의 교류가 활발해져 북경 일대의 식생활이 풍요로워졌다. 중국 당(唐)나라의 문인 육우(陸羽)가 지은 다도(茶道)의 고전 『다경(茶經)』이 760년경에 간행되었다. 다경의 상권은 차의 기원, 차를 만드는 법과 그 도구, 중권은 다기(茶器), 하권은 차를 끓이는 법과 마시는 법, 산지와 문헌 등을 기록하고 있다.

당대에는 북방민족으로부터 의자에 앉아 식사하는 방식을 배우게 되었으며, 오늘날처럼 긴 다리의 식탁과 의자가 일체로 쓰이게 된 것은 당나라 시대부터이다. 다리가 긴 가구가 중국에서 쓰이게 된 동기는 후한시대(25~220) 유목계가 가져온 호상이란 의자에서 비롯된다. 오늘날의 중국 식탁(밥상)은 한결 높은 긴 다리가 붙어 있고 의자(호상 · 胡床)에 앉아서 식사한다.

진나라시대(265~420)의 『수신기』에 의하면 호상과 맥반은 북방의 호족이 쓰던 것으로 호상은 유목계의 것이고 맥반은 우리 민족이 쓰던 식탁인 것 같다고 적고 있다. 중국의 입식식탁의 사용이 당나라시대인 데 비하여 유목계인 우리나라에서는 무용총 등의 벽화로 미루어 중국보다 오히려 빨랐다. 또한 당나라 때 젓가락, 숟가락의 사용이 하나의 세트가 되어 식사에 사용되었다.

〈그림 3-38〉 당나라 시대의 식탁

④ 송(宋: 서기 960~1279)

당대에서 송대에 걸쳐 식생활 양식에 커다란 변화가 일어났다. 후한시대 고분의 연회 장면을 보면 참석자들은 모두 돗자리 위에 앉아 음식을 먹고 있으며 요리는 짧은 다리가 붙은 상 위에 놓여 있었다.

10세기 초인 오대(五代)에는 높은 의자가 이미 자리잡았다. '야연도'의 그림을 살펴보면 주인은 낮은 탁자를 앞에 두고 평상에 앉았고 연주가는 의자에, 손님들은 의자 형태의 높은 등받이가 달린 의자에 앉았다. 당시에는 부인들이 손님 접대시 의자에 앉는다는 것은 인습에 얽매이지 않았던 학자들조차 예의에 어긋나는 것으로 간주하였다.

〈그림 3-39〉 한시자이 야연도(韓熙載 夜宴圖)
(꾸홍쭝: 907~970)

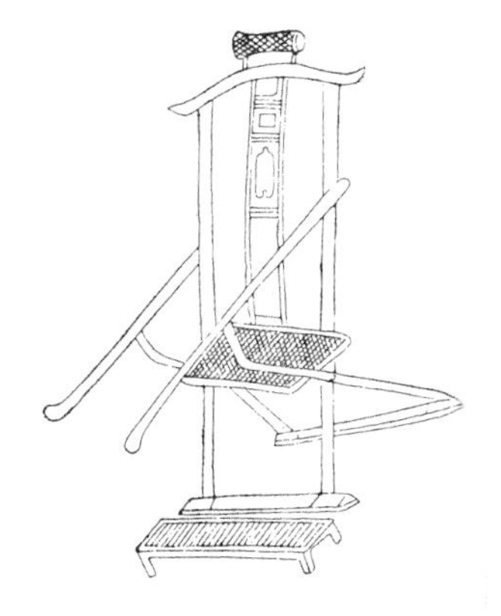

〈그림 3-40〉 취옹제의 기대는 의자로서 호상에서 유래되었던 의자

⑤ 원(元: 서기 1279~1368), 명(明: 서기 1368-1644), 청(淸: 서기 1644~1911)

마르코 폴로와 포르데노네(Pordenone)의 오도릭(Odoric)신부와 같은 서방 여행가들은 원나라의 궁의 사치함에 놀랐다. 그가 서술한 글에 의하면 "식탁은 잘 배치되어 황제는 모든 사람을 볼 수 있었다. 그러나 모두가 식탁 앞에 앉지는 않았다. 대부분의 무사와 하위급 귀족들은 식탁이 없어서 홀의 카펫 위에서 음식을 먹었다. 홀의 중앙에는 장사각형의 상자와 같은 아름다운 대좌가 있었다. 대좌의 중심은 공간으로 되어 값진 화병과 좋은 포도주 및 음료수를 담은 큰 용량의 금빛 주전자를 두었다"고 했다.

명대에는 1일 3식이 원칙으로 밥과 부식물은 젓가락으로 먹었고, 숟가락은 국(수프) 전용의 도구로 받아들여졌다. 젓가락을 사용하면서부터 공기 모양의 식기를 많이 사용하게 되었다. 명대 젓가락 손잡이 부분의 모양은 사각의 방형(方形)이며, 음식을 집는 끝은 둥근 형태를 가지고 있다. 이는 오늘날 중국인들이 보편적으로 사용하는 젓가락 모양과 크기가 유사하다.

〈그림 3-41〉 관모식의(官帽式椅)에 앉은 인물, 168년 목판화

〈그림 3-42〉 관모식의(官帽式椅), 16세기 제작

청나라시대는 중국요리의 부흥기라고 할 수 있다. 중국요리의 진수며, 궁중요리의 집대성이라 불리우는 만한전석(滿漢全席)은 청나라의 화려함과 호사스러움의 극치를 이룬다. 황제의 혼례, 군대의 개선, 황제나 황후의 붕어 등의 경우에는 모두 광록사경(光祿寺卿, 궁정의 식사를 담당한 관리)과 내무부가 만한전석을 주재함으로써 황제의 위대함을 과시했다.

⑥ 현대의 식문화

중국 음식은 보통 짝수로 가짓수를 맞추어 음식을 내며, 한 가지 요리를 '몇 사람분의 요리'로 해석하지 않고 그냥 '한 접시의 몫'이라고 생각한다. 접시의 크기에 따라 보통 대(7~8인분), 중(4~5인분), 소(2~3인분)로 나누어 분류한다. 식단의 종류로는 가정식단, 연석(宴席)식단, 정식식단으로 나누어진다. 가정에서는 일품요리 두 가지 정도에 국 한 가지로 하는 것이 보통이다. 연회상을 가리키는 연석(宴席)식단의 요리는 각 종류별로 4 또는 4의 배수로 낸다. 전채(前菜)로는 냉채(冷菜)가 나오며, 다음으로는 식도를 부드럽게 하기 위해 상어 지느러미, 제비집, 마른 전복 등으로 만든 따뜻하고 부드러운 두채(豆彩)가 나온다. 보통 연회에서 탕채는 열채를 낸 뒤에, 식사류 앞에 내는 것이 일반적이지만, 삭스핀이나 제비집 등 고급 재료로 만든 탕채는 연회의 중심요리로서 두채라 하여 냉채 바로 다음에 낸다.

주요리(主菜)는 소화기능과 입맛을 고려하여 해물요리, 고기요리, 두부요리, 야채요리 순으로 제공되며, 다음으로 탕요리(湯菜)와 함께 면점(面点)이 나온다. 북방지역의 경우 밀가루로 만드는 만두, 화권(花卷)이 주로 나오며, 남방지역은 쌀이 주가 되는 밥 종류를 먹는다. 맛이 단 요리인 첨채(甛菜)는 열채의 마지막 요리이며, 마지막에 과일이 나온다. 요리의 간격은 연회의 성격과 종류에 따라 다르지만 대개 10~15분이 알맞다. 그날의 대표 요리는 온도, 그릇 담는 맵시, 맛 등에 신경을 써야 한다.

2) 중국의 식기(食器)

〈표 3-1〉 중국 전통 식기

명칭	형태	용도
둥근 접시 (yuan pan, 위엔판)		지름이 13~66cm정도 되며, 가장 많이 사용하는 그릇이며, 수분이 거의 없는 음식을 담는 데 사용한다.
타원형 접시 (chang yao pan, 챵야오판)		긴 가로 길이가 17~66cm정도 되며, 음식 형태가 긴 것에 적합하다. 생선, 오리, 동물의 머리와 꼬리 부분을 담을 경우에 이용한다.
탕그릇 (tang pan, 탕판)		지름 15~40cm정도 되며, 국물이 있는 음식, 부피가 비교적 큰 음식 또는 탕을 담는 데 사용한다.
사발(wan, 완)		지름이 3.3~5.3cm로 다양하며, 탕이나 죽을 담는 데 사용한다.
종지 (die zi, 띠에즈)		둥근 접시 중 지름이 13cm보다 작은 것으로, 양념이나 기본 반찬을 담아 사용한다.

사과 (sha guo, 샤꾸오)		일종의 질그릇으로 재질은 도기가 대부분이며, 둥근 모양으로 크기와 모양이 변형된 사과는 항아리 또는 단지라고 한다.
대나무 찜기 (zeng long, 쩡롱)		대나무로 만들어진 것으로 딤섬이나 만두 종류를 찔 때 사용하며 찜기 채로 식탁에 내기도 한다.
탕기와 워머 (xiao wan, 시아오완)		찜이나 탕을 식사 마칠 때까지 따뜻한 상태로 유지시켜 준다.
찻주전자 (cha zao, 차짜오)		차는 차주전자에서 우려서 찻잔에 따르는 경우가 있고, 찻잔에 직접 차를 넣고 뜨거운 물을 부어 우려내는 경우가 있다.
찻잔 (cha zhong, 차쫑)		식사 시는 찻잔에 차를 넣어 우려내기 때문에 받침과 뚜껑이 있다.
고량주 술잔 (jiu bei, 지우빼이)		중국 화베이(화북) 지방에서 주로 생산되는 증류주이며, 빼갈이라고도 부르며, 알코올 도수가 40~60%로 상당히 높으며 아주 작은 잔에 마신다.
조미료 용기		테이블 위에 세팅하며 왼쪽부터 간장, 라유, 식초 순으로 사용한다.
렝게와 받침		숟가락은 국물이 있는 음식을 먹을 때만 사용되며, 받침은 없어도 무방하다.
젓가락 (kuai zi, 콰이쯔)과 받침	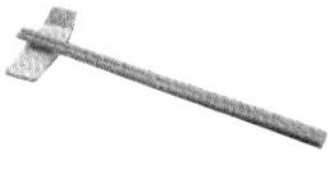	끝이 뭉툭하며, 젓가락이 길어 나눔 젓가락으로 사용 가능하다.

3) 중국의 상차림

〈그림 3-43〉 중국 이미지 테이블 스타일링 사례

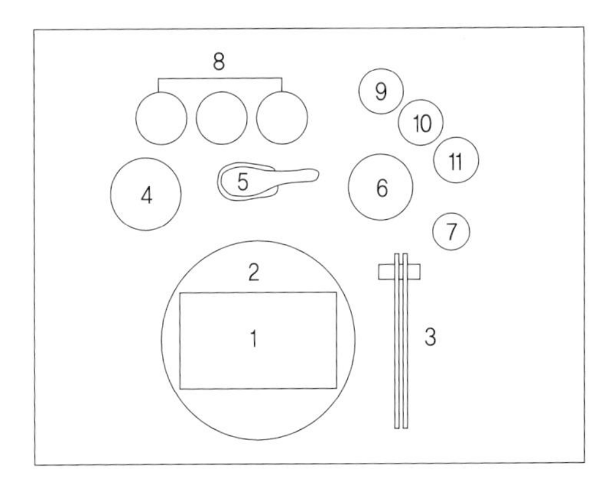

1. 냅킨
2. 개인접시
3. 젓가락과 젓가락받침
4. 조미료접시
5. 렝게와 렝게받침
6. 찻잔
7. 술잔
8. 기본반찬
9. 간장
10. 라유
11. 식초

〈그림 3-44〉 중국 요리의 기본 세팅

중국의 테이블은 입식의 원탁이며, 최근에는 원형의 턴테이블을 테이블 위에 놓아 음식 등을 서비스 하기 쉽게 하고 있다.

중국의 전통적인 식기들은 색상과 문양이 동양적이며, 화려하고, 원색적이어서 특별한 장식 없이 자체만으로 화려한 느낌이 들어서 화려한 식기와 화려한 공간 연출은 피하는 것이 좋다. 현대적인 인테리어 감각과 퓨전식 중국요리에는 흰색 종류의 식기와 커틀러리와 크리스탈 글라스웨어와 매치를 시도해보는 것도 좋다.

4) 중국의 식사예절

중국인은 우리가 말하는 의식주(衣食住)를 식의주(食衣住)라고 할 만큼 식사와 식사예절을 매우 중시한다. 식사 분위기는 비교적 자유분방하며, 정성을 다해 손님을 접대한다.

① 식탁은 화목과 단결을 상징하는 원형(圓形)으로 되어 있으며, 음식을 놓는 부분이 빙글빙글 도는 원판(圓板)으로 된 테이블을 사용한다.

② 자리를 앉을 때는 집에서는 손님이 안쪽에 앉고 주인이 입구에 앉으며, 밖에서도 비슷하지만, 때로는 주인과 손님이 옆에 나란히 앉는 경우도 있으며, 나머지 사람들은 안쪽에서부터 자리를 차지하여 앉는다.

③ 요리가 나오면 손님이 먼저 맛을 보도록 손님 앞에 놓으며, 생선요리는 생선머리가 앉아있는 사람들 중에서 가장 신분이 높은 손님에게 향하도록 놓는다.

④ 생선은 윗부분에 살이 없다고 뒤집어 놓지 않도록 하며 껍질이나 뼈는 입속에서 가려 젓가락으로 꺼내며 접시에 입에 대고 뱉는 일은 삼가야 한다.

⑤ 요리는 원판을 돌려가며 자유롭게 조금씩 덜어서 먹는다.

⑥ 요리접시를 완전히 비워서 먹는 것은 오히려 실례이므로 음식은 조금씩 남긴다.

⑦ 밥, 면, 탕류를 먹을 때 고개를 숙여 식사하는 것은 금기이며, 고개를 숙이지 않고 그릇을 받쳐 들고 먹는다.

⑧ 꽃빵은 젓가락으로 찢어 다른 요리와 함께 먹는다. 꽃빵을 개인 접시에 담고 젓가락을 벌려 가며 적당한 크기로 나눈 뒤 고추잡채와 같이 싸서 먹거나 볶음 요리의 소스에 발라 먹는다.

⑨ 젓가락으로 요리를 찔러 먹어서도 안 되며, 식사 중에 젓가락을 사용하지 않을 때는 접시 끝에 걸쳐 놓고, 식사가 끝나면 받침대에 다시 올려 놓는다.

⑩ 숟가락은 탕을 먹을 때만 사용하며, 요리나 쌀밥 또는 면류를 먹을 때에는 반드시 젓가락을 사용하는 것이 관습화되어 있다. 탕을 먹을 경우 다 먹고 난 뒤 반드시 숟가락을 엎어 놓는 것이 관습화되어 있는데, 이는 사용하고 난 수저를 다른 사람에게 보이지 않는 것을 예절로 보기 때문이다.

⑪ 손님 위주로 하여 차나 술도 손님부터 시작하여 따라서 마신다.

⑫ 차를 마실 때는 받침까지 함께 들고 마신다.

⑬ 식사가 끝나면 주인은 손님들에게 여러 가지 음식을 싸서 돌아갈 때 나누어 주는 관습이 있다.

3. 일본의 식문화와 상차림

1) 일본의 식문화와 식기 변천사

(1) 고대(조몽(繩文)시대, 7000년 ~ 8000년 전), (야요이(彌生)시대, 2000년 전), (아스카(飛鳥)시대, A.D. 7세기 전반)

일본의 식기의 기원은 1만년 전쯤의 장식적인 제기(제사에 쓰는 그릇) 를 포함한 조몽시대 토기로 거슬러 올라가며, 심플하고 조화된 생활도구인 야요이 시대 토기는 토사기, 토기(질그릇, 질그릇의 납작한 냄비 등)로 명칭을 바꾸고 초기의 저장용기부터 공기, 큰 접시, 접시 등 식기를 만들었으며, 토기 이외에는 나무를 깎아내거나 잘라서 목기가 만들어지고 있었다. 또한 중국, 한국의 영향으로 청동기와 철기인 금속기가 전해졌다.

아스카 시대의 곡류는 쌀 외에 보리, 수수, 조, 메밀, 연맥 등이 생산되고 이들을 이용한 가공기술도 발달했다. 기타 나무 제기나 구리 그릇, 구리 쟁반, 유리 그릇도 일부 상류계급에서 사용되었다. 식품으로는 식혜, 탁주, 곡장, 육장(젓갈), 초장(절임)이 만들어졌다.

〈그림 3-45〉 조몽시대 토기

〈그림 3-46〉 야요이시대 토기

(2) 나라시대(奈良: A.D. 710 ~ 794년)

나라시대는 당나라 음식 모방시대라고도 불린다. 서민은 토기, 목제 그릇을 사용하고, 귀족들은 칠기, 청동기, 유리 그릇, 녹유기(표면에 녹색 계열 빛이 나는 토기)나 나라삼채(奈良三彩)라고 불리는 녹색, 갈색, 흰색의 삼채도기 등을 만들 수 있게 되었다. 중국의 당삼채(唐三彩, 당나라 시대에 만들어진 연질도기로 다채도기를 말한다)의 영향을 받아서 나라삼채가 만들어졌고, 일본의 정창원(正倉院, 일본의 왕실유물창고)의 정창원 삼채가 있다. 식기의 형태는 접시, 잔 등 용도에 적합한 것이 나타나고 젓가락도 대나무, 버드나무, 은제품을 사용하게 되었다. 이 시대의 음식은 율령제에 의해 육식이 금지되는 경우가 많았지만, 유제품은 사용하였다.

〈그림 3-47〉 나라시대 생활상

(3) 헤이안시대(平安, 794~ 1191년)

헤이안 시대에는 율령시대로 조정의 식사에 관여하는 각종 관직이 있었으며, 귀족은 고실(故實)이라 칭하고 옛관습을 중요시하는 '보는 요리'를 만들게 되었다. 이것이 현재까지 지속되어 일본요리의 형식의 근본이라고 할 수 있다. 궁내성 대선직이라고 하는 관직도 생겨나고 대향이라고 불리는 궁중 귀족의 향연이 행해지게 되었다. 그러나 서민들과의 식생활과는 격차가 있었으며, 식기는 젓가락, 젓가락 받침, 젓가락통, 쟁반대, 현반, 네모난 쟁반이 사용되었다.

(4) 가마쿠라시대(鎌倉, 1192~ 1332년)

무가의 사회로 무인들이 중심이 된 시대였기 때문에 식생활도 간소하며, 형식에 얽매이지 않고 합리적이다. 1일 3식제의 기원이 된 시기이며, 선종(禪宗) 등의 발달과 함께 정진요리(精進料理)가 서민에게도 보급되었다. 식기는 사찰용과 무사의 공적인 자리인 상에서는 칠기가 사용되었지만, 일반적으로는 목제품의 그릇이 사용되고 젓가락을 사용하였다. 송나라부터 도자기 기술이 전해서 유약 도기가 만들어졌다.

(5) 무로마치시대(室町, 1338~ 1573년)

가마쿠라 초기에는 소박하고 실질적이고 건강했던 무사사회의 식생활도 귀족사회와의 교류에 의해서 서서히 형식적인 양상을 나타내기 시작했다. 여러 가지 조리법과 차와 함께 가이세키(懷石)요리가 등장하였다. 이러한 발달은 소박했던 무사계급의 식생활을 예식, 의례를 중시하는 형식적인 것으로 변화시켰으며, 이때 중국, 한국을 모방하여 만든 천일 다완, 청자, 고려 다완 등이 만들어졌다.

〈그림 3-48〉 무로마치시대 생활상

(5) 아쯔치 모모야마시대(安土桃山, 1573~ 1600년)

전국 시대 말기에 시작된 남만 무역의 영향으로 포르투갈이나 스페인에서의 수입품이 많아지고 남만 요리와 과자가 들어오게 된다. 싯포쿠 요리가 나가사키와 오사카에 확산되고, 선종인 사원에는 후차 요리가 등장하게 된다. 남만 식품으로는 호박, 감자, 고추, 옥수수 등이 있다. 토마토도 이 무렵에 전해졌으며, 식용이 아닌 관상용으로 들어 왔다. 또한 차의 생활화에 따른 가이세키요리(懷石料理)가 확립되었고, 남반요리의 도래 등 일본요리가 발전한 시기이다.

(6) 에도시대(江戶, 1603~ 1868년)

도시 일반인들의 문화에 대한 관심이 증대하면서 각 시대의 여러 가지 요리를 흡수, 소화하여 일본요리의 전성기를 이루었다. 경제, 정치의 뒷받침으로 개별식 공간과 외식산업이 등장하기 시작했다. 일본 외식산업의 시초는 '야사국사' 라는 곳으로 여기에서 사람들이 숙식을 해결하였는데, 이 때 장어덮밥, 우동, 초밥, 오무라이스 등이 메뉴였다고 한다. 당시 사가의 아리타에서는 조선의 도공 이삼평에 의해 일본 최초의 도기 가마가 만들어졌다. 아리타 자기는 이마리 항에서 국내외로 출하되면서부터 그 당시의 자기를 '고이마리' 라고 불렀다.

17세기 후반에 들어서는「적회(赤繪: 아카에)」, 도자기에 붉은빛을 주로 하여 그린 그림 또는 그 도자기,「색회(色繪: 이로에)」, 유약을 발라 구운 도자기 위에 그린 무늬나 글씨의 기술에 의한 초대 가끼에몬 양식(Kakiemon)이 탄생해서 1650년에는 네덜란드 동인도회사에 의해 도기무역으로 크게 발전했다. 수출용작품이 많이 만들어지면서 유럽의 귀족 상대의 금란도자기라고 하는 색채와 금박으로 문양을 그린 호화스런 장식용의 자기가 만들어졌고, 막부(幕府: 바쿠후) 말기에는 오쿠다에센, 아오키모쿠베 등이 중국도자기를 모방한 당시 문인들이 좋아하는 다도구를 만들었다.

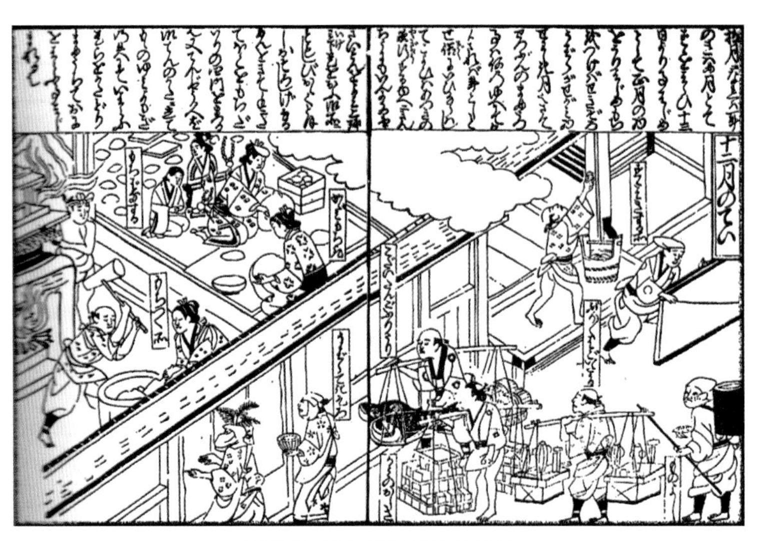

〈그림 3-49〉 에도시대 생활상

(7) 메이지(明治, 1852~1912), 다이쇼(大正, 1912~ 1926년)시대 이후

일본 역사에 있어서 근대화시대이며, 식생활이 서구화되어 간다. 외국의 요청에 의해 유럽인들이 좋아하는 차이니즘 풍의 그림이 그려진 꼼꼼한 색의 색회(色膾)의 단지와 화기가 수출용으로 만들어지기 시작했다. 후기에는 저패니즘의 영향으로 아르누보 형식도 만들어졌다. 다이쇼 시대부터 쇼와시대 초 일어난 야나기무네요시의 민예운동은 장식이 많은 공예에서 생활에 밀착한 미를 중시하고 도예가로는 가와이간지로, 하마다쇼우지가 참가했다. 식기분야에서는 키타오오지로산진이 모모야마 시대의 디자인을 도입한 도기를 만들었고 현재도 많은 애호가들이 있다.

2) 일본의 식기 종류

일본에서는 음식을 칠기, 유리, 대나무 등 여러 가지 재질의 식기에 올려 음식을 돋보이게 하는 역할을 한다. 또한 계절감을 연출하여 식탁에서 계절감을 주는 역할을 하기도 한다. 일본에서는 식기를 손에 들고 입에 대는 식사 작법 때문에 손에 닿는 감촉, 입에 닿는 감촉, 무거움 등도 식기의 중요한 요소가 된다.

〈표 3-2〉 일본 식기

명칭	형태	용도
고항 (ごはん[御飯])		밥을 담을 때 사용하며, 계절에 따라 사기나 칠기를 사용한다.
시루모노 (しるもの [汁物])		옆으로 퍼진 형태이며, 주로 국이나 물기가 많은 장국종류를 담을 때 사용한다.
니모노 (にもの [煮物])		가이세키 요리의 경우 1인용으로 사용되며, 주로 조림 등의 국물이 적은 것을 사용한다.
야키모노 (やきもの [燒(き)物])		직사각형의 형태가 일반적이며, 타원형도 있다. 생선구이를 담을 때 사용하며, 주로 한 마리를 통째로 담을 때 사용한다.
코노모노 (こうのもの [香の物])		간장 종지보다 조금 크며, 절임류, 소스를 담을 때 사용한다.
아에모노 (あえもの [和(え)物·韲物])		숙채나 생채를 담을 때 사용하며, 경우에 따라 조림류를 담기도 한다.
오시보리바코 (おしぼりばこ [御絞り])		물수건 담는 용기로 여름에 주로 대나무로 만든 것을 사용하며, 겨울에는 따뜻한 느낌의 토기류를 사용한다.

3) 일본의 상차림

검정색은 불길, 붉은색은 길조의 표상으로 경사에는 금은, 홍백의 조합을 이용해 화려하게 하고, 불교행사 때에는 흑, 백, 청, 황, 은, 홍백, 청백 등이 이용되고 있다. 예를 들어 지역 차이는 있지만, 어묵은 경사에는 홍백, 불교행사에는 청백으로 된 것이 많다.

일본의 상차림은 독상을 기본으로 하며, 계절감을 음식 뿐 아니라 식기 인테리어 등 식공간 전체에 표현하여 일본인의 미의식(美意識)을 상차림에 반영한다. 정통 일본식 세팅에는 양초를 사용하지 않으며, 오미(五味: 단맛, 신맛, 짠맛, 쓴맛, 매운맛), 오색(五色: 청색, 황색, 적색, 백색, 흑색), 오법(五法: 생식, 굽는 것, 끓인 것, 튀기는 것, 찌는 것)에 따른 조리법을 따른다. 일본은 개별식이며, 숟가락을 거의 사용하지 않고 젓가락만 사용한다.

일본의 상차림은 시대에 따라 변화를 거듭해오면서 혼젠(本膳)요리, 가이세키(會席)요리 등 전통음식과 상차림 이외에 일본식 테이블 세팅과 서양식 테이블 세팅을 조합하여 일본 스타일로 상차린 것을 모던 저패니스크(Modern Japanesque)라고도 한다.

계절에 따른 장식

- 겨울 : 송이, 매실, 동백
- 봄 : 벚꽃, 목단, 수선화, 산나물
- 여름 : 수국, 새우, 파도
- 가을 : 단풍, 국화, 달, 토끼, 포도, 갈대
- 4계절 : 사군자

〈그림 3-50〉 일본 이미지 테이블 스타일링 사례

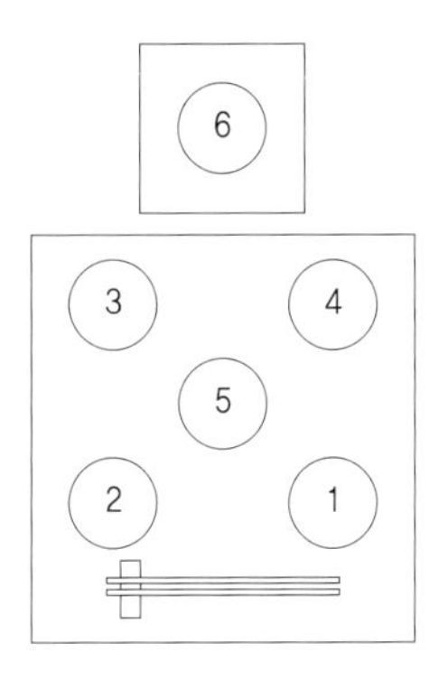

1. 혼주우 : 된장국
2. 고항 : 밥
3. 히라 : 니모노(조림)
4. 나마스 : 초회 · 초무침
5. 고우노모노 : 쓰케모노(절임)
6. 야키모노 : 생선 통구이

〈그림 3-51〉 일본 요리의 기본 세팅

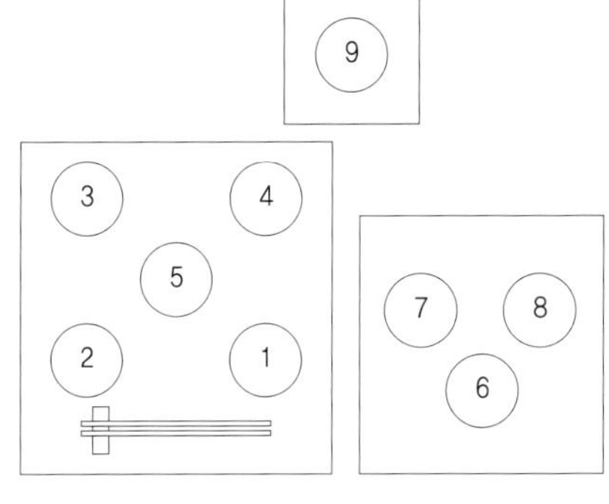

1. 이치노주우 : 된장국
2. 고항 : 밥
3. 쓰보 : 물기가 없는 니모노(조림)
4. 나마스 : 초회 · 초무침
5. 고우노모노 : 쓰케모노(절임)
6. 니노주우 : 맑은국(스마시지루)
7. 조쿠 : 나물(아에모노 또는 시카시모노)
8. 히라 : 니모노(조림)
9. 야키모노 : 생선 통구이

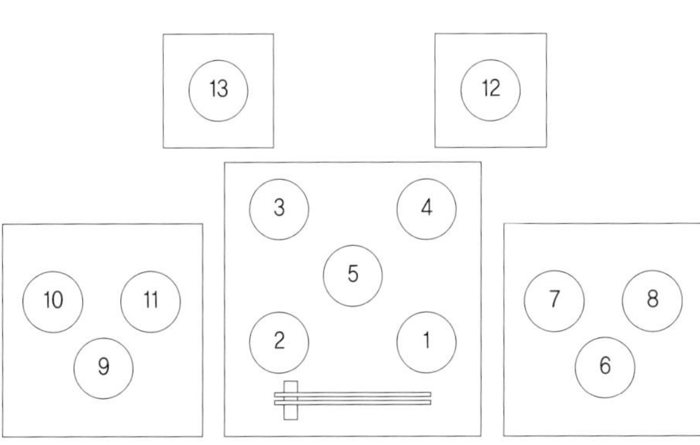

1. 이치노주우 : 1즙
2. 고항 : 밥
3. 쓰보 : 발에 담은 조림요리
4. 무코우 : 사시미(회)
5. 고우노모노 : 쓰케모노(절임)
6. 니노주우 : 2즙
7. 조쿠 : 작은 발에 담은 나물
8. 히라 : 니모노(조림)
9. 산노주우 : 3즙
10. 쇼조쿠 : 가장 작은 발에 담은 요리
11. 나마스 : 초회 · 초무침
12. 야키모노 : 생선 통구이
13. 다이히키 : 손님이 가지고 갈 수 있는 모둠요리

〈그림 3-52〉 혼젠(本膳) 요리 배선도

4) 일본의 식사예절

① 식사 전에는 반드시 인사를 하고 젓가락을 든다.
② 향수가 요리의 냄새를 방해하지 않도록 한다.
③ 청결함이 제일로 식사 중에 머리를 손으로 만지지 않도록 한다.
④ 한 입 물고 이빨자국이 난 음식은 접시에 올려놓는 것은 삼가한다.
⑤ 뚜껑이 있는 그릇은 밑을 왼손으로 잡고 오른손으로 열고 옆에 놓는다.
⑥ 식사가 끝나면 뚜껑은 원래대로 닫아 놓는다.
⑦ 식사는 상대가 먹는 속도에 맞춰서 먹는다.
⑧ 밥상을 넘어서 건너편에 있는 것을 먹지 않는다.
⑨ 앞으로 상반신을 구부려서 음식을 먹지 않는다.
⑩ 젓가락을 들고 이것저것 망설이지 않는다.
⑪ 젓가락을 핥아서 사용하지 않는다. 젓가락에 음식을 묻힐 때는 3cm정도까지 묻힌다.
⑬ 젓가락과 접시는 동시에 양손에 잡지 않는다.
⑭ 음식을 푹 찔러서 먹지 않는다.
⑮ 음식을 골라서 먹거나 위의 음식을 고른 후 아래 음식을 먹지 않도록 주의한다.

〈그림 3-53〉 한, 중, 일 식생활 문화의 형성과 변천

〈한 · 중 · 일 젓가락 비교〉

	한국	일본	중국
명 칭	젓가락	하시	콰이즈
재 질	금속	나무 소재	플라스틱, 대나무, 상아 등
형 태	납작하고, 위, 아래의 굵기가 차이가 적다.	끝이 뾰족하고, 길이가 짧으며, 위아래의 굵기에 차이가 크다.	끝이 뭉뚝하고, 길이가 길고, 위아래의 굵기에 차이가 없다.
특 징	다양한 반찬을 잡기에 적당하다.	생선을 발라먹기에 적당하다.	끝이 뭉뚝하고, 길이가 길고, 위아래의 굵기에 차이가 없다. 기름지고 뜨거운 음식 집기에 적당하다.

4. 아시아의 여러 나라 식문화와 상차림

1) 태국

태국은 외세의 침입을 받은 적이 없지만 중국, 인도, 포르투갈의 영향을 받아 독특한 음식문화를 발달시켰다. 태국 사람은 중국 남부에서 이주해온 중국인들이 많기 때문에 중국 냄비를 사용하고 음식을 젓가락으로 먹으며, 중국 음식문화와 비슷하다. 음식 자체가 잘게 썰어서 조리한 것이 많으므로 나이프를 사용하지 않고, 국물이 있는 국수를 먹을 때는 오른손에 젓가락을 사용하고, 왼손에 작은 숟가락을 쥐고 젓가락으로 면을 집어 숟가락에 올려 국물과 함께 먹는다. 튀긴 국수는 포크와 스푼을 사용하고, 생선을 넣은 국수는 숟가락만 사용해서 먹는다. 밥종류는 접시에 담아 숟가락과 포크를 사용하는 것이 보편적이지만, 숟가락 하나로만 식사를 하는 사람들도 많다. 포크는 접시의 음식을 스푼으로 뜰 때 보조역할을 하거나 스푼에 붙은 음식을 제거하기 위해 사용한다.

인도의 영향으로 커리(curry)와 같은 향신료를 많이 사용하며, 포르투갈에서 들어온 칠리(chilly)가 주재료로 정착하였다. 육류를 금하지는 않지만 매달 4일 시장에서 쇠고기와 돼지고기를 팔지 않으며, 닭, 생선, 조류, 개구리는 음식재료로 사용하고, 이슬람교도인 태국 사람들은 종교가 금하는 음식에는 손도 대지 않는다. 스코타이 왕조, 아유타이 왕조, 현재의 방콕 왕조와 각각의 시대와 지방에 따라 식문화가 있으며, 식기 역시 중국에서 기법이 전해져 독자적인 식기를 만들었다. 송(宋) 때에 생긴 징더전요(Jingdezhen)

〈그림 3-54〉 태국 이미지 테이블 스타일링 사례

[景德鎭窯] 의 영향을 받은 블루 & 화이트, 이른바 무늬를 넣은 자기, 같은 계열의 파인애플 무늬는 일본에서도 자주 사용하고 있다. 비교적 푸른색의 선명한 자기가 많은 것이 특징이다. 자른 대나무를 감아서 옻을 칠한 그릇이나 접시, 잘 짜인 대나무 바구니에 옻을 칠해서 견고하게 만든 그릇이나 달걀껍질을 부셔서 붙인 옻 세공, 북부에서는 똠양쿵을 담는 벽돌색의 설구이 질그릇 냄비도 있다. 태국의 대표적인 메뉴로는 똠양꿍, 그린카레, 카웃팟 등이 있다.

2) 베트남

중국, 인도, 프랑스의 영향을 받아 아시아와 유럽의 음식이 조화롭게 발달하였다. 중국의 영향으로 중국 냄비를 이용한 볶거나 튀긴 요리가 많으며 기름을 적게 쓴다. 태국보다 신맛, 단맛, 매운맛이 대체적으로 약하며 기본 조미료는 라임, 고추, 향미 채소가 있다.

밥은 개인 그릇에 담은 후 밥그릇을 입가에 대고 젓가락으로 밥을 입안으로 밀어 넣는다. 따라서 밥그릇은 항상 손바닥 위에 올려 놓으며, 숟가락은 국을 먹을 때만 사용한다. 친절의 표시로 자신이 먹던 젓가락으로 음식을 집어 상대방의 밥그릇 위에 얹어 주는 경우가 있다. 식사 도중 식탁 위에 숟가락을 놓을 때는 반드시 엎어 둔다.

베트남 자기의 대표 명칭은 '안남야끼(베트남 북부지방의 양질의 점토가 있는 곳을 AUNAM 이라 부름)' 라 부르며, 일본의 다도인들이 즐겨 사용했으며, 중국의 자기의 영향을 받은 자기들도 있다.

〈그림 3-55〉 베트남 이미지 테이블 스타일링 사례

3) 인도

다인종 국가이며, 중동 및 서양문화의 영향을 받아 음식도 지역과 종교에 따라 매우 다양하고 색과 맛, 질감이 조화를 이룬다. 극소수의 최하층 천민과 기독교도 등은 쇠고기를 먹지만 대부분의 힌두교도들과 이슬람교도들은 서로의 종교적인 정서를 존중하여 돼지고기와 쇠고기를 기피한다. 힌두교도는 대부분 채식주의자이고 이슬람교도, 시크교도, 시독교들은 비채식주의자들이다. 종교적 또는 경제적 이유로 많은 인도인들은 곡물과 콩으로부터 단백질을 섭취하는데 우유로 만든 다히(dahi, 요거트의 일종)와 버터를 요리에 많이 이용하므로 영양적으로 별문제가 없다.

금속으로 만든 오목하고 작은 그릇에 음식을 한 가지씩 담아 탈리(thali, 큰접시)라는 금속제의 큰 쟁반에 담아내거나 둥글고 큰 접시에 모두 담아내는 인도의 정식 요리가 있다. 탈리에는 쌀 또는 난(nan)이나 차파티(chapati, 북인도 지방의 주식이며 밀가루를 반죽하여 둥글고 얇게 만들어 구운 음식이다)와 달(dhal), 커리 두세 가지, 아차르(일종의 김치)다히 등을 소복하게 낸다.

보통 손으로 먹으며, 식사 전에는 반드시 물로 양손을 씻으며, 대부분 손가락으로 집어먹지만, 음식이 뜨거울 때에는 나무 숟가락을 사용하기도 한다. 반드시 오른손으로 식사를 하며 물을 마실 때에는 컵을 입에 대지 않고 물을 입안에 부어 넣는다.

〈그림 3-56〉 인도 이미지 테이블 스타일링 사례

part. 4

table co

서양의 식탁사

1. 고대(古代)(기원전 4000년~B.C.330년)
2. 중세(5세기~16세기)
3. 근세(1650~1830)
4. 근대(1837~1939)

part. 4 서양의 식탁사

1. 고대(古代)(기원전 4000년~B.C.330년)

1) 이집트 식문화(Egypt, 기원전 4500년 전)

이집트인들은 사후에도 혼령이 살아간다고 믿고 있었으므로, 살아 있을 때와 똑같은 식사가 가능하도록 음식과 관련도구 등을 시신과 함께 매장하였다.

피라미드 주변은 극도로 건조한 지대였기 때문에 이것들이 부패하지 않아 당시의 생활 상태를 짐작할 수 있다. 매장품이나 벽화로부터 당시 사용되어졌던 의자, 침대, 걸상(등이 없는 의자) 등의 디자인, 품질, 가공기술 정도를 알 수 있다. 이렇게 발굴되어지는 식기들은 금으로 만들어지기도 하였으며 이를 통해 그 당시의 지배계층이 화려했음을 알 수 있다. 이집트에서는 염소, 양, 소, 산양, 오릭스(oryx) 등을 사육하고 먹었으며 젖으로부터 크림, 버터, 치즈 등을 얻어냈다. 그 밖에 오리, 거위, 메추라기, 비둘기 등의 조류 등과 숭어, 메기 등의 나일강의 민물고기를 건조시키거나 소금에 절여 먹었다.

〈그림 4-1〉 이집트 벽화

당시의 이집트인은 손가락을 사용한 수식(手食)을 중심으로 하였지만, 작은 식탁에서 스푼과 포크를 사용하여 식사를 하기도 하였다. 이집트인의 부엌에서는, 이동 가능한 옹기스토브가 사용되었다. 스토브의 위에는 다양한 깊이의 양손냄비를 얹어 음식을 끓였으며 스토브의 안쪽에 깔판을 대고 빵을 굽거나, 굽기요리 등을 하였다. 부식, 반찬 등은 토기나 금속의 접시 또는 사발에 담았으며 둥글납작한 팬(pan)을 개인접시로 사용하였다.

주류는 일반적으로 토기로 된 단지와 컵에 담았다. 연회시에는 주인과 빈객은 높은 등받이가 있는 의자에 앉았고, 그 외의 참석자 대부분은 등받이가 없는 의자나 접이식의 작은 의자에 앉았다.

〈그림 4-2〉 옹기스토브

〈그림 4-3〉 그린 유약 도기

2) 그리스의 식문화(Greece, 기원전 2000년~30년 전)

고대 이집트, 로마와 비교하면 그리스는 바위산과 좁은 평야로 사방이 바다로 둘러싸여 있어 풍요로운 풍토라고는 말할 수 없으며, 지중해를 따라 연안의 해수염분이 농후하기 때문에 그 곳에 생식할 수 있는 어패류는 한정되어 있었으며 수산자원도 부족하였다.

〈그림 4-4〉 디오니소스와 메다니

도자기의 수요가 증가되자 도기화가들은 날로 새로운 방법을 구사하여 기원전 6세기에는 아주 자유로운 묘사를 보여 줄 수 있게 되었다.
도자기에 그려진 〈디오니소스와 두 메다니〉에서는 포도 덩쿨 관을 쓰고 큰 포도주 잔을 들고 있는, 긴 턱수염의 디오니소스는 근엄한 모습인데 비해 몸엔 표범가죽을 두르고, 어린 사슴과 나뭇가지를 들고 몸을 빠르게 움직이는 흰 살갗의 메나디가 표현되어 있다.

그리스인들은 가정생활에 전념한 것으로 보여지며, 남성들은 도시국가의 정치, 사업, 행정 등에 열중했다. 시민계층의 남성들은 여가시간이 많아서 대부분 스포츠와 대화에 참여하는 아테네의 정치적, 철학적 논쟁의 중심지인 연무장에서 보냈다. 연회의 장면을 살펴보면 카우치(이집트의 침대가 발전한 가구의 일종)의 다리와 가로대는 화려하게 칠해져 있고, 금속이나 보석으로 장식되었으며, 즐겨 썼던 모티브는 종려나무 모양이다. 발은 상아나 은으로 만들어져 있다.

〈그림 4-5〉 기원전 7세기 연회 장면: 침상과 사자발 형태의 세 개의 다리로 된 원형과 사각형 테이블

그리스인들이 이집트인들보다 탁자를 더 많이 사용하기는 했으나 그 때까지도 커다란 식탁은 없었다. 그리스인들은 사용하지 않을 때에는 카우치 앞에 두는 작은 장방형의 카우치 탁자뿐만 아니라 발굽이 있는 사슴모양의 3개의 다리로 떠받쳐지는 매력적인 작은 원형 탁자도 사용했다. 커튼과 쿠션, 채색된 벽, 모자이크 바닥 등이 화려했다.

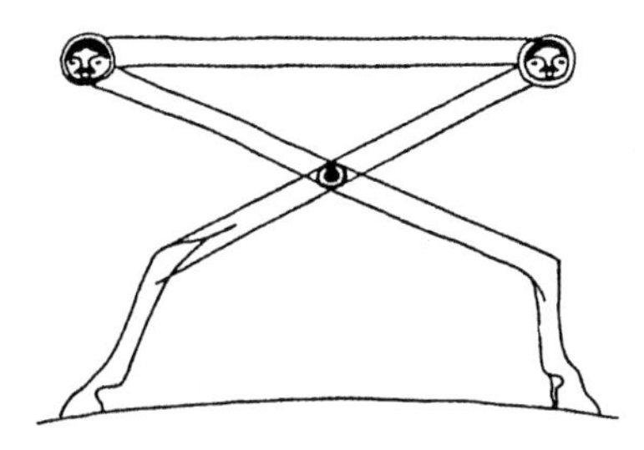

〈그림 4-6〉 바깥쪽으로 돌려깎은 염소다리 형태와 사람 얼굴로 장식되어 있는 의자

〈그림 4-7〉 안쪽으로 돌려깎은 사자다리 형태로 만든 접는 의자

기원전 9세기경, 호메로스 시대에는 앉아서 식사를 하였다. 식사용 눕는 의자의 발생이라고 볼 수 있다. 이러한 식사용 눕는 의자를 크리네(kline)라 부른다. 아시리아(Assyria)의 아슈르바니팔(Ashurbanipal)왕이 크리네에 누워 술잔을 입에 대고 있는 조형물이 남아 있다. 그 당시(기원전 7세기경)에는 침대에 누워 쾌락적으로 드러누워 식사를 했으며, 대식을 하는 것을 미덕으로 삼던 그리스인은 드러누워 식사를 하는 것이 위장에 음식을 많이 채울 수 있는 하나의 방법으로 사용했다. 아슈르바니팔(Ashurbanipal)왕은 누워서 식사를 했다는 기록에 남은 최초의 인물로 남아 있다.

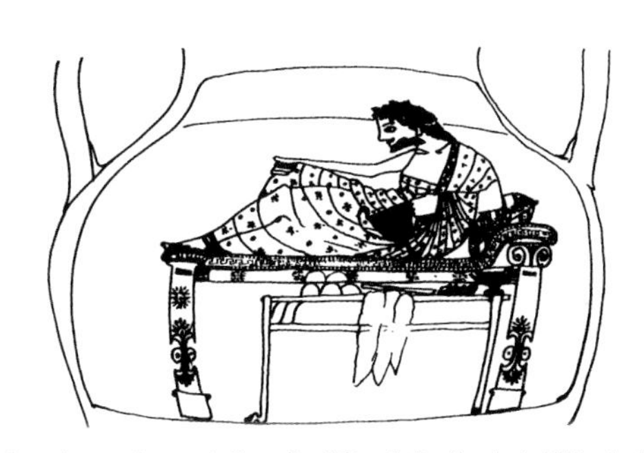

〈그림 4-8〉 크리네 - 측면을 깊게 판 직사각형 다리의 침상으로 다리 주두에 두 개의 소용돌이 모양과 함께 장식된 매트리스와 베개

〈그림 4-9〉 크리네 - 테이블이 있는 그리스의 침상

그리스인의 향연은 개인의 집에서 행하여졌으며 남성만이 출석하였고, 여성은 외부의 접대전용 담당원이 관계하였다. 손님은 내방할 때 우선 샌들을 벗고, 노예가 발을 씻겨주었으며, 손을 닦기 위한 물이 담긴 단지를 준비해 두었다. 그러한 후, 1인 혹은 2인용의 크리네로 안내되며, 크리네에는 베게가 놓여 있고, 그 옆에는 낮은 테이블 위에 식사가 놓여져 있다.

〈그림 4-10〉 크라테르

식사를 끝내고 손님이 모두 모였을 때부터가 본격적인 술자리가 되며, 연회는 마시고 먹는 것 뿐 아니라, 그리스 신화, 작시, 음악, 연극, 학문, 수학, 철학, 정치 등에 대한 의논이 제한된 계층의 사람들 사이에서만 행하여졌으며, 일반적인 것은 아니었다. 플라톤과 그의 동료들의 향연으로부터 당시의 다양한 발상이 창조되었다고 하는 기록이 남아 있다. 비록 그리스인 중에서도 제한된 사람들 사이에서만 행하여졌지만, 그때까지 가족들 끼리만의 식사나 신에게의 제사로부터 문화, 정치, 예술, 모든 분야의 이야기를 나누는 장소가 된 것은 커다란 변혁이었다고 말할 수 있다. 향연에서는 초대 손님들 자신이 먹고 싶은 품목을 알기 쉽게 하도록 미리 손님에게 메뉴판을 보여 주었다. 고대 그리스의 다수의 도자기에는 그 당시 향연의 정경이 그려져 있지만, 나이프를 사용한 것을 나타낸 그림은 단 한 개밖에 없고, 손으로 음식을 집어 입에 넣은 후, 냅킨으로 닦았다는 것을 알 수 있다. 음식은 한입크기로, 혹은 둥글게, 혹은 으깬 형태로 만들어 두었다.

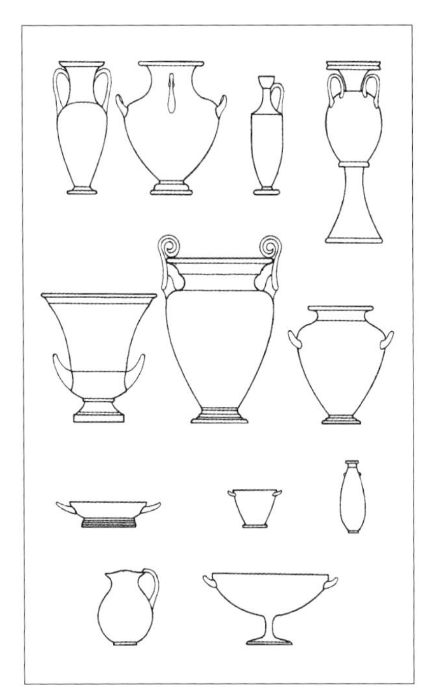

〈그림 4-11〉 그리스 항아리 형태

그리스의 주된 조리법은 굽거나, 찌는 것이었다. 조리용 불을 만드는 것이 어려웠으므로 저녁에만 호화롭게 음식을 먹고, 아침과 점심은 간단히 먹는 경우가 많았다.

그 때에도 현재의 포장마차와 같은 이동식 음식 판매점이 있어 일반인들에게 이용되었으며, 소매

점에서는 물고기, 과일, 식용유, 벌꿀 등이 판매되었다.

3) 로마(Rome)의 식문화(기원전 510년~서기 476년)

당시는 탈곡, 제분기술, 여러 종류의 빵을 제조하는 기법이 개발되어, 현재 우리들이 먹고 있는 빵에 가까운 것들이 제조되었고, 오븐을 사용한 로스트 요리도 개발되었다. 오븐은 대형과 소형이 있고, 그 이후 1000년이나 계속 이용되었다.

과거 시대에는 식전이나 식후에 식욕, 또는 소화를 돕는 매운맛의 요리를 냈다. 이 시대에는 파스타가 아직 출현하지 않았지만, 여러 가지 종류의 빵이 존재하였으므로 식단의 구성을 살펴보면 현대에까지 이어지는 식재와 조리를 볼 수 있다. 단, 생선에 있어서는 해안근처의 주민 이외에는 입수가 어려웠기 때문에, 일반인들은 소금에 절인 생선이나 건조된 생선을 먹었다.

로마인의 식(食)을 지탱하고 있었던 것은 스파이스이다. 로마의 소스에서 빼 놓을 수 없는 것은 약초, 스파이스이다. 로마인은 동물이나 어패류의 고기뿐만 아니라 내장, 뇌, 혀 등을 맛있게 먹을 수 있는 연구를 하였다.

식사를 하는 데에는 9명이 기준이 됐다. 전용식당에는 트리클리니움이라 불리는 'ㄷ' 자형으로 눕는 의자가 배치되어 있으며, 정 가운데 주인이 눕고, 만찬에서는 그 옆에 몇 명의 빈객이 늘어앉았으며, 그리스에서는 동석하지 않았던 여주인, 여성의 친족 등이 동석하였다.

식사를 할 때에는 왼팔로 신체를 받치고, 테이블에 신체를 접근시켜 오른손으로 음식, 음료를 먹거나 마셨다. 포크가 아직 없었기 때문에 나이프, 스푼을 때때로 사용하였지만 거의 손으로 먹었다. 항상 핑거 볼(Finger Bowl)로 손을 씻었고 의자의 가장자리에 냅킨을 펼쳐 놓고 떨어지는 물방울을 받았다. 만찬에 초대되었을 때에는 냅킨을 지참하고, 남은 것을 집에 가지고 돌아갔다.

또한 식사용의 가벼운 복장인 토가(식사복)도 지참하였다. 가족의 식사시에는, 어른의 식사가 우선이고 그 후, 어린이들이 식사를 하였다.

〈그림 4-12〉 6세기 최후의 만찬: 한쪽 팔꿈치로 몸을 받치고 있으며, 팔이 닿는 부분에는 쿠션이 있다

식기전용 공간이 준비되어 있던 상류계급의 가정에서는 원형이나 타원형의 접시, 끓인 요리용의 대접, 소형 사발, 나이프, 스푼, 와인용 잔, 와인용 국자 등이 갖추어져 있었다. 식탁용 조명, 단지, 이것들의 대부분은 도기(terracotta:이탈리아) 또는 동, 주석, 납을 소재로 하였다. 로마인은 조리한 음식을 청동 또는 옹기로 된 스토브를 사용하여 다시 데우고 보온하였다.

연회용 테이블은 사각의 작은 형태로 3개의 짧은 다리가 붙어 있는 것을 사용하였으며, 테이블에 음식을 세팅하여 테이블을 옮기는 형태를 취했으며, 식사가 끝난 후에는 다시 테이블을 치웠다. 테이블 옆에 카우치(Couch) 형상의 눕는 의자 트리클리니움(triclinium) 위에 누웠다. 나무나 금속으로 현란한 장식이 되어 있으며 편안함을 도모하기 위해 푹신한 쿠션이나 베개가 갖추어져 있었다.

요리가 놓여진 대접 밑에는 전용의 작은 테이블을 두었다. 고기를 먹을 때에는 딱딱한 나무봉을 한 자루의 젓가락과 같이 사용해, 고기를 찔러, 여러 가지 소스를 곁들여 입에 넣었다. 소스나 식재가 입 밖으로 나오면 손을 사용하여 처분했으므로 더러워진 입 주변과 손을 위해 냅킨은 필수품이었다.

〈그림 4-13〉 고딕 말기 연회의 한 장면, 거친 목재 테이블 위에 리넨이 덮여 있다

〈그림 4-14〉 로이셋 리펫(Loyset Liedet) 르노 드 몽토브(Renaut de Montaubut) 결혼식을 위한 연회

2. 중세(中世, 5세기~16세기)

1) 동 로마시대(서기 476년~1500년)

① 동 로마 시대 식문화

서기 395년 로마제국이 동서로 분리된 후 서로마 제국이 멸망한 476년부터 동로마 제국이 무너진 1453년까지를 말한다. 동서 로마로 분리된 초기 기독교는 옛로마의 영광을 회복하는 문화정책과 그리스 헬레니즘 및 동방문화의 영향을 받게 된다.

당시 유럽은 중세기가 십자군전쟁으로 대표될 만큼 종교가 지배적인 세력을 가지고 있었다.

르네상스 지식인들에 의해 중세가 Middle Ages라 불리워진 것은 고전, 고대와 르네상스 사이의 암흑과 야만의 시대 즉 중간시대를 의미했다. 이 시대는 새로운 문화간의 접목이 이루어졌던 서로마 제국의 멸망으로부터 약 16세기까지의 긴 천년이었다.

〈그림 4-15〉 14세기의 식사 풍경

〈그림 4-16〉 중세 시대 모자를 쓴 채로 식사를 하는 모습

기근의 시대라서 어려웠지만 상류층에서는 향연이 많았고 내용보다는 외형에 관심을 두었기 때문에 사치스러웠다. 궁중에서는 비잔틴의 호화로운 궁중예법이 유행하여 식사작법에 대한 글들이 나오고, 식탁규범이 제시되기 시작한다.

그리스, 로마시대의 고정됐었던 눕는 의자는 없어지고, 전기의 커다란 식탁과 벤치 형태의 의자를 사용하게 되었다. 식탁은 중앙의 벽면을 뒤로 하고 그 곳에서의 주요 인물이 앉고, 양 측면을 따라 그 밖의 참석자들이 트리클리니움에 앉았다.

서비스인은 중앙의 공간으로부터 각 참석자에게 요리가 든 큰 사발, 대접을 옮겨주었다. 중세기의 집은 돌로 지어 실내는 난방이 불충분했기 때문에, 식사 때에도 남녀 모두 모자를 벗지 않았다. 이러한 관습은 500년 동안 계속되었다. 또한 겨울의 추위에 대응하기 위해서, 벽면에 태피스트리(tapestry)를 사용하고 있는 곳도 있었다. 벽화를 등에 두고 중앙에 수도원장이 앉고, 좌우에 「ㄷ자형」으로 가구배치를 하였으며, 사람이 많을 경우 「E자형」으로 배치하여 서비스 담당자가 메뉴를 안쪽까지 서비스하기 쉽도록 배열되었다.

〈그림 4-17〉 현재 남아 있는 트리클리니움의 형태

〈그림 4-18〉 최후의 만찬 - 트리클리니움

상류층에서는 금 · 은제 식기, 유리 그릇, 은제의 커트러리 등을 수납하여 수납용 찬장이 있었는데 이를 '뷔페(Buffet)' 라고 한다. 중세 말에 베네치아나 중국, 아랍, 일본에서 건너온 그릇들을 장식하였으며 연회가 열릴 때에는 물과 와인을 놓는 장소로 이용했으며 부의 가치척도로 통했다.

테이블은 목판을 가대(trestle) 위에 놓은 단순한 것이었으며, 식사 때마다 조립하여 사용하고, 분해해서 치웠다. 남성들은 각자의 테이블에서 식사를 하였는데, 긴 식탁이 등장한 후 한 쪽에 손님이 앉고 다른 한 쪽은 음식을 갖다 놓기 위해 비워놓았다. 상석을 차지하는 문제를 두고 다툼이 일어나서 아더왕은 '원탁테이블' 로 불리는 원형 테이블로 문제를 해결했다. 이 테이블은 지름이 5.4m나 된다.

작은 원형 테이블은 고전적인 형태의 단순한 다리로 지탱이 되는데, 이 원형 테이블은 다리에 나사가 부착되어 테이블 상판의 높낮이를 조절할 수 있도록 되어 있다.

〈그림 4-19〉 원탁 테이블

당시에는 신분이 동등한 사람끼리만 같은 식탁보를 사용할 수 가 있었다. 그것은 사회적인 상징이었다. 또 초대된 손님들과 더불어 한 테이블에서 하나의 음식과 공동 스푼으로 공동식사를 했다. 나무나 주석으로 된 사발의 죽을 함께 나누어 마셨고, 냅킨이나 포크, 유리컵도 없었으며, 칼은 각자 지참했으나 수렵용 끝이 뾰족한 칼이었고, 휴대용 스푼이 있었지만 대부분 손으로 먹었다. 영주는 주석이나 나무, 은으로 된 컵으로 음료를 마셨고, 다른 회식자들은 개인용 접시와 음식 그릇이 입에까지 들어 올려졌고, 단지째 들고 마시기도 했다.

중세에는 여성들이 테이블에 참여하여 식사를 하였고, 남녀가 같이 식사를 하게 됨으로 예의범절 수업이 이루어졌고, 일반적인 테이블 매너가 시작되었다. 식사를 할 때 손을 씻고, 세 손가락만으로 식사를 하고 나머지 손가락은 펴고, 음료를 마시기 전에 입을 닦아야 하며, 여성들은 음식을 한꺼번에 너무 많이 먹으면 안 되는 것들이 예절이었다.

〈그림 4-21〉 Monte Cassino 수도원에 있는 11세기의 세밀화: 유일무이하게 포크로 식사하는 남자, 포크는 중세 초기 비잔티움과 제한된 계급만이 식탁에서 사용했다

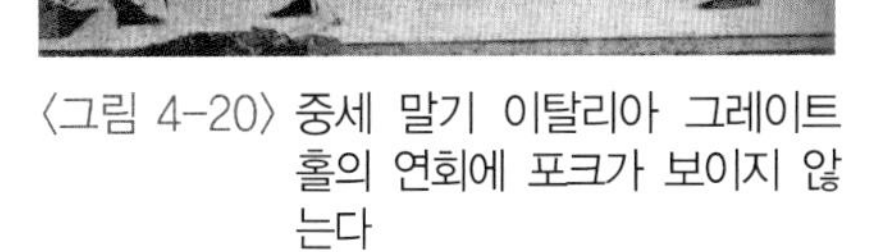

〈그림 4-20〉 중세 말기 이탈리아 그레이트 홀의 연회에 포크가 보이지 않는다

2) 르네상스 시대(Renessance)(1450년~1600년) 식문화

르네상스는 '재생(rebith)' 이란 의미로 14세기 문예부흥운동이다. 인간을 둘러싼 미에 대한 깨달음이며, 고전의 발견이다. 중세 교회생활에 회의를 느끼면서 고대 그리스, 로마 문화를 부활시키려는 목적으로 전개되었다. 인류 혹은 인본주의에 대한 관심은 예술과 과학, 지적인 것과 관련되는 모든 분야를 지배하게 되는 새로운 힘이 최초로 대두되기 시작했다. 개인의 발전을 억압했던 것으로부터 탈피하여 세상과 인간에 대한 호기심으로 더욱 큰 사고의 자유를 낳게 하였고, 이로 말미암아 과학적인 탐구와 발명이 자극되었고, 항로 발견으로 식민지가 개척되었고, 무역이 확장되었으며, 많은 부가 축적되어, 도시와 산업이 계속적인 성장을 할 수 있었다.

〈그림 4-22〉 르네상스 시대 이탈리아에서 유행했던 마욜리카(Majolica)

〈그림 4-23〉 베네시안 글라스

〈그림 4-24〉 르네상스 시대 마욜리카로 만들어진 테이블 상판

15, 16세기 '식탁의 르네상스' 라고 불리울 만큼 식도락 문화가 꽃을 피웠다. 이 시기의 음식에는 수프와 굽고, 튀기고, 삶은 육류와 고기를 다져 넣은 만두류, 생선, 야채, 맛좋은 샐러드, 아몬드가 들어간 과자류, 설탕에 절인 과일류가 있었고, 당시에 여전히 비쌌던 사탕수수 설탕이 꿀을 대신하였다. 궁정의 연회는 거대하고 세련된 것으로 유명했던 반면 일반대중들의 음식은 콩, 병아리콩, 렌즈콩, 수프와 죽을 만들 때 사용되는 메밀과 또한 계란, 치즈, 양고기 등 여전히 소박하였다.

〈그림 4-25〉 르네상스 시대의 코라시온

또한 식사 뒤에 나오는 과일이나 단 것을 주체로 한 '코라시온' 은 설탕 절임한

과일, 건조 과일, 생과일, 단 비스킷 등을 수북히 담아 화려하게 담아 냈다. 주로 질이나 양을 과시하며 푸짐하게 고기, 야채, 생선을 피라미드 모양으로 섞어서 엄청나게 큰 모양으로 접시에 내놓았다.

당시의 베스트셀러가 되었던 책에는 '향신료에 의존하지 않고, 신선도가 좋은 요리가 가치가 있다.' 라는 것이었다. 르네상스의 인간부흥 사상이 예술문화뿐 아니라 식생활에도 적용되었던 것이다. 1610년, 프라티나의 저서 중에 '소중히 여겨야만 하는 기쁨과 건강에 대하여' 라는 부분이 있다. 그 책의 와인에 대한 부분에서, 와인을 「강하다」「달콤하다」「독하다」라고 분류하고, 각각의 효용에 접근하여, 와인은 적당히 마시면 몸에 약이 되지만, 과하게 마시면 건강을 해친다고 경고한다. 플라티나의 요리책은 라틴어로 쓰였고, 프랑스어로도 번역되었으며, 후세의 요리에 영향을 미쳤다.

르네상스시대는 「식(食)」을 둘러싼 도구, 가구, 예의범절로의 의식 등이 발달되었으며, 시대는 근세로의 입구로 여겨지는 르네상스가 시작되었다. 처음으로 메뉴와 식사하는 규칙이 인쇄되었고, 아주 서서히 하지만 식탁에서의 예절이 발전하였다. 프랑스 앙리 2세에게 시집 온 메디치가의 카트린느(Catherine de Medichi) 여왕은 대식가이며, 미식가였다. 그녀는 프랑스의 식사예법을 이탈리아식으로 고치며, 도기나 포크의 사용 등 식탁에서 쓰이는 도구나 장식물들을 사용했으며, 많은 양의 대식보다 질적, 심미적 추구로 고쳐나갔다.

〈그림 4-26〉 르네상스 시대 식공간: 중세 고딕의 영향이 아직 나타나는 르네상스 시대의 식공간

〈그림 4-27〉 르네상스 시대 식공간

〈그림 4-28〉 식기 보관용 선반

1500년 중기에는 우수한 예술품, 공예품들이 탄생하였지만, 도자기로 된 식기의 제조 기술은 아직 미완성이었기 때문에 마욜리카(Majolica)에서 만든 식기들이 일부 사용되어졌고, 후세에 남을 만한 도자기나 식기는 볼 수 없었다. 이 시기는 금속식기가 주류였으며, 17~18세기에는 도자기로 된 식기가 은으로 된 식기보다 고가로써 일반화되어 있지는 않았다. 단, 유리제품들은 베네치아를 중심으로 테이블에서 사용되어졌다.

왕가에서는 점잖은 하인에 의해 네프(중세의 배처럼 생긴 소금 그릇이자 국가의 배(船)를 상징)의 열쇠를 여는 것이 식사의 예고이다. 그 하인은 빵조각으로 접시, 냅킨, 수저, 나이프, 이쑤시게를 문질러 닦았는데 나중에는 빵조각을 가볍게 두드리는 것만으로 이 행위를 대신하였다.

〈그림 4-29〉 중세의 네프(nef)

식사의 과정에는 많은 요리들로 되어 있으며, 각자 자유로이 갖다 먹었다. 테이블 위에 개인의 컵을 놓을 수 없어서 하인이 식기 선반에서 컵을 꺼내 주었다. 사용한 컵은 다시 씻어 식기 선반에 올려 넣었다. 하인의 임무는 주인이 좋아하는 음식을 먹을 수 있도록 배려하는 일이었다. 식탁은 주택의 큰 홀에서 사용되었고, 많은 사람들이 둘러 앉기 위해 세로 길이로 육중하였으며, 식사가 끝나면, 치워 놓을 수 있는 상판 조립식 형태로 되어 있다. 손님들이 손을 씻은 후 주인과 초대 손님들이 먼저 자리에 앉은 후 남은 가족들이 지위 순서로 앉고, 전원이 착석한 후에는 소금, 나이프, 국자, 빵의 순서로 나온 후 음식이 뚜껑이 닫힌 채로 나온다. 요리 그릇들은 식지 않기 위해서이기도 하고, 그 안에 독(毒)을 넣지 않게 하기 위해서이다. 주요리가 끝날 때까지 즐거운 대화를 하는 것이 예의이고, 식사가 끝나면 포도주와 과일이 나오고, 음유시인(Minstrel, 吟遊詩人)이 등장하여 연주하고, 정찬이 끝나면 테이블보를 치우고, 테이블은 분해하여 치워둔다.

〈그림 4-30〉 르네상스 시대 테이블이 놓인 공간

〈그림 4-31〉 르네상스 시대(1580년경)의 참나무로 만든 테이블과 의자

1599년에 앙리4세에게 시집을 간 카트린드 메디치의 딸, 마리드 메디치(Marie de Medichi)도 똑같이 당시 식문화의 선진국이었던 이탈리아로부터 기술자, 식재, 설비를 도입하였다. 당시 이탈리아와 프랑스의 정보교류가 많지 않았지만, 확대에 박차를 가한 메디치 가문의 공적이 크다고 말할 수 있다. 개인용의 포크는 만들어지지 않았으며, 왕후 귀족을 포함하여 모두 손으로 식사를 했다. 14세기의 이탈리아 도시에서는 대접 등의 식기가 사용되었고, 동시에 개인용 식기로써 사용하게 되었다. 17세기에 이르러 이탈리아에서는 금 · 은의 귀금속제 포크 이외에 목제나 주석제의 소박한 포크도 사용되었고, 중산계층에 정착했다. 이 시기에 개인용 식기의 사용이 시작되었다.

중세 중기에 인식되기 시작한 예의범절

- 식탁에서는 시중은 하인에게 맡긴다.
- 게걸스럽게 먹어서는 안 된다.
- 접시의 요리에 손을 대서는 안 된다.
- 입으로 음식 먹는 소리를 내서는 안 된다.
- 입을 크게 벌리면 안 된다.
- 입을 비우기 전에는 말을 해서는 안 된다.
- 팔꿈치를 뒤로 뺀다.
- 빵을 와인에 담가서는 안 된다.
- 나이프로 이를 쑤셔서는 안 된다.
- 냅킨으로 땀을 닦아서는 안 된다.
- 식탁에서 코를 풀어서는 안 된다.
- 접시에 침을 뱉어서는 안 된다.
- 핥은 뼈, 먹고 남은 음식을 대접으로 다시 놓아서는 안 된다.

3. 근세(1650~1830)

1) 바로크 시대(Baque, 17세기) 식문화

르네상스 말기 유럽에 중상주의(重商主義)가 대두되고 도시문화가 발달하여 구질서가 붕괴되며 신질서의 태동이 바로크 시대적 배경이다. '바로크'의 어원은 포르투갈어 barocco(일그러진 진주)에서 유래했다. 바로크의 예술적 표현양식은 르네상스 이후 17세기에서 18세기에 걸쳐 나타나고 있다. 1620년 무렵 이탈리아에서 시작되어 프랑스에서 전성기를 이루며, 1650년경 절정으로 정치적, 경제적, 문화적 지배력이 프랑스와 영국으로 옮겨지면서 쇠퇴하게 되었으며, 후기엔 로코코 양식으로 발전하게 된다.

바로크 양식의 특징은 화려함과 역동성이다. 건축에 있어서 베르사이유 궁전은 건축 양식이 전체적으로 조화롭고 질서가 있으며, 고요와 위엄의 인상을 준다는 점에서 그리고 정원 꽃밭이 기하학적으로 배치되어 있다는 점에서 고전주의 미학의 전형이다. 그러나 그 내부 장식의 화려함이라든지 거울 회랑 같은 것은 바로크적이다. 바로크 시대의 주요 모티브는 아칸타스잎(acanthus), 아라베스크 스타일의 첨두 아치(꼭대기가 뾰족한 아치), 사자발 모양, 시누아즈리(chinoiserie), 실크, 벨벳, 흑단, 상아, 이국적인 나무들, 원석, 은 · 동 등을 많이 사용하며, 이러한 재료들은 왕의 위엄을 잘 나타낸다.

〈그림 4-32〉 베르사이유 궁전의 거울의 방

바로크 스타일은 위엄있고 웅장하고, 대담하며 힘찬 것이 특징이다. 바로크 스타일은 흔히 남성에 비유하고, 대칭성의 디자인이 기본이며, 대칭성으로 시각적으로 안정감을 주고 무게 중심이 아래에 있는 것이 특징이다.

〈그림 4-33〉 프랑스 저택의 식공간: 벽은 목재, 판넬로 되어 있으며, 바로크의 전형적인 가구들이 보여지고 있다

바로크 시대 특히 루이 14세 시대, 베르사이유 궁전에서부터 널리 퍼진 호화찬란한 식탁은 극적효과를 노린 것이었다. 대 연회의 경우에는, 초대한 각국의 군주나 귀족들에게 권력을 과시하기 위해 대형 테이블 위에 빈틈없이 요리를 높이 쌓아 올리는 차림을 갖추었다. 루이 14세의 '왕의 고기' 가 도착하면 피리와 요란한 북소리로 이를 알렸으며, 수석 요리인을 선두로 여러 요리 시종들이 행렬을 이루었다. 17세기에는 음식들은 다양해졌고, 과자(patisserie)도 맛볼 수 있게 되었다. 막 등장한 설탕은 식탁을 장식하는 데도 사용되었다.

향연은 무용, 음악, 연극 등을 수반한 이벤트성이 강한 것이었기 때문에 식탁연출은 도구, 장식을 포함해 강력한 시각적 어필을 지향하게 되며, 밤을 지새며 이어지는 경우가 종종 있었으며, 귀족여성들이 아름답고 화려하게 차려 입고 참가했으므로 몹시 호화로운 자리였다. 현재까지 남아 있는 연회석의 기록화를 보면 공식향연, 전승기념 등의 연회에 참가자는 남성이 우위였지만, 이 시대를 전후해서 여성귀족도 참석하게 되었다.

〈그림 4-34〉 바로크 시대의 식공간: 중간에 놓인 원형 테이블의 다리가 로마시대의 삼각대(Tripod) 테이블과 흡사하다

〈그림 4-35〉 바로크 시대의 식공간

공개연회 뿐만 아니라 소수 인원으로 집안에서 식사하는 스타일도 생겼으며, 이 스타일은 서비스의 방법에 변화를 주어 유럽에서 프랑스식 서비스로 발전됐다. 프랑스식 서비스는 3코스로 구성되며, 요리를 두는 장소가 정해져 있으며, 1코스마다 몇 종류의 요리가 나온다. 개인용 접시도 식탁에 규칙적으로 세팅되며, 테이블의 중앙에 큰 접시, 촛대, 수프, 튜린 등 은이나 금도금, 도기로 완성된 장식적인 장식물이 놓여지게 되었다. 테이블은 이전의 양식을 그대로 사용하며, 원형 상판이나 타원형의 상판이 사용되었다. 참나무나 호두나무로 만들며, 조각되고 금도금된 화려한 디자인이 특징이다.

식기에 금은 세공품이 사용되었으나 나이프, 포크 같은 식사도구는 여전히 큰 접시에서 작은 접시로 음식을 덜어 내는 식탁용 서버의 용도로 사용하며 식사 때 청결을 유지하려고 했다.

〈그림 4-36〉 바로크 시대 테이블: 그로케스크(Grotesques, 인간형태, 동물, 식물, 형상이 뒤섞인 양식)형상으로 발은 스크롤 곡선으로 되어 있다

〈그림 4-37〉 후기 바로크 양식으로 로코코시대를 예견하고 있는 테이블. 바로크의 특성이 절제되어 있다

2) 로코코 시대(Rococo, 1710년~1774년)

18세기 프랑스에서 생겨난 예술형식이다. 어원은 프랑스어 '로까이에'(rocaille ; 조개무늬 장식, 자갈)로 암석정원과 인공적인 동굴(grotto)에서 볼 수 있는 바위, 물, 조개, 이끼와 같은 것들을 총체적으로 표현하는 말이다. 로코코는 바로크 시대의 호방한 취향을 이어 받아 경박함 속에 표현되는 화려한 색채와 섬세한 장식, 건축의 유행을 말한다. 바로크 양식이 수정, 약화된 것이라 할 수 있다. 또한 로코코는 왕실예술이 아니라 귀족과 부르조아의 예술이다. 장식 디자인에서는 루이 14세의 영광을 찬양하는 기준에서 신화적인 주제와 사랑과 낭만적인 주제로 바뀌었으며, 즐겁고 흥미로우며 자극적인 것을 추구하는데 있어 전설적인 형상의 세계, 근동 지방과 동양에서 영향을 받은 디자인으로 만들었다. 정치적으로는 불안했지만 루이 15세 때 로코코 양식은 절정기에 이르렀으며 가장 훌륭한 표현을 한 시기이다. 1740년부터 1760년까지 장식예술에 있어서 매혹적인 품위와 전형적인 프랑스적인 가벼움과 독창적인 우아함을 지니고 있었으며, 비대칭 원리와 곡선을 많이 사용한 양식이다.

18세기 프랑스 사회의 귀족계급이 추구한, 사치스럽고 우아한 성격 및 유희적이고 변덕스러운 매력을, 그러나 동시에 부드럽고, 상상력이 풍부함으로 낭만적인 성격을 가진 사교계 예술을 말하는 것이다. 귀족계급의 주거환경을 장식하기 위해 에로틱한 주제나 아늑함과 감미로움이 추구되었고 개인의 감성적 체험을 표출하는 소품위주로 제작되었다. 또한 로코코에서는 가장 유행한 색채는 장미빛 베이지와 담녹색이었으며, 중국양식이 많이 유행하여 중국의 문양을 실내에 사용하며, 수공예품 중국 벽지가 수입되었다.

16세기 후반부터 17세기에 걸쳐 귀족문화의 원숙기를 맞이하였고, 18세기에 프랑스요리가 완성의 영역에 다다른 후에는, 친분이 있는 사람들끼리 원탁을 둘러싸고 앉아 식사를 하는 습관이 생겼으며, 엄격한 에티켓을 지켜야 하는 베르사유 궁의 연회 대신 좀더 친밀하고 안락한 분위기의 야찬(夜餐: souper)이 유행하며 살롱 등 귀족들의 로코코식 우아한 사교적인 모임이 더욱 적합한 시기였다. 때로는 왕 스스로가 조리실에서 새로 수입된 소재들을 즐기기도 하였으며, 왕이 자신과 친분이 있는 소수의 멤버들과 원형식탁에 둘러앉아 식사를 즐기기도 하였는데, 이러한 것이 서서히 왕족들에게도 전파되어 갔다. 후에 지나친 사치와 퇴폐 풍조는 민중적 혁명의 요인의 하나가 되었지만, 야식은 우아한 분위기로 가벼운 식사 중심이었다.

프랑스 요리의 완성기라 불리는 이 시기에 요리에 대한 사고방식의 기준은 '요리는 예술이고, 과학이다' 였다고 한다. 이러한 사고방식은 현대에도 영향을 미쳐 오늘날까지도 기본적인 사고방식으로 남아 있다.

〈그림 4-38〉 루이 15세 양식의 실내로서 곡선을 사용했으나 장식이 두드러지지 않게 억제된 양식으로 되어 있으며 대조를 이루는 밝은 색의 곡선의 의자들이 공간을 경쾌하게 보이는 역할을 한다

로코코 양식은 인간의 안락을 목적으로 하여 실제적인 변화가 일어났다. 방들의 크기가 작아졌고, 특별한 용도를 목적으로 한 방들이 많이 생겨나서 공동공간과 개인공간이 나누어졌다. 개인식사 공간에는 코스 중간에 식탁을 바꾸어 차리기 위해 바닥을 통과하여 식사실까지 내려갈 수 있게 되어 있는 테이블이 있었는데 이는 왕과 손님들이 나누는 대화를 시종들이 듣지 못하도록 하게 한 디자인이었다. 바로크 예술의 목적이 왕을 찬미하는 것이었음에 반해, 로코코 양식은 아름다운 여성들을 위한 것으로 여성들을 기쁘게 하고 육체적인 매력을 강조하며 그들의 우월성과 힘을 확고히 하여 주었다. 정치, 문학 그리고 적극적인 생활에 여성들의 참여도가 커짐에 따라 감각적이고 가볍고 우아하고 환상적으로 바뀌었다.

〈그림 4-39〉 일본의 동양적인 느낌이 장식되어 있는 코너 컵보드(corner cupboard)이다

〈그림 4-40〉 로코코 양식의 의자와 테이블

로코코 시대의 가구는 여러 가지 색상의 나무를 사용하며, 화려하게 부조하고 금도금하고 청동 아플리케(applique)와 함께 쓰였다. 의자는 안락하고 우아하며, 섬세한 세부 조각이 있고, 등받이는 보통 아치형태로 되어 있으며, 일반적으로 수직 기둥은 직선을 사용했다. 테이블은 육중함을 탈피하여 수직형의 다리와 지지대를 사용하지 않고, 지지대와 연결되며 소용돌이 장식이 굽은 다리로 장식되어 있으며 상단은 대리석으로 되어 있다.

당시의 식탁미학의 개념은 전세기를 거친 결실이었다. 식탁 위에는 언제나 먹을 수 있는 디저트나 장식용 꽃을 중앙에 두고, 그 외에도 장식용구 등으로 식탁 위를 화려하게 장식했다. 메뉴의 순번은 수프, 대접에 통째로 얹은 생선, 육류요리, 앙트레(모듬요리), 구운육류요리, 야채요리, 디저트 순이었다. 당시의 왕후귀족 연인들의 아트디렉터적 역할이 프랑스 식탁의 미를 향상시켰으며, 왕이 총애하던 폼파도르 부인은 교양이 있고 세련된 여성으로 장식예술에 관심이 많았으며, 이를 발전시키는 데 많은 관심과 돈을 썼다. 세브르(sevres)에 있는 도자기 공장에 대한 왕실의 후원을 담당하였는데 장미, 킹스 블루(king' s blue), 금 등을 제작하는 새로운 화학제품을 발명하여 세브르 도자기를 유명하게 만들었다. 세브르 도자기는 프랑스 식탁의 미적 시대를 대표했다. 디너 세트 자기와 함께 식사시에 금은의 커틀러리가 놓여진 테이블 클로스는 자수가 놓여져 보다 호화롭고 섬세하게 되었다. 사람들은 손보다 커틀러리 나이프, 포크, 스푼을 잘 다루게 되었고, 와인 글라스는 '라후레시스워르' 라고 불리워지는 와인이나 글라스 넣는 용기에 보관되어졌다.

〈그림 4-41〉 루이 15세 양식을 번영케 한 폼파도르 부인 초상화

〈그림 4-42〉 폼파도르 후작 부인의 살롱(salon)

〈그림 4-43〉 1760년경에 만들어진 테이블 장식물

〈그림 4-44〉 은으로 된 소스 보우트(sauce boats)

〈그림 4-45〉 로코코 시대의 은으로 된 촛대

〈그림 4-46〉 로코코 시대 폼파도르 후작 부인의 식탁 재현

3) 신고전주의(Neo Classic, 1755년~1793년) 식문화

네오클래식은 신(新)고전주의이며, 신고전주의는 18세기 중반에서 19세기 전반 유럽세계를 풍미한 예술양식으로서 매너리즘에 빠진 바로크와 로코코의 인습에 반발하여 고대 그리스, 로마 양식으로의 복귀경향을 띤다. 강한 도덕적 요소가 있으며, 순수하고, 균형 잡히며, 이성적인 새로운 사회를 창조하는데 목적을 두었다. 예술의 순수한 형태를 통해 부분적으로 이루어졌으며, 고요한 단순성에서 도덕적 가치를 두었다. 자의식이 강하며 정신적으로 미적으로 우세한 사회를 창조하려고 시도하는 측면에서 필연적으로 현대적이었다. '근대가 위대하게 되는 단 하나의 방법이었으며 이는 고전을 모방함으로써 가능하다'고 신고전주의의 지지자였던 윈켈만(Johamm Joachim Winckelmann)이 말했다.

직선과 직각을 가능한 배제하고 부드러운 곡선무늬를 사용하여 세련미가 뛰어나고 경쾌하고 화려한 취향의 로코코양식과는 달리 신고전주의는 합리주의 미학을 바탕으로 고대 예술의 특징인 형태의 이성적인 단순화를 선호하였는데, 이러한 명징성과 질서, 이성은 계몽의 시대인 당시의 문화양상과도 뜻을 같이한다. 미의 근본적인 원칙은 정확한 비례와 단순함 속에서 배려된 다양함을 동반한 '통일'과 '단순성'이라고 정의했다.

〈그림 4-47〉 1770년경 세브르(The sevres) 방이라 불리던 실내

〈그림 4-48〉
루이 16세 양식의 수납장으로
세브르 자기로 장식되어 있다

건축에 있어 자연스러운 단순함과 이성의 법칙을 요구하는 신고전양식은 건물의 '이성'을 추구 방 배치에 있어서의 명확성, 새로운 비율, 형태의 간결성, 부분의 조화, 윤곽

선과 표면의 매끈함 등을 특징으로 한다. 고대 그리스 · 로마 건축이 가장 집중적으로 연구되면서 도리아, 이오니아, 코린트식 기둥이 많이 사용되었으나 합성된 것은 배제하였다. 로마의 파르테논 신전을 연상시키는 건물, 돔(dome)구조, 삼각 아치나 기념주, 정원 건축이 유행하였다. 신고전주의의 구도는 고전적인 부동성을 연상시키는데 그 구조는 복잡하고 율동적이기보다는 단순하고 수평적인 질서를 찾는다.

가구 품목에 자기 장식으로 꾸미는 것이 많이 사용된 것을 볼 수 있는데, 세브르 자기의 작은 꽃장식판과 더불어 특징적인 하얀 양각을 가진 웨지우드(Wedgewood)도자기의 푸른 벽옥 세공품으로 된 장식판 등이 삽입되었다. 네오 클래식의 영감으로 사용된 모티브는 고대 건축에서 유래된 것이 많으며, 특히 나무나 청동으로 만든 고전적 몰딩과 테이블에 사용되었다. 중간이나 두 개로 꼬여진 리본, 잎으로 된 띠, 화환, 꽃줄, 자연적인 장미, 데이지꽃, 국화, 아라베스크, 넝쿨, 월계수 잎, 구슬 사슬, 구슬과 올리브 잎으로 된 사슬 등이며, 고전적 모티브로는 로마의 독수리, 숫양의 머리, 염소와 사자, 스핑크스, 큐피드 등이었다.

〈그림 4-49〉 신고전 양식으로 만들어진 촛대

〈그림 4-50〉 신고전 양식으로 만들어진 식기이자 장식품

〈그림 4-51〉 18세기 폼페이 발굴 이후 고전 양식의 도자기

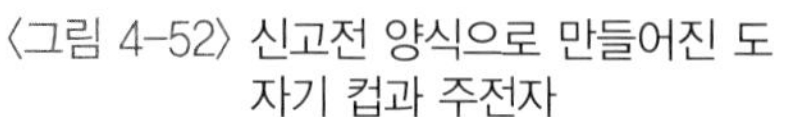

〈그림 4-52〉 신고전 양식으로 만들어진 도자기 컵과 주전자

〈그림 4-53〉 루이 16세 양식의 식기

4) 엠파이어 스타일(1810~1830) 후기 신고전주의 식문화

1800년대에는 나폴레옹 황제의 선언으로 다시금 유행의 중심이 프랑스 궁정으로 회귀했다. 나폴레옹 황제의 취향으로 유명한 엠파이어(Empire)양식으로 표현되었다. 프랑스 혁명으로 개인적인 명성을 얻은 요리사들이 배출되었으며, 이들이 레스토랑을 오픈하기 시작해 빠른 기간에 파리의 초일류 레스토랑이 탄생되었고, 그곳에서 일하는 것을 영광으로 생각했다. 또한 연회를 열어 요리의 맛과 서비스를 누려 보고자 하는 사람들이 늘었다. 특히 앙투완 카렘(Marine Antoine Carem)은 파리의 현대 프랑스요리의 시조로 불리우며 『요리 안내(Le Guide Culinire)』, 『16세기 프랑스 요리의 예술』, 『파리의 요리사』 등의 요리 저서를 집필했으며, 과자 직종에 종사하면서 건축학을 배우며 대규모 뷔페를 관리했는데, 제과기술을 정밀하게 도식화해 보다 높고 휘황찬란하게 피에스 몬테를 배치했다.

후기 신고전주의는 프랑스 중심의 시각이며 영국에서의 신고전주의는 리젠시 스타일로 보면된다.

〈그림 4-54〉 피에스 몬테

식기의 종류와 양식, 형태가 다양한 변화를 보이며 발달하고, 개인의 접시가 앞자리에 놓여지고, 한 사람의 자리가 세팅되었다. 앞자리 윗부분에는 리큐어, 샴페인, 와인잔, 물잔 등이 놓여지기 시작했으며, 러시아식 서비스 요리가 자리잡으며 왼쪽에 포크, 오른쪽에 나이프와 스푼이 배열되는 오늘날의 세팅형태가 완성되었다. 테이블 위에 한꺼번에 일괄 서빙되는 식탁이 한번에 세팅되어 아름다움과 풍성한 테이블과 간결하고 담백하며, 실용적인 러시아식 서비스와 만나 실용성과 다채로움을 주며 식탁예술이 발전했다.

〈그림 4-55〉 1765~1768년 런던의 버클리 스퀘어에 있는 란스다운 저택(Lansdowne House)의 식공간 마호가니문, 대리석 벽난로, 회반죽벽, 참나무 마루

4. 근대(1837~1939)

1) 빅토리안 시대(Victorian, 1837~1901) 식문화

19세기에 들어서면서 산업화, 기계화시대에 등장한 빅토리안 스타일이란 말은 영국의 빅토리아 여왕의 이름에서 유래되었지만, 유럽 여러 나라에서 광범위한 용어로 통칭되고 있다. 빅토리안 스타일의 특징은 크게 복고주의(Revivalism)와 복합주의(Eclecticism)로 요약된다.

먼저, 복고주의란 과거의 스타일을 부활시킨 것으로 귀족의 전유물이었던 것을 일반대중이 따르고 모방하려는 데에서 나타난 현상이다. 이때 등장한 것이 로코코 리바이벌(Rococo Revival), 바로크 리바이벌(Baroque Revival), 르네상스 리바이벌(Renaissance Revival)이다. 오늘날 엔틱 테이블을 살 때 판매되어지는 대부분의 바로크스타일, 로코코스타일, 르네상스 스타일의 테이블은 바로 이 시기에 만들어진 것이다. 이 시기에는 가구뿐 아니라 르네상스시대 이탈리아의 화려한 마욜리카(Majolica)도기의 재등장하고 로코코시대 자기의 대명사인 마이센(Meissen)이나 세브르(Sevres)스타일이 대거 부활된다.

그리고 또하나의 특징인 복합주의는 여러 가지 스타일이 한데 얽힌 것을 말하는데, 수작업에서 기계작업이 가능해지면서 과거보다 복잡하고 과장된 스타일들이 리바이벌된 것이다. 제인오스틴의 소설을 영화화한 순수의 시대을 보면 19세기 영국에서 미국으로 이주한 부르조아들의 식문화를 볼 수 있다.

영국에선 19세기 초부터 하루에 세 차례의 식사를 먹기 시작했는데 오후 5시경의 에프터눈 티도 이때부터 시작되었다. 즉, 이 당시 영국 상류사회의 식사시간을 보면 호화로운 아침식사, 11시 티타임, 점심은 가벼운 피크닉풍의 식사, 5시의 케이크가 곁들여진 에프터눈 티, 8시 저녁식사, 저녁 후에는 거실에서 다시 차를 마셨다. 이러한 식사 패턴은 19세기 중반 중류사회로 확산되었고 에프터눈 티타임이 4시로 당겨졌다.

2) 아르누보(Art Nouveau, 1890년~1910년) 식문화

'아르누보'는 영국 · 미국에서의 호칭이고, 독일에서는 '유겐트 양식(Jugendstil)', 프랑스에서는 '기마르양식(Style Guimard)', 이탈리아에서는 '리버티 양식(Stile Liberty: 런던의 백화점 리버티의 이름에서 유래)'으로 불린다. 이 운동은 전통으로부터의 이탈, 자연주의, 자발성과 단순성, 기술적 완전성을 이상으로 산업혁명 이후 기술발전과 대량 생산체제로 인해 진정한 예술이 파괴되었다고 자각한 예술가들이 주도했다.

아르누보는 유럽의 전통적 예술에 반발하여 예술을 수립하려는 당시 미술계의 풍조를 배경으로 하고 있는데, 특히 수공예와 장인세계를 동경한 윌리엄 모리스(William Morris)의 미술공예운동, 클림트(Klimt)나 얀 토로프(Jan Toorop), 블레이크(William Blake) 등의 회화의 영향도 빠뜨릴 수 없다.

종래의 건축 · 공예가 그 전형(典型)을 그리스, 로마 또는 고딕에서 구한 데 대해서, 이들은 모든 역사적인 양식을 부정하고 자연형태에서 모티프를 빌려 새로운 표현을 얻고자 했다. 특히 포도 넝쿨의 줄기, 담쟁이 등 식물의 형태를 연상하게 하는 유연하고 유동적인 선과 파도, 곡선, 당초무늬[唐草文] 또는 화염(火焰)무늬 형태 등 특이한 장식성을 자랑했고, 유기적이고 움직임이 있는 모티프를 즐겨 좌우상칭(左右相稱)이나 직선적 구성을 고의로 피했다. 그리하여 디자인은 곡선 · 곡면의 집적(集積)에 의한 유동적인 미를 낳는 반면, 견고한 구축성이라든가 기능에 기초를 둔 합리성이 소홀하여 기능을 무시한 형식주의적이고 탐미적(耽美的)인 장식으로 빠질 위험도 컸다. 아르누보가 비교적 단명(短命)했던 것도 이러한 이유 때문이다.

〈그림 4-56〉 아르누보 패턴의 벽장식

아르누보의 전성기는 1895년경부터 약 10년간이다. 1897년 드레스덴의 박람회, 1902년 토리노박람회 등에서는 아르누보의 실내장식과 가구 등 공예품 전시회가 큰 비중을 차지하였다. 그런데 1910년경부터 건축 · 공예계에는 기능과 사회성을 보다 중요시하는 풍조가 강해지면서 R.랄리크의 보석 디자인, E.가레의 유리공예, 그리고 미국에서의 티퍼니의 유리그릇과 에스파냐에서 계속된 가우디의 건축활동 등 약간의 예외를 제외하고 아르누보는 소멸해 갔다. 그러나 종래의 역사주의 · 전통주의에 반항하여 빈의 제체시온(secession:분리파)을 불러일으키는 등 현대미술의 확립에 선구적 구실을 했다는 점과 근대운동에 끼친 영향력에 대해서는 높이 평가해야 한다.

〈그림 4-57〉 아르누보 양식의 식공간

3) 아르데코(Art Deco, 1918~1939) 식문화

1925년 파리에서 개최된 '현대장식미술 · 산업미술국제전' 에 연유하여 붙여진 이름으로, 파리 중심의 1920~1930년대 장식미술이다. 루이 16세 시대의 순수한 형태와 세련됨을 계승하여 1929년대 기능주의의 새로운 시도와 취향으로 변형되어 아프리카 예술의 영향을 받은 검정, 적색 등을 사용하였다. 제1차 세계대전 이후에는 드 스틸(De Stijl, 조형운동(造形運動)을 추진하고 있었는데, 가구 디자인에도 새로 개발된 기하학적이고 단순한 조형이 도입)운동과 바우하우스(Bauhaus)운동이 성립되어 국제적 영향력을 행사하였는데, 아르데코는 데스틸운동의 신조형주의와 바우하우스운동의 기능주의에 자극을 받아 기능성과 단순화를 추구하는 경향이 가속화되었다.

흐르는 듯한 곡선을 즐겨 썼던 아르누보(art nouveau)와는 대조적이며 기본형태의 반복, 동심원(同心圓), 지그재그 등 기하학적인 것에 대한 취향이 두드러지게 나타나 있다. 그러므로 기계시대로 들어선 신생활과의 관련을 당연히 지적하게 되며, 기하학 형태는 꼭 합리적 또는 기계적인 해결에 의해서만 처리되지 않았고, 오히려 우아한 취미에 뒷받침되어 있다.

아르데코의 대표가구 재료는 흑단이었는데, 까만 표면이 특이하고 고귀하게 보이는 이유로 계속 사용되었으며, 마호가니나 브라질산 자카반다, 바이올렛 우드 등도 사용되었다. 아르데코의 기하학적 특성을 주특성으로 미래파와 같이 기계의 완벽성을 인정하여 미술에 받아들여 현대를 특성 짓는 속도감을 표현하기 위해 유선의 법칙에 따라 공기의 저항을 덜 받아 속도를 더 많이 낼 수 있는 매끄러운 선을 특성으로 갖는다. 아르데코의 색채는 강력하고 밝은 색조로 포비즘(Fauvism)과 러시아 발레로 더욱 확산된 오리엔탈리즘에 기인하며 블랙과 레드를 사용했다.

이 시기에는 아름답고 식용을 돋우는 디자인과 색상의 재품들이 많이 생산되었는데, 테이블 웨어는 아르데코가 번성했던 시기에 고도로 장식되었으며, 어떤 것은 규모가 매우 큰 도자기 산업의 제품으로 생산되었다. 아르데코 시대에 루비 빨강, 코발트 블루, 짙은 그린으로 채색된 글라스 웨어와 은, 놋, 구리, 크롬 그리고 도금된 커틀러리가 다양한 디자인과 대량 생산되었으며, 촛대나 금속으로 된 센터피스는 누드나 세미누드 인물상으로 된 것들이 많았다. 도자기는 단순하게 장식되거나 꽃무늬가 도자기 표면에 완전히 전사되기도 하고 가장자리에 색깔있는 선을 넣거나 추상적이고 기하학적인 패턴을 그려 넣기도 하였다.

〈그림 4-58〉 1920년 수납장

〈그림 4-59〉 1926년 브리튼 궁전의 연회실

part. 5

table co

테이블 코디네이트

1. 테이블 코디네이트(Table Coordinate)
2. 테이블 코디네이트의 기본
3. 테이블과 인체공학
4. 테이블 세팅 연출 기법

part. 5 테이블 코디네이트

1. 테이블 코디네이트(Table Coordinate)

테이블 코디네이트(테이블 코디네이션)란 무엇일까. 테이블 코디네이션이라고 하는 단어는 일본에서 만들어낸 단어이기 때문에, 영어로는 테이블 데코레이션(table decoration)이 된다.

테이블 코디네이트라는 것은 맛있는 것을 더 맛있게 먹기 위해서의 식공간(食空簡)연출이고, 구체적으로는 식사를 하는 사람들의 오감(시각, 미각, 후각, 촉각, 청각)을 자극해 만족스럽고 기쁨이 되어 좋은 추억이 될 수 있도록 식공간의 모든 것을 갖추는 것이다. 그것을 위해서는 요리는 물론, 식탁 위의 모든 것, 방의 인테리어, 창 밖의 경치, 음향, 빛이나 바람의 흐름, 조명, 기온이나 습도 등 모든 것을 고려하여, 공간 전체의 구도와 조화를 이루는 것이다.

현재, 테이블 코디네이트와 테이블 세팅(table setting)은 동의어로 사용되고 있지만, 테이블 코디네이트는 식공간 연출이기 때문에 공간을 구축하지 않으면 안 된다. 주택의 건축에 예를 들면, 우선 기획을 하고 그 다음 설계를 한다. 그리고 그 계획에 따라서 구체적으로 시공하면 처음으로 공간이 만들어진다. 이 기획과 설계의 부분을 코디네이트, 시공의 부분을 세팅이라고 생각하면 이해하기 쉬울 것이다. 집을 짓는 것도, 거심지(居心地)가 좋은 공간을 만드는 것이 목적이기 때문에, 빈틈없이 견고하게 기획설계를 하지 않으면 살기 어렵고, 코디네이트를 하지 않으면 테이블은 앉기 곤란하다. 또한 시공이 나쁘면 비가 새기도 하고, 마루가 떨어져 빠지는 것과 마찬가지로, 테이블 위의 세팅을 깔끔히 하지 않으면 먹기 힘들게 된다. 어느 쪽도 기초가 제대로 되어 있지 않으면 안 되는 것이다.

테이블 코디네이트는 식공간의 여러 가지 것들을 적절히 조합하는 것이기 때문에 테이블 위의 색을 사용해 컬러 코디네이트를 하면서 세팅하는 것을 말한다. 이러한 테이블 코디네이트는 외식산업에서도 호텔이나 레스토랑에서 기본적으로 필요하며, 가정 안에서의 테이블, 매일매일의 아침, 점심, 저녁의 식사부터 시작해 손님의 접대나 파티 테이블까지의 모든 것을 통합한 것이다. 외식산업에서의 범위를 보면 훨씬 넓겠지만 최근 핵가족화가 되면서 가정에서의 대화의 유도를 위해 가정에서의 테이블 코디네이트의 중요성도 대두되고 있다. 가정에서의 테이블 코디네이트는 격식을 차리는 테이블 세팅은 거의 없다고 볼 수 있다. 격식을 차려서 세팅하는 것을 포멀 스타일(Formal)이라고 하는데, 포멀이라 하는 것은 런천(Lunchen, 런치보다 격식을 차린 정식의 점심, 접대 등의 오찬)이나, 디너라고 해도 복장부터 예의를 차려 입은 복장으로 불리지 않으면 안 되고, 맞이하는 측도 예의를 갖춰 입은 복장으로 맞이한다. 초대장은 60일 전에 포멀하게 쓰여진 것을 발송하는 것이나 약속한 것이므로 하면 안 되는 것도 무수히 많다.

테이블 코디네이트는 테이블 위의 예술이라고 볼 수 있는데, 여러 가지 테이블 구성요소들을 이용하여 컬러의 조합을 통해 음식을 맛있게 보이게 하고 손님들을 감동시키는 것이라 볼 수 있다. 테이블 위의 아름다움은 손님으로 하여금 감동과 벅찬 기쁨, 놀라움을 안겨 줄 수 있다.

〈그림 5-1〉 테이블 코디네이트 되어진 사례

2. 테이블 코디네이트의 기본

1) 테이블 코디네이트의 기본이론

테이블 코디네이트의 기획 〈인간, 시간, 공간〉

기획의 기본은 삼간(三間)=인간, 시간, 공간=5W1H로 조직되어 있다.

[who 〈누가 먹을 것인가〉]
먹는 사람의 연령층에 따라 음식의 기호가 다르고, 식공간의 기획도 달라지게 된다.

[with 〈누구와 먹을 것인가〉]
인간관계에 따라 앉는 위치가 정해진다. 특히 외국에서 손님을 초대한 경우에는 프로토콜(국제사교의전)에 따라 상좌, 하좌 등을 결정할 필요가 있다.

[what 〈어떠한 테마로 할 것인가〉]
생일이나 기념일에는 축하하는 목적을 달성하기 위한 분위기를 만드는 것이 필요하고, 모든 식사의 의미가 조화될 수 있도록 정신적인 영양공급이 중요하다. 테마에 따라서 기획도 필요하다.

[when 〈몇시에 먹을 것인가〉]
먹는 시간대에 따라서 음식, 양이 달라진다. 또한 식사에 소비하는 시간에 따라 메뉴도 달라지며 시간에 따른 격식도 결정된다.

[where 〈어디에서 먹을 것인가〉]
먹는 장소에 따라 장치나 장식이 달라진다. 독립된 다이닝룸, 다이닝리빙, 다이닝키친, 카운터, 객실, 정원, 야외 등, 장소에 따라 분위기나 조명등이 달라지며 식공간의 컬러나 장식 소재, 테이블의 형태나 사이즈가 달라진다.

[how 〈무엇을 어떻게 먹을 것인가〉]
먹는 요리에 따라 도구나 서비스가 달라진다. 또한 착석(着座)인가, 입식(立食)인가에 따라서 테이블의 분위기와 배치를 달리한다.

〈표 5-1〉 테이블 코디네이트 테마기획 사례

식사 인원 수 · 구성	4인(부부, 30대. 자녀 중학생))
계절 · 시간	여름 · 저녁 식사
식 탁	다이닝 원탁 테이블
메 뉴	퓨전 양식과 와인
코디네이트	테마컬러 : 모던하면서 음악의 리듬감을 느낄 수 있는 공간 연출로 블랙 & 화이트를 메인 컬러로 사용했으며, 레드 장미로 강한 엑센트를 주었다.

〈그림 5-2〉 테이블 코디네이트 테마기획 사례

〈표 5-2〉 테이블 코디네이트 5W 1H 기획 사례

When	PM : 12:00~
Where	도회지에 있는 자택, 식사는 식당, 식후에는 거실
Who(Host) (Guest)	호스트 : 나 & Hostess 손님 : 테이블 코디네이터 선생님(주빈), 학생
Why	합동작품 발표회, 발표가 끝났지만 발전을 위한 격려 겸 모임
What	여성만을 초대했을 때의 기본형인 보조 호스티스와 같이 즐거운 분위기 조성을 위한 고찰.
How	런치보다 화려한 감각의 런천 스타일. 테이블보(식탁보) : 연한 그린. cutlery : 핸들이 심플한 제품. 홍차 찻 잔
Menu	간단한 샌드위치, 스콘, 케이크 3종류, 과일, 홍차, 커피, 생수

〈그림 5-3〉 테이블 코디네이트 5W1H 기획 사례

〈표 5-3〉 테이블 코디네이트시에 필요한 테이블 구성 웨어 기획 사례

테이블보	언더 클로스 1장, 그린계열의 테이블 탑 클로스 1장, 옐로우 매트 4장, 인원수 냅킨
식 기	디너 접시 24cm, 디저트 접시 21cm, 빵 접시 17cm
cutlery	디저트 나이프 & 포크, 버터 나이프
글라스	goblet, 홍차 잔
centerpiece	테이블 꽃, 장식품 등

2) 테이블 코디네이트의 유의점

① 규정

식사를 하는 한 사회 공통으로 인식하고 있는 규정이 있다. 이 규정이 있기 때문에 민족, 언어, 연령, 종교가 달라도 모두가 하나의 테이블에서 즐겁게 먹을 수 있는 것이다. 또한, 테이블 위의 그릇배치는 어떤 요리라도 먹기 쉽고, 아름답고, 몸에 좋도록 만들어져 온 것이다. 본인의 취향대로 마음대로 바꿀 수 없다. 경조사나 행사 등 문화라고 말할 수 있는 사회 전체의 공통 인식이므로 자신의 기호만으로 바꿔도 좋은 것이 아니다.

② 계절감

함께 식사하는 즐거움은 사람과 사람과의 커뮤니케이션에 있다. 커뮤니케이션을 부드럽게 진척시키기 위해서는 서로 공통된 연결점이 필요하다. 누구라도 느끼고 누구라도 같이 기뻐하는 등 공통으로 인식할 수 있는 것이 많을수록 활발해지고, 즐거움도 늘어나게 된다. 계절이나 행사는 그 기본된 공통사항이 된다. 실내는 물론 테이블 위에 계절에 맞는 음식, 꽃, 식기 등에서 표현되는 것이 중요하며, 테이블이나 식공간에서 한발 앞선 계절감을 연출하여 식사를 하는 사람으로 하여금 계절감을 먼저 느낄 수 있도록 하는 것이 좋다.

③ 감성

테이블을 연출하는 스타일리스트의 감성과 지식에 기준한 표현이다. 예를 들어 같은 계절이라도 한 명 한 명이 감동할 장면이나 동기는 다르다. 또한, 매년 되돌아오는 계절도 자신의 감동하는 관점이나 표현이 다르다. 테이블 스타일리스트에 따라서 연출의 스타일 차이가 있기 때문에 더욱 재미있고, 식사의 즐거움이 달라지는 것도 테이블 코디네이트의 매력이다.

3. 테이블과 인체공학

인체공학은 인간의 생활에서 사용되는 모든 도구 및 체계를 인체의 사이즈에 맞춰 설계하고 배려하여 보다 편리한 환경을 만드는 데 목적을 둔다. 인체 사이즈에 맞춘 공간은 수용 인원, 가구 등의 사이즈, 배치 등 사람의 움직이기 용이함이나, 원활한 서비스를 하기 위한 동선을 생각하는 기준이 된다. 색채 원리나 심리에 기본을 둔 공간의 색의 비율이나, 가구나 인테리어 페브릭의 패턴이나 기능 등은 물리적으로나 심리적으로나 커다란 관계가 있다. 또한 조명, 음향도 설비나 테크닉을 아는 것으로써, 사람과 장면에 의하여 효과의 차이를 내는 것이 가능하다.

1) 인체 치수

인체의 크기에 맞춰 내부 공간의 모든 요소들이 결정되기 때문에 디자인하는 것은 인간의 몸과 마음에 적절하게 맞아야 한다. 미적 관점에서만 디자인하는 것이 아니라 공간의 사용자가 편할 수 있게 기능성을 고려하는 것이다. 식공간 연출자는 계획에서부터 사용자의 환경에 적합하게 계획해야 하며, 기본적인 표준 인체 치수를 알아두는 것이 좋다. 실내 공간의 넓이나 내부 공간에 있는 것들의 치수가 안전문제를 고려하여 인간활동에 지장이 없고 사용하는데 불편함을 느끼지 않는다면 스케일이란 측면에서 인간적이라 할 수 있다.

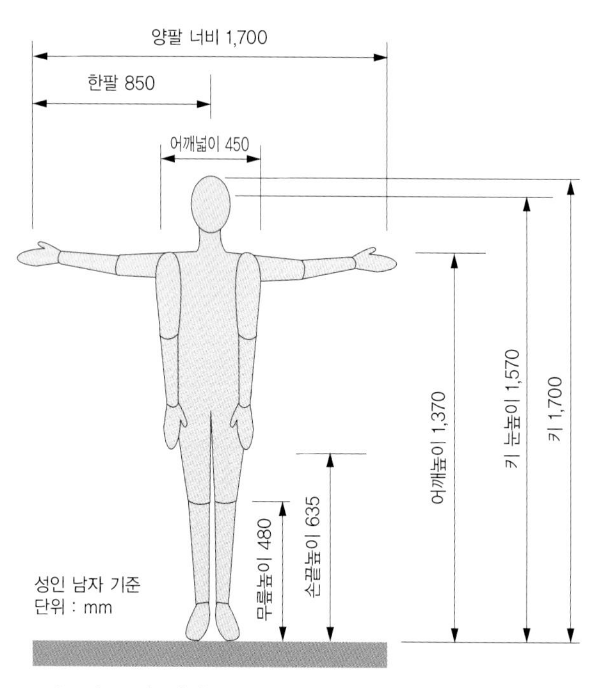

〈그림 5-4〉 인체 치수의 표준 크기

르네상스 시대의 레오나르도 다빈치(Leonardo Da Vinci)는 비트루비우스(Marcus Vitravius Pollio, 기원전 1세기 말경에 태어난 로마의 건축가이자 공학자, 그리스 건축양식 연구)의 인체기준표에 의거하여 인간형태의 드로잉을 완성하였다. 이후 19세기 중엽엔 기브슨(John Gibson, 스코틀랜드의 건축가, 18세기에 가장 영향을 미친 설계 중 하나인 런던 소재 바로크 건축물 세인트 마틴 인 더 필스교회를 설계)이 인체기준에 의한 드로잉 이론을 정립하였다.

2) 개인 식공간(personal table space)

식사 때에 적절하게 쾌적하고 편안한 공간 확보를 위해 최소의 공간을 확보하여 테이블 세팅하는 것이 필요하다. 한 사람의 어깨 폭 넓이인 가로 45cm(성인의 어깨 넓이)와 세로 길이 35cm(무리 없이 손이 뻗어지는 범위)가 개인 식공간의 기본이 되므로 이 안에 식사하는데 필요한 테이블 구성요소를 배치한다. 옆 사람과의 간격은 약 15cm정도 확보하면 식사하면서 부딪치는 것을 방지할 수 있다.

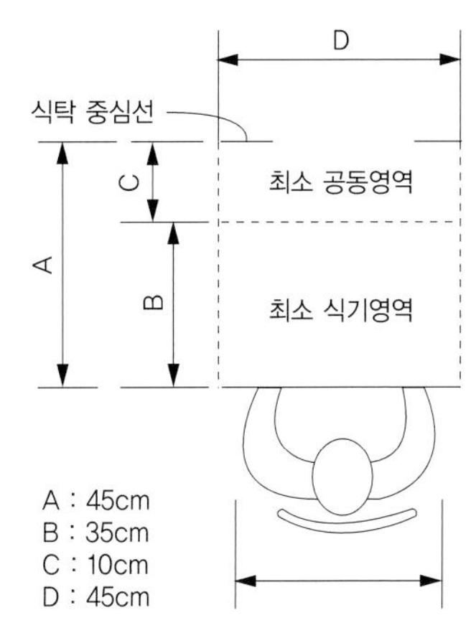

〈그림 5-5〉 최소 개인 식공간 영역

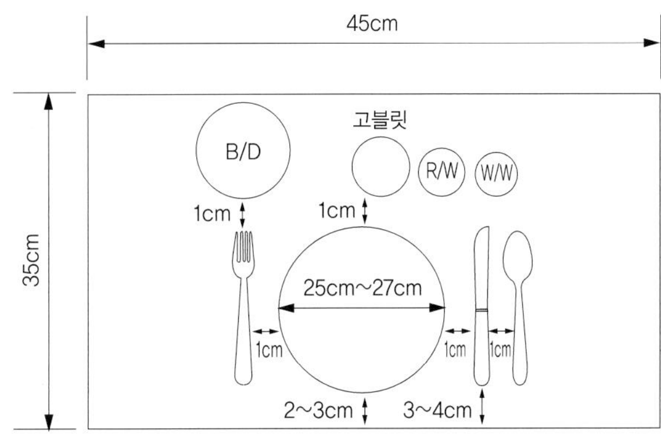

〈그림 5-6〉 최소 개인 식공간 세팅

3) 공유 식공간(public table space)

테이블에서 여러 사람이 함께 식사할 때 움직이는 활동범위와 집기 등의 동작 치수에 따른 적절한 공간의 계획이 필요하다. 테이블의 크기를 계획할 때에는 개인 식공간과 공유 식공간의 부분으로 나누어 보는 것이 좋으며, 최소한의 개인 영역에는 식기류와 음료잔, 커틀러리 등을 무난히 세팅할 수 있어야 한다. 또한 식사 도중에 세팅 배치의 흐트러짐도 고려해야 하며, 식사 도중의 자세의 변화에도 고려해야 한다. 이 공간의 영역을 고려하여 수평 형태의 넓이는 팔꿈치의 움직임을 포함하여 60cm 정도가 좋으며, 세로 길이는 45cm이며, 식기를 세팅할 때 최적의 넓이는 가로 45cm, 세로 35cm가 이상적이다. 테이블 위에서 공유공간은 덜어 먹는 음식, 꽃, 식탁의 촛대 등 장식품들이 놓이는 공간이다. 공유공간은 생활관습이나 음식의 종류, 식사의 목적, 서비스의 정도, 사람 등에 따라 달라진다.

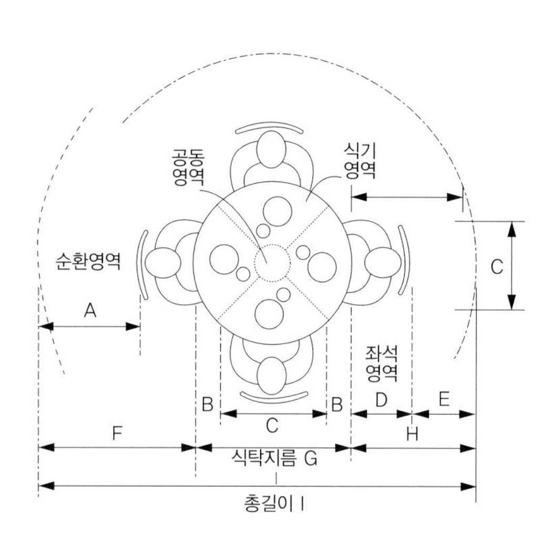

〈그림 5-7〉 원형테이블의 공유 식공간

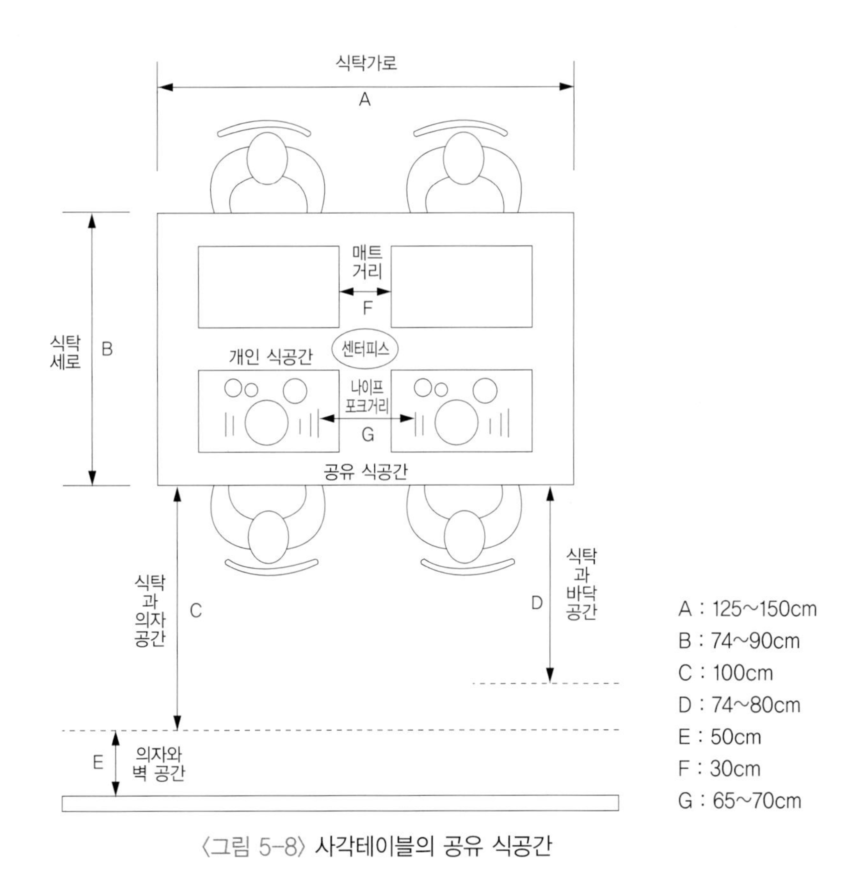

〈그림 5-8〉 사각테이블의 공유 식공간

4) 테이블의 크기와 의자 높이

여유 있고 편안한 식사를 하기 위해 테이블의 크기와 적절한 높이의 테이블과 의자가 계획되어야 한다. 테이블을 연출할 때 기본적으로 알아두면 편리하다. 사람들의 식사자세는 대개 서서 먹는 자세와 의자에 앉아서 먹는 자세, 바닥에 책상 다리를 하고 앉아 먹는 자세 등 세가지 유형으로 나눌 수 있다. 테이블과 의자는 인체의 지탱과 동작의 편의성에서 디자인되어야 하며, 식사시의 의자는 먹는 행위와 먹은 후의 휴식의 행위가 이루어지기 때문에 복합적인 요소를 충족시킬 수 있어야 한다. 의자 디자인에서 가장 중요한 사항은 바닥에서부터 의자 자리판까지의 높이이다. 자리판이 높으면 다리 밑의 특정 부위에 압박감을 주며 식사시간이 짧아지기 쉽다.

〈표 5-4〉 테이블의 기본 크기와 높이

구 분		2인용	4인용	6인용
사각형	가로	65 ~ 80	125 ~ 150	180 ~ 210
	세로	75 ~ 80	75 ~ 85	80~ 100
	높이	70 ~ 80	70 ~ 80	70 ~ 80
원형	지름	60 ~ 80	90 ~ 120	130 ~ 150
	높이	70 ~ 80	70 ~ 80	70 ~ 80
좌탁	높이는 33cm가 표준이다			

• 테이블 사이즈 계산방법
– 가로(15+45)cm × 사람수 + 15cm
– 세로 = 35 + 35 + 15cm이상 = 85~100cm

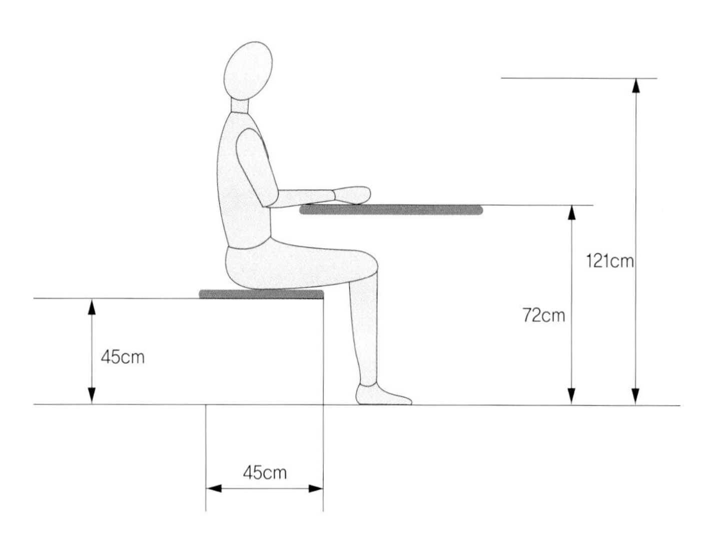

〈그림 5-9〉 식탁용 의자

4. 테이블 세팅 연출기법

1) 테이블 세팅의 순서

① 테이블 위에 언더 클로스, 탑 클로스 깔기(러너, 매트, 도일리 등은 선택에 의해 세팅)
② 개인 식공간 앞자리에 프리젠테이션 접시나 디너 접시 및 앞접시 등 메뉴와 격식에 따라 세팅
③ 메뉴와 격식에 따라 커틀러리 세팅(*양식에 따라 디너 접시 오른쪽에 나이프, 스푼, 왼쪽에 포크 순으로 세팅 *한식, 일식, 중식의 경우 놓일 자리에 필요한 젓가락이나 수저를 세팅)
④ 메뉴에 따라 화이트와인, 레드와인, 샴페인, 고블렛 글라스 세팅
⑤ 장식품 세팅(센터피스, 후추, 소금통, 과일, 도자기 장식품 등)
⑥ 냅킨 세팅(모든 세팅이 끝나면 깨끗하게 정돈된 냅킨을 세팅)

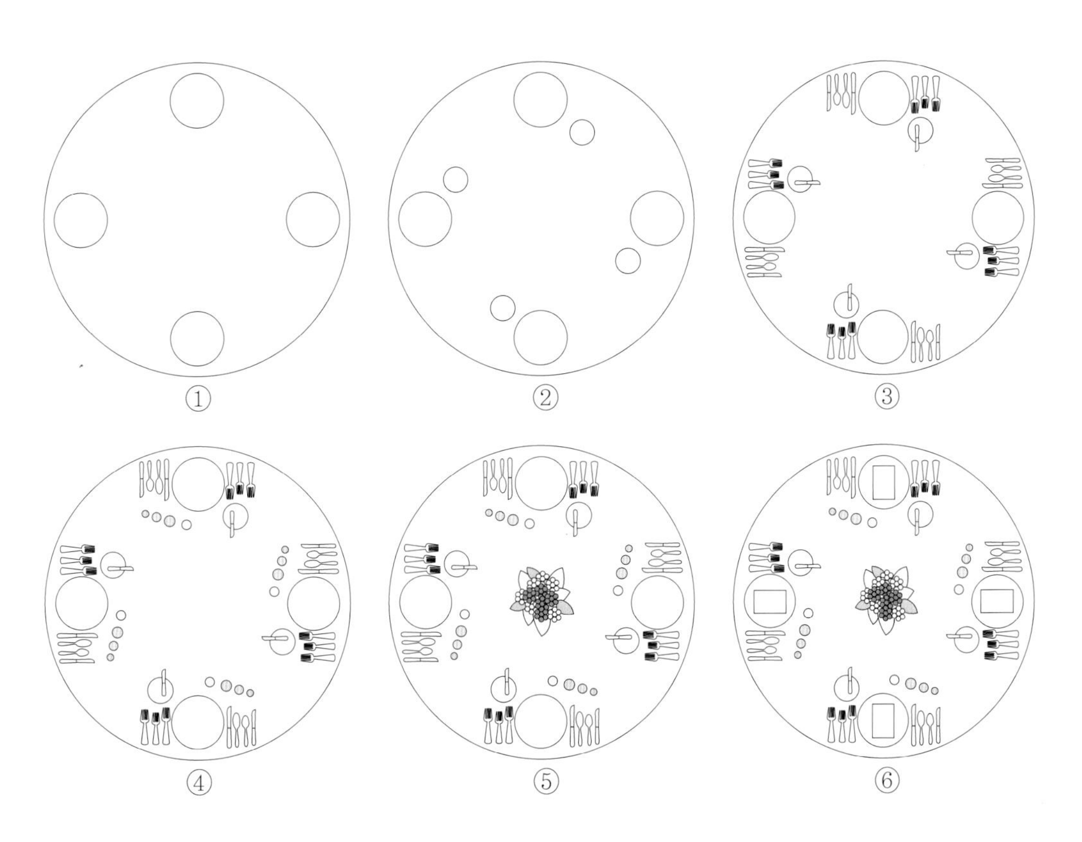

〈그림 5-10〉 테이블 세팅 순서

2) 테이블 세팅 연출

① 격식을 갖춘 테이블(Formal table)

테이블 세팅은 항상 시대와 함께 변화하고 있으며, 포멀에 있어서도 변화는 있다. 영국식 세팅은 중후하고 격조 높은 전통적인 세팅이다. 포멀에 있어서도 테이블 클로스를 사용하지 않는 경우는 마호가니의 나무결을 살리기 위해 매트 등과 함께 오간자나 레이스의 테이블 매트를 사용한 세팅도 볼 수 있으며, 커틀러리는 상향으로, 디저트스푼이나 디저트포크까지도 옆으로 늘어 놓고 빵 접시가 있는 것이 영국식 세팅의 특징이라고 말할 수 있다.

프랑스식 세팅은 격조 높고 우아한 전통적인 세팅이다. 커틀러리를 눕힌 쪽을 겉으로 하고 스푼이나 포크를 눕혀 문장이나 이니셜을 보이고, 빵 접시를 놓지 않는 것이 프랑스식 세팅의 특징이라고 말할 수 있다. 근대에는 코스로 필요한 잔은 처음부터 세팅되어 있지만 커틀러리에 대하여는 처음부터 코스 전부가 세팅되어 있는 것이 아니라, 요리마다 세팅되는 경향이 있다.

레스토랑과 가정에서는 세팅이 다르지만 요리나 와인의 내용, 서비스의 방법, 테이블 공간 등에 있어서 많은 사례를 볼 수 있다. 영국식과 프랑스식의 특징적인 세팅을 지키는 것은 어디까지나 그 나라의 예의를 지키는 것이다. 본 장에서 소개하는 것은 예의를 갖춘 세팅을 소개하는 것이며, 테이블 세팅의 본질은 시간과 장소, 목적에 맞는 세팅과 먹기 쉽고, 서비스하기 쉬우며, 청결하고 아름다운 것이 세팅의 본질인 것에는 변함이 없다.

포멀(Formal)에는 정식의, 공식적, 의례적이라고 하는 의미가 있다. 테이블 코디네이트에 있어서 포멀이라는 것은 클래식이나 엘레강스한 이미지와 같이 유럽의 귀족사회 속에서 태어나 확립되어 온 격조 높은 테이블 스타일이다. 정식 만찬이라는 것은 정치, 경제의 비즈니스 외교나 개인적인 축하회 등 목적도 다양하고 상대에게 경의를 표하고 정중히 대접하는 식사이다.

따라서 매우 중요한 공식적인 자리로써 벗어나서는 안 되는 룰이 있다. 국제적으로 「포멀」한 스타일이라고 하면, 프로토콜에 준한 세팅으로, 세계 공통의 관습이다. 현대에 있어서의 스타일은 프랑스 왕조로부터 생겨난 양식미로 영국의 의례도 가미하고, 식탁예술에도 커다란 영향을 받았으며 높은 평가를 받고, 세계 각국에 널리 퍼졌다. 그러한 것으로부터 현재까지도 프로토콜에 준한 테이블 세팅이나 매너에 있어서, 같은 가치관을 베이스로 접대 받는 쪽도 매너를 가지고 그것에 답한다고 하는 접대의 세계 공통어가 포멀 테이블의 위치이며, 프로토콜의 접대에 적합한 것이라고 말할 수 있다.

〈표 5-5〉 포멀 세팅에 맞는 테이블 구성요소

테이블클로스	다마스크 섬유의 하얀 리본, 면의 다마스크 섬유
냅 킨	클로스와 같은 재질이나 모양의 냅킨
식기	식기의 테두리 부분이나 손잡이 부분에 꽃의 레리프에 금채가 입혀져 있는 도자기(본차이나를 포함)
커틀러리	스타일링 실버(순은) 또는 실버 플레이트(도금)
글라스 웨어	높은 품질의 크리스탈 글라스

영국식 세팅의 사례

- 빵 접시는 포크 왼쪽 옆으로, 커틀러리와 같은 높이에 포크와 비스듬히 위에 놓는다.
- 글라스 웨어는 테이블스푼 위로부터 샴페인, 화이트와인, 레드와인, 물 순으로 일직선으로 놓는다.
- 냅킨은 디너 접시 또는 빵 접시 위에 심플하게 접어 놓는다.

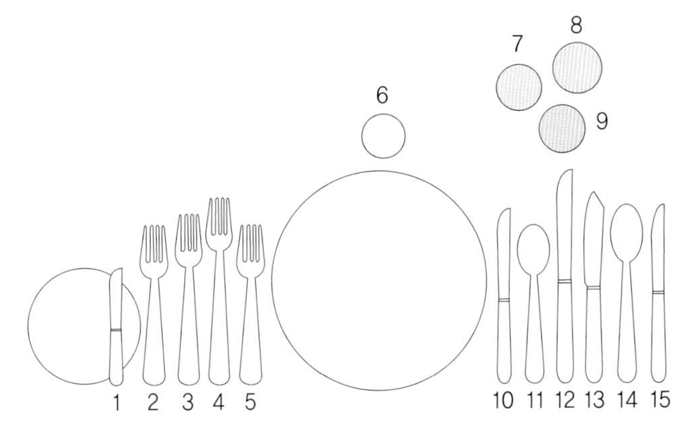

1 버터 스프레더
2 오르되브르 포크
3 생선용 포크
4 육류용 포크
5 디저트용 포크
6 샴페인
7 레드와인 잔
8 물잔
9 화이트 와인 잔
10 디저트용 나이프
11 디저트용 숟가락
12 육류용 나이프
13 생선용 나이프
14 수프용 스푼
15 오르되브르 나이프

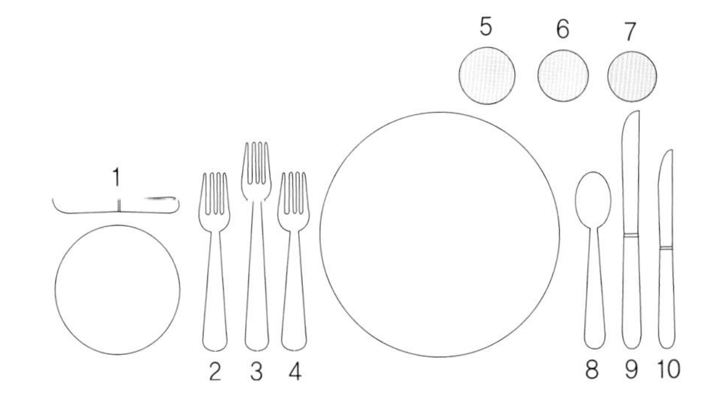

1 버터 스프레더
2 오르되브르 포크
3 테이블 포크
4 디저트용 포크
5 물잔
6 레드 와인 잔
7 화이트 와인 잔
8 디저트용 스푼
9 테이블 나이프
10 오르되브르 나이프

〈그림 5-11〉 영국식 세팅 사례

프랑스식 세팅의 사례

- 빵 접시를 놓는 경우에는, 포크의 좌측 디너 접시 중심선상, 또는 포크의 비스듬히 위에 놓지만 전통적으로는 놓지 않는다.
- 글라스 웨어는 피시 나이프 위로부터 샴페인 글라스, 화이트 와인 글라스, 레드 와이 글라스, 고블렛을 비스듬히 왼쪽 위에 놓는다. 또는 디너 접시 중앙 위에 화이트 와인 글라스를 두고, 그 비스듬히 오른쪽 위에 레드 와인 글라스, 그 왼쪽 옆에 고블렛을 삼각형으로 둔다.
- 냅킨은 디너 접시 위에 심플하게 접어 놓는다.
- 처음부터 커틀러리를 전부 세팅하지 않으며 요리가 나올 때마다 커틀러리를 서비스맨이 세트하는 것이 정중한 방법이다.

정찬의 메뉴 예

- Aperitif 아페리티프(식전주)
- Amuse-gueule 아뮤즈구르(너츠, 카나페 등의 안주)
- Hors d' oeuvre 오르되브르(전채)
- Potages 수프
- poissons 포아손(생선요리) 화이트 와인
- Solbet 소르베(입가심을 위한 알코올이 들어간 샤베트)
- Roast 로스트(고기요리) 레드 와인

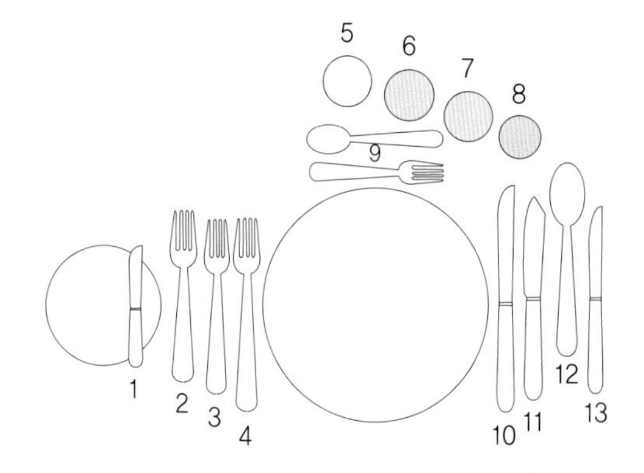

1 버터 스프레더
2 오르되브르 포크
3 생선용 포크
4 육류용 포크
5 고블렛
6 레드와인 잔
7 화이트 와인 잔
8 샴페인
9 디저트용 포크와 숟가락
10 육류용 나이프
11 생선용 나이프
12 수프용 숟가락
13 오르되브르 나이프

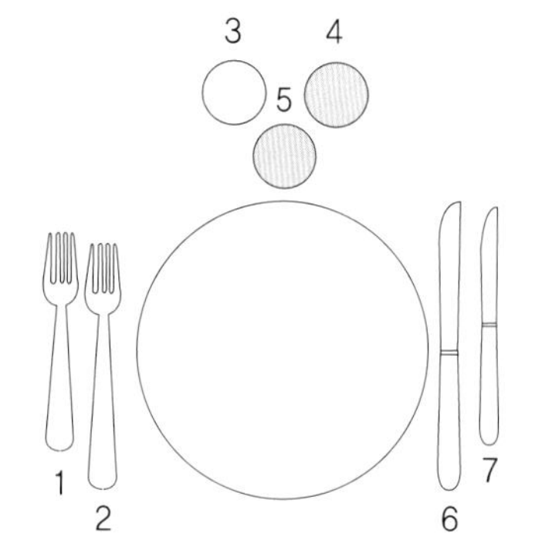

1 오르되브르 포크
2 테이블 포크
3 고블렛
4 레드와인 잔
5 화이트 와인 잔
6 테이블 나이프
7 오르되브르 나이프

〈그림 5-12〉 프랑스식 세팅 사례

〈그림 5-13〉 격식을 갖춘 테이블 코디네이트 사례

② 격식을 갖추지 않은 테이블(Informal Table)

인포멀에는 비공식적인, 형식에 얽매이지 않는, 약식이라는 의미가 있다. 테이블 코디네이트에 있어서 인포멀 테이블은 격식에 얽매이지 않는 편안한 스타일이라고 할 수 있다. 테이블을 둘러싸고 목적에 맞춰 전체적으로 분위기를 만들어 내는 것이 호스트 호스티스가 게스트를 위하여 가능한 최대의 접대이다. 그곳에 모인 손님과의 대화를 방해하는 것이 아니라 기분 좋게 대화에 활기를 띠고, 우정을 서로 나누는 식사공간을 만들어 내는 것이 중요하다.

20세기 후반부터 라이프스타일의 다양성에 따라 사람들의 개성과 요구도 세분화되고 보다 질 높은 캐주얼감이 요구되어지고 있다. 인포멀적인 스타일로써는 로맨틱, 심플, 내추럴 등의 이미지로 분류할 수 있고, 각각의 이미지 마다 컬러나 디자인, 소재감 등의 특징이 있다.

〈표 5-6〉 인포멀 세팅에 맞는 테이블 구성요소

테이블클로스	마나 면, 자가드 등
냅 킨	클로스와 같은 종류의 냅킨
식기	색무지의 것이나 꽃의 릴리프나, 무늬가 새겨져 있는 도자기(본차이나를 포함)
커틀러리	실버 바 플레이트(양백은 도금)
글라스 웨어	심플한 클리스탈 글라스, 보헤미안 글라스, 베네치안 글라스

〈그림 5-14〉 로맨틱 테이블 코디네이트 사례

③ 시간별 분류

⊙ 아침 〈 Breakfast & Brunch 〉

아침식사는 영국에서 Breakfast. 지난밤부터의 fast(단식)를 break(중단)한다고 하는 의미에서 온 말이다. 아침식사에는 크게 나누어 "충분히 있는"이라는 정평이 있는 영국식 잉글리시 블랙퍼스트(미국식 아메리칸 블랙퍼스트)와 일상적이라고 말할 수 있는 심플한 유럽식으로 프랑스를 중심으로 한 컨티넨털 블랙퍼스트의 두 가지 스타일이 있으며 메뉴에 맞춰 세팅을 한다.

〈그림 5-15〉 Breakfast setting

• 잉글리시블랙퍼스트(아메리칸 블랙퍼스트)

홍차 또는 커피, 과즙, 과일, 시리얼, 계란요리(프라이 · 보일 · 스크램블) 또는 훈제(영국식뿐), 곁들인 요리(소시지, 베이컨, 버섯 등), 토스트(얇은 토스트〈영국〉, 두꺼운 토스트〈미국〉)

• 콘티넨털 블랙퍼스트

카페오레 또는 커피, 과즙, 빵(크로왓선, 브리오슈 등), 잼, 버터. 가정에서는 바게트 등의 프랑스빵, 카페오레.

• Brunch

브런치라는 것은 아침식사와 점심식사를 겸한 늦은 아침식사를 뜻하며, 즐기는 마음을 더한 캐주얼로 즐겁게 연출하면 된다. 최근에 젊은 사람들에게 인기가 많다.

〈표 5-7〉 브런치 세팅에 맞는 테이블 구성요소

식기	밝고 젊은 분위기의 캐주얼라인 프로방스의 아름다운 자연을 테마로 한 플레이트
글라스 웨어	캐주얼라인
커틀러리	캐주얼 라인의 스테인리스
클로스	옐로우의 언더 클로스에 옐로우와 그린의 꽃무늬의 탑클로스
냅킨	옐로우 그린
장식품	센터피스는 콤포트에 넣어진 후루츠

⊙ 점심 〈 Lunch / Luncheon 〉

원래는 정오부터 오후 2시 사이에 먹는 점심식사로서 메뉴는 자유이지만 수프와 생선요리 또는 고기요리 한 접시, 아니면 빵 · 샐러드 · 커피 정도의 가벼운 음식이다. 하루 세끼의 식사 중 두 번은 푸짐하게, 한 번은 가볍게 하는 식사 습관에 따라, 미국에서는 자동판매기에 의한 식사를 런치에 널리 이용하고 있다. 런천(luncheon:오찬)은 런치와 같은 뜻으로 사용되기도 하나, 약간 격식을 차린 점심식사를 말한다.

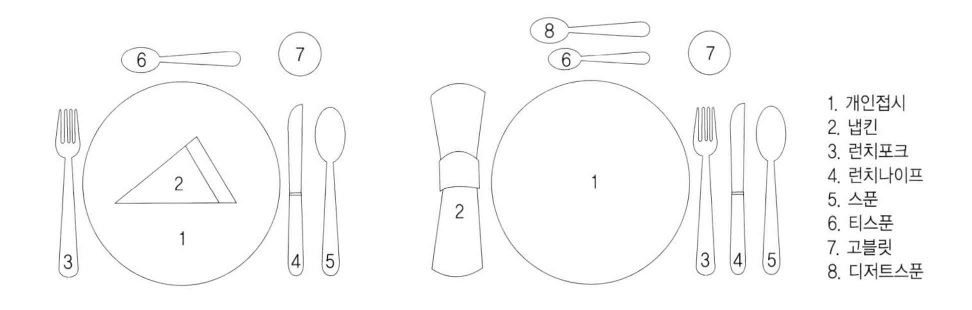

〈그림 5-16〉 Lunch / Luncheon setting

⦿ 저녁 〈 Dinner 〉

정찬(正餐)을 뜻한다. 그러나 최근에는 시간상 저녁식사를 말하며, 정찬만이 아니고 간단한 저녁식사까지도 디너라 부른다. 정찬으로서의 디너에서는 별실에서 아페리티프(식욕증진용 주류)와 오르되브르(식욕증진용 안주)를 든 다음 식당에서 수프 ·생선 ·앙트레(고기요리)와 곁들인 채소, 치즈 ·디저트 ·로스트비프 ·커피 ·샐러드 등의 음식물을 든다. 그러나 보통의 디너에서는 일반적으로 오르되브르 ·수프 ·생선 ·고기와 채소를 곁들인 것, 샐러드 ·디저트 ·커피와 같은 코스가 많다. 또 보통의 디너에서도 식사 전에 식욕을 돋우기 위한 아페리티프로서 마티니(남성용) ·맨해튼(여성용) 등의 칵테일이 서비스되는 것이 보통이다.

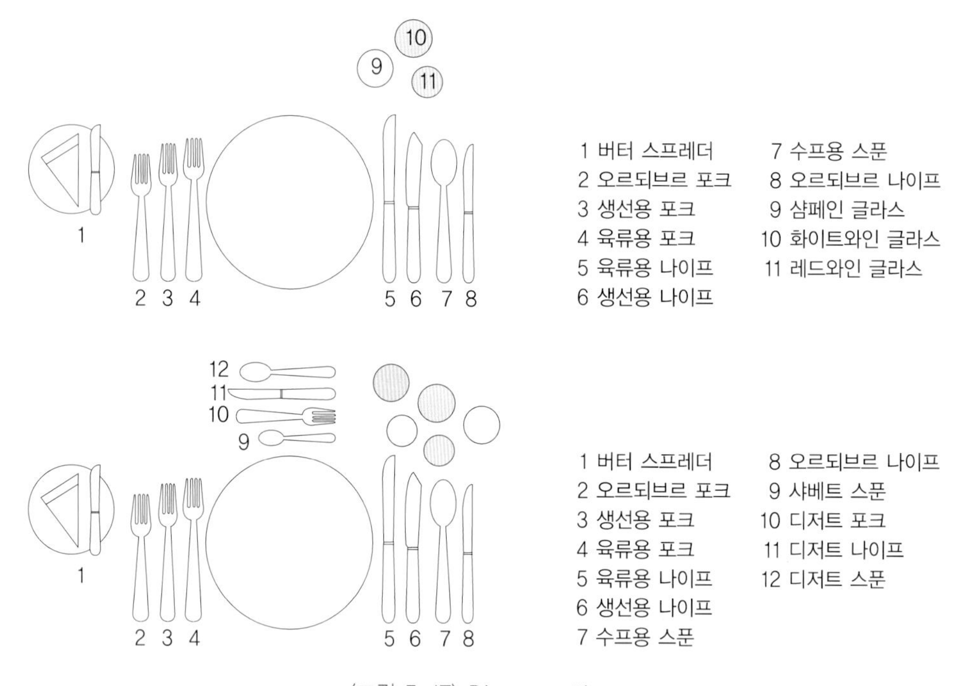

〈그림 5-17〉 Dinner setting

④ 뷔페 테이블

뷔페(Buffet)라는 것은 프랑스어로 식기 선반이라는 의미이다. 14~16세기경, 왕과 귀족들은 부와 권력을 과시하기 위하여 호화로운 만찬회를 자주 열었는데, 향연이 열리는 장소의 주요한 가구로는 뷔페라고 불리는 장식 선반이 놓여져 거기에 보석이 수놓아진 오브제나 금 · 은의 식기가 장식되어 있었다. 또 뷔페에서는 물이나 와인의 서비스도 되었다. 일반가정에서는 파티에서 방이 좁은 경우에는 뷔페에 요리나 식기를 늘어놓고 식사를 했던 것으로부터 셀프서비스를 행하는 식사형식을 뷔페라고 부르게 되었다.

뷔페스타일은 메인테이블에 요리, 식기, 커틀러리를 늘어놓고, 각자가 자유롭게 덜어 먹는 형식이다. 기본적으로는 식사가 서비스되어 나오는 것이 아니라, 자신이 요리나 음료를 가지러 가는 서비스이다. 양은 인원수대로 준비가 되고, 끝없이 먹는 것은 아니었다. 인원수가 많은 경우, 마음 편한 파티로 대화를 즐기고 싶은 때 등에 효과적인 스타일이다.

〈표 5-8〉 뷔페 테이블 스타일

스탠딩 뷔페 (Standing Buffet)	음식 테이블과 음료 테이블이 세팅되며, 각자 자유로이 서서 덜어 먹는 스타일로 주로 칵테일 파티에서 많이 이용한다
시팅 뷔페 (Sitting Buffet)	메인 테이블로 각자가 식사를 덜어 가서, 다시 준비되어 있는 자리에서 식사
온테이블 뷔페 (On table Buffet)	중화요리와 같이 인원수대로의 요리가 대접에 놓여져 좌석에 앉은 채로 요리를 각자가 덜게 되는 스타일이며, 각자의 개인 접시, 커틀러리, 글라스가 세팅되며, 중앙에 요리가 서비스 된다

• 싱글 서비스(Single Service)

테이블 위에 요리가 코스 순으로 한 방향으로 놓여진다(주로 가정에서 행하는 서비스).

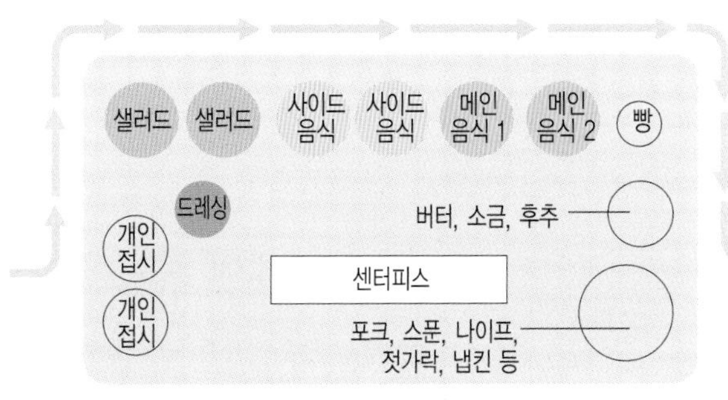

〈그림 5-18〉 싱글 서비스의 일례

• 듀플리케이트 서비스(Depulicate Service)

테이블 위의 요리가 두 방향으로 놓여진다(주로 호텔이나 레스토랑에서의 서비스).

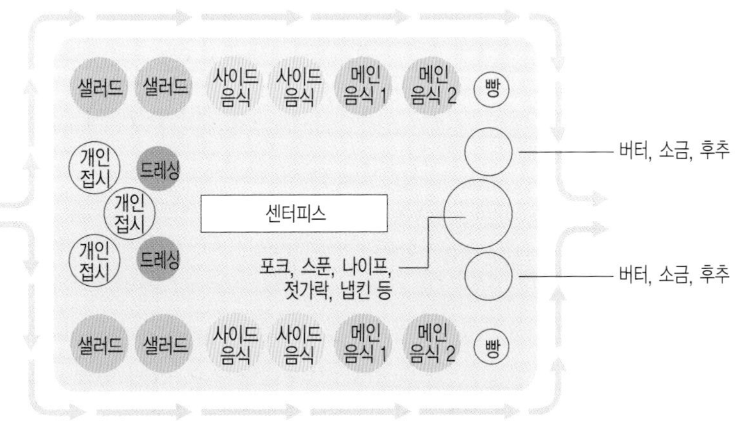

〈그림 5-19〉 듀플리케이트 서비스의 일례

뷔페 시에 테이블 세팅 및 매너

- 뷔페의 경우는 바닥까지 테이블 클로스를 덮는다.
- 꽃은 서 있는 사람도 있으므로, 높고 크고 화려하게 테이블의 중앙에 둔다.
- 센터피스의 좌우에 한 세트의 캔들 스탠드를 둔다.
- 센터피스의 앞에 메인요리를 두며, 그것을 중심으로 오른쪽에 오르되브르까지 두어도 좋고, 왼쪽에 두어도 좋다. 상황에 따라 오른쪽으로 돌거나 왼쪽으로 돌아도 좋으며, 메뉴는 디너의 코스대로 진열한다.
- 와인은 사이드 테이블 등에서 술종류는 가정에서는 베이스를 정하여 2종류 정도가 적당하며 가정에서는 주인이 서비스한다. 무알코올의 소프트 드링크의 준비도 필요하다.
- 테이블 안쪽에 안주인은 서서 요리가 부족하면 보충하고 초대받은 손님의 상태나 기분에 주의를 기울인다.
- 디저트 후의 커피나 티는 안주인이 따른다.
- 가능하면 디저트용의 커피 테이블을 준비하여 디저트는 분류하는 것이 좋다.
- 서 있는 대로도 좋지만 소파나 의자를 준비해두거나 착석의 테이블에 위치 접시와 커틀러리를 세팅 해두어 손님이 취향에 따라 각각 좋아하는 것을 골라 먹을 수 있게 하는 방법도 있다.
- 더는 접시는 겹쳐서 커틀러리는 포크 혹은 젓가락과 냅킨을 준비하며 코스별로 조금씩 덜어 먹으며, 1번에 많이 덜어 남기지 않도록 한다.
- 뷔페 메뉴는 흐르기 쉬운 수프류는 피하고, 작은 그릇에 넣은 요리 등은 가져가기 편하다.
  먹기 어렵고, 가져가기 어려운 것은 피한다.
- 요리를 덜은 후에는 뷔페 테이블에서부터 떨어진다.

〈그림 5-20〉 뷔페 테이블 코디네이트 사례

⑤ 애프터눈 티(Afternoon Tea)

애프터눈 티(Afternoon tea)를 처음 시작한 사람은 영국의 제 7대 베드포드 공작부인 안나 마리아(Anna Maria, 1788-1861)였다. 영국의 저녁식사시간이 8시경으로 너무 늦어서 시장기를 달래기 위해 차와 함께 간단한 쿠키와 샌드위치를 먹기 시작한 것이 그 유래이다.

빅토리아 여왕시대에는 티타임이 사교의 장이자 예술 문화에 대한 정보 교류의 장이 되었다. 당시에 상류층 부인들은 자신의 초상화가 그려진 찻잔과 가문의 문양이 새겨진 고급 레이스로 장식된 티 냅킨을 가지고 다니며 부를 과시하기도 했다.

티(tea)는 영국식으로 하는 것이 기본이다. 마음 편한 친구나 손님을 디너보다 쉽게 초대할 수 있다. 나라에 따라 과자는 바뀌지만 엘레강스하게 대접하기 위해서 먹기 쉽게 자그마하게 만들고, 디저트에 내는 것은 내지 않는다. 격식 높은 애프터눈 티에서는 포트와인이나 아이스크림이 내어지는 경우도 있다.

간편한 티 파티 메뉴	격식이 있는 티 파티 메뉴
쿠키, 케이크, 샌드위치, 홍차 또는 커피	후르츠 펀치, 쿠키, 케이크 2종(구운 과자 등), 샌드위치, 초콜릿, 홍차 또는 커피

쿠키만으로도 좋고, 스콘과 오이만 있는 단순한 샌드위치만으로도 좋다. 테이블은 90cm 정도의 것으로 크지 않고, 식사용 식탁은 사용하지 않는 것이 본래의 테이블이다. 테이블 클로스도 엘레강스한 것으로 식사용 테이블 클로스는 사용하지 않는다. 냅킨과 꽃도 작은 것으로 준비한다.

차는 주인이 손님의 앞에서 따른다. 테이블에서는 컵은 오른쪽, 케이크 접시는 왼쪽에 둔다.

시간은 오후 2시~4시경부터 시작할 수 있다. 샌드위치와 케이크종류는 낼 수 있지만 손질하지 않은 과일은 내지 않으며, 디저트로 분류되는 젤라틴을 사용하거나 소스가 있는 것은 피한다.

〈그림 5-21〉 애프터눈 티파티 테이블 코디네이트 사례

티포트 (Tea Pot)		홍차에 끓는 물을 부어 색과 향기 등이 우러날 때까지 2~3분 잎을 주전자 속에서 우린다
티 스트레이너 (Tea strainer)		차 잎을 거를 때 사용한다
크리머 (Creamer)		밀크 저그, 우유를 담는 용기라고 한다
슈거볼 (Sugar bowl)		슈거 포트(sugar pot)라고도 하며, 각설탕일 경우에는 설탕 집게를 사용한다
티 나이프 (Tea Knife)		스콘을 자르거나 잼이나 버터를 바를 때 사용한다
티컵(Tea Cup)과 케이크 접시(Cake Dish)		컵은 차의 빛깔을 더 돋보이게 하고, 차 맛도 더 좋게 하는 역할을 한다
티 스푼 (Tea Spoon)		우유나 설탕을 저을 때 사용한다

〈표 5-9〉 Tea를 준비하는 기구

테이블 클로스와 티 냅킨		티용 테이블 클로스는 우아하며 엘레강스한 것이 좋으며, 엷은 옷감이나 레이스 자수 장식이 있는 테이블 클로스로 준비한다
티 서비스와 트레이 (Tea Service&Tray)		티트레이 위에 도일리를 덮고, 티포트, 크리머, 슈거포트, 스트레이너, 티캐디 혹은 홍차캔, 캐디스푼, 티코지(포트커버)를 준비해 둔다
크리머(Creamer) 주전자(Kettle)		뜨거운 물을 준비하기 위해 알코올 램프와 함께 놓으면 식지 않는다
티 코지 (Tea cozy)		티포트의 물이 식지 않도록 하기 위해 덮어 둔다 그러나 은제의 티포트에는 덮지 않는다
티 캐디 (Tea caddy)		차 잎을 보관하는 보관함 최근 앤틱의 장식품으로도 인기가 많다
케이크 스탠드 (Cake stand)		케이크 스탠드로 샌드위치, 스콘, 쿠키 등을 얹으며, 고급스러운 분위기를 연출한다
슬롭 볼 (Slop bowl)		남은 티를 버리는 그릇

〈표 5-10〉 애프터눈 티 파티시에 사용하는 도구

part. 6

table co

테이블 구성요소

1. 디너웨어(dinnerware)
2. 커틀러리(cutlery)
3. 글라스(glass ware)
4. 리넨(table linen)
5. 센터피스(Centerpiece)

rdinate

part. 6 테이블 구성요소

1. 디너웨어(dinnerware)

식사를 할 때 사용되는 각종 그릇들을 디너웨어, 차이나(china), 식기(食器)라고 한다.

디너웨어는 메뉴가 정해진 다음 각 코스별 메뉴와 컨셉에 맞게 선택하며, 테이블 코디네이트 시에 중요한 역할을 한다.

'그릇은 요리의 옷'이라는 말이 있듯이 메뉴 만큼이나 메뉴와 담는 그릇과의 조화는 중요하다. 먹는 행위 이상으로 계절을 느끼게 해주며, 소재나 형태도 다양하므로 적절한 선택이 필요하다.

1) 도자기의 역사

유럽 도자기의 발전은 식기의 발전과도 같으며, 테이블 세팅의 역사이기도 하다. 티그리스강 · 유프라테스강 유역의 메소포타미아지방은 석재와 목재는 빈약하였지만 강렬한 태양과 진흙과 물이라는 자연의 은혜를 입어 B.C. 6000년경부터 토기가 제조되었다. 처음에는 녹로를 사용하지 않고, 햇볕에 말린 토기였지만 곧 불로 굽게 되었다. B.C. 5000년경으로 추측되는 자르모 유적(Jarmo 遺蹟)에서 출토된 각문토기(刻紋土器)는 대표적인 토기이다. 농경생활에서 필수 용구였던 자기의 역사는 이집트로부터 그리스, 로마, 이슬람 도자기를 거쳐 중국 도자기에 이르러 절정을 이루었으며, 중국 도자기의 빼어난 완성도로 현대 유럽 도자기의 원형의 토대가 되었다.

중국의 도자기는 실크로드를 타고 향료와 함께 서아시아와 이집트로 전파되었고, 베네치아를 비롯해 이탈리아 상인들이 독점하여 유럽에 전파하였다. 중국여행을 마치고 돌아온 마르코 폴로(1245년~1324년. 이탈리아의 탐험가이자, 『동방견문록』을 지은 작가이다)에 의해 소개됨으로써 도자기를 '차이나(China)',' 포슬렌(Porcelain)' 이라고 부른다.

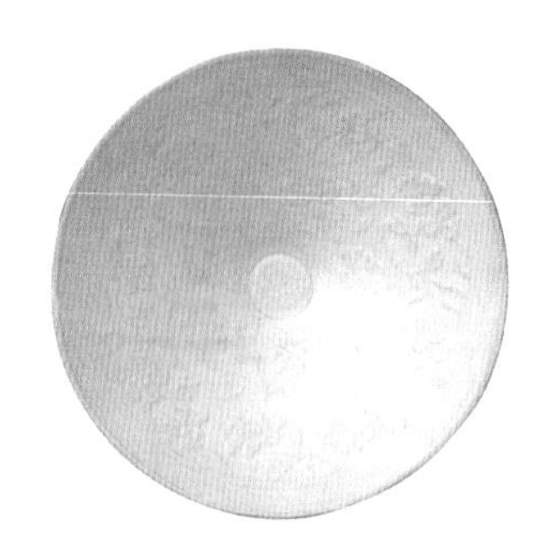
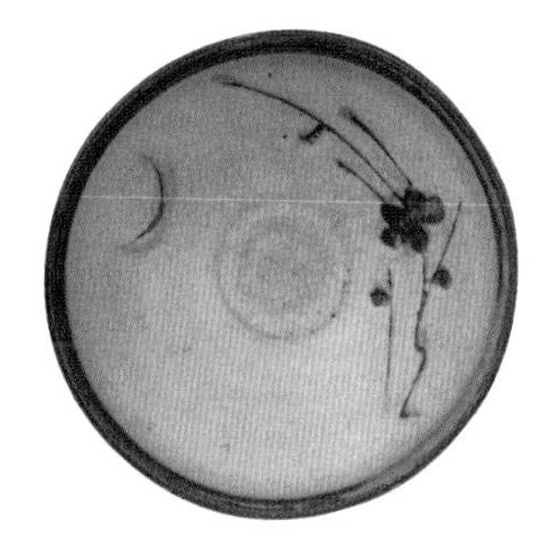
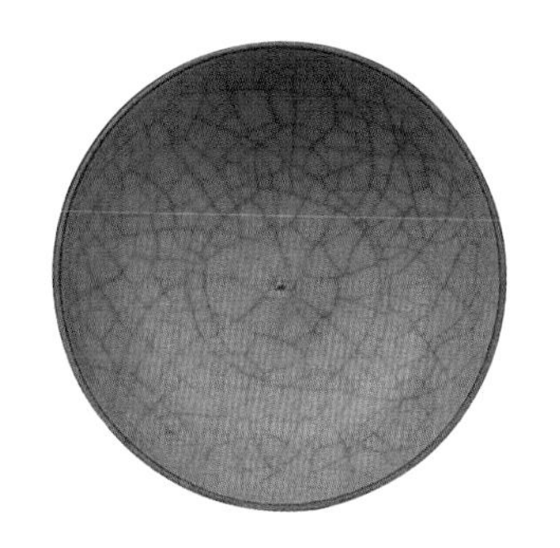

〈그림 6-1〉 마르코 폴로 시대의 포슬렌

15세기 이탈리아는 틀별한 모양과 독특한 색조로 질 높은 다채 산화 주석유 도자문화를 발전시켰는데, 아름다운 여인, 인물, 설화 속 장면, 성경에 나오는 장면, 역사, 예언 등을 주제로 장식한 이러한 것들이 이탈리아 마욜리카(Majolica) 도자기이다. 마욜리카 도자문화의 중심지 중에서도 가장 유명한 곳이 파엔차이다. 1550년 직후에는 베니스, 파엔차 등지에서 청화백자를 모방한 청색과 백색 장식을 한 마욜리카가 생산되기 시작하였고, 자기 생산은 1575년 피렌체에서 최초의 연질 자기 생산으로 이어졌다. 16세기 프랑스에서는 대부분 화려한 부조 장식과 색채 유약을 사용한 조각적인 도자기가 주류를 이루었고, 마욜리카 생산기술은 유럽 전역에 빠른 속도로 전해졌으며, 이러한 백색유 식기는 파엔차 지역과 관련이 있었기 때문에 프랑스에서는 '파이앙스(Fiance)' 라고 불린다.

〈그림 6-2〉 파이앙스(마욜리카)

16세기 후반 포르투갈, 에스파냐의 극동진출에 이어 17세기 초에 네덜란드는 동인도회사를 설립하여 다양한 동양문물을 유럽에 운반하였다. 그 중에서도 동양의 자기는 유럽의 지배계급 사이에서 열광적인 인기를 얻었다. 유럽 각국은 자기소성에 노력하였지만 반투명한 자기는 쉽게 변조되지 않았다. 그러나 도예의 전통이 전혀 없는 독일의 드레스덴에서 J.F.뵈트거가 작센왕 아우구스트 2세의 명을 받아 1709년에 그 위업을 달성하였으며, 마이센에 왕립자기제작소를 설립하여 마이센 자기 생산에 착수하였다. 이로써 서양도예는 근세 도기를 대표하는 주석유도기 대신에 자기의 시대를 맞게 되었다. 한편, 프랑스에서도 각지에서 자기소성 실험이 거듭되어, 루앙 등지에 자기소성을 위한 가마가 만들어졌다. 프랑스를 대표하는 세브르요는 1757년 루이 15세의 총비(寵妃)로서 도자기 애호가였던 폼파도르 부인이 그때까지 파리 근교에 있던 반센요를 세브르에 이전시킨 것으로, 프랑스왕립자기제작소로서 로코코 취향의 최고급 자기를 번조하였다.

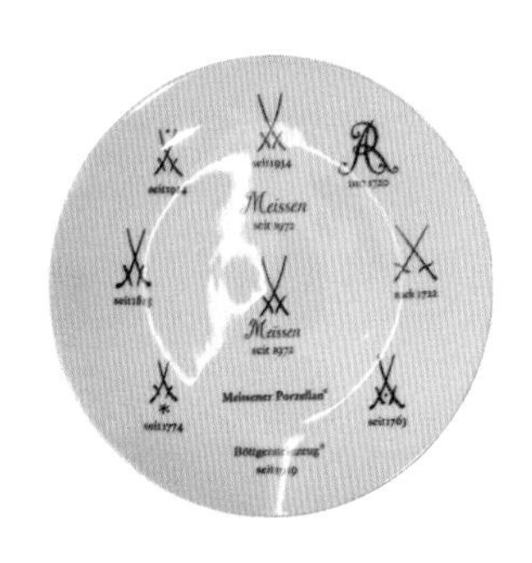

〈그림 6-3〉 마이센

1709년 마침내 유럽 최초의 경질 자기가 제작되었는데, 이 자기는 고운 유약과 적절한 채색이 가미된 형태의 백자였다. 경질 자기의 생산은 전매제로 운영되었으며, 제조의 독점권을 위해 제조공식이 비밀이였음에도 불구하고 반세기만에 코펜하겐의 로얄 데니시(Royal Danish)자기 공장에서 동급 제품이 생산되고, 프랑스 로얄 세브르(Royal Serves) 자기공장을 비롯해 네덜란드, 이탈리아, 비엔나, 영국의 공장으로 확산되기에 이른다.

〈그림 6-4〉 로얄 코펜하겐

18세기 초반에는 소지배합과 확장토 및 유약의 장식적 이용에 있어서 많은 혁신을 이룬 후 개발된 것이 크림웨어이며 웨지우드의 설립에 밑거름이 되었다. 크림웨어는 백색 점토와 석회석으로 구성되어 성형 후 투명유약을 시유한 도기이다. 1760년부터 생산을 시작한 조사이어 웨지우드(Josiah Wedgwood, 1738~1795)는 생산한 대부분의 제품들을 리버풀로 보냈고, 존 새들러(John Saddler)에 의해 전사인쇄 장식되었다. 웨지우드가 제작한 식기는 우아하고 견고하며 가격이 저렴했다. 1767년 영국 여왕이 주문하자 웨지우드는 자신의 크림웨어를 '퀸즈웨어' 라고 불렀고, 판매전략은 성공을 거두었다. 이후 러시아 카타리나 황후(Empress Catharina, 1729~1796)가 대량 주문함으로 바다 건너까지도 큰 성공을 거둔다. 재스퍼 웨어(Jasper ware)는 백색 석기의 표면을 매끄럽게 채색 처리한 후 당시 유행한 신고전주의 양식으로 백색의 부조장식을 가한 것이었다.

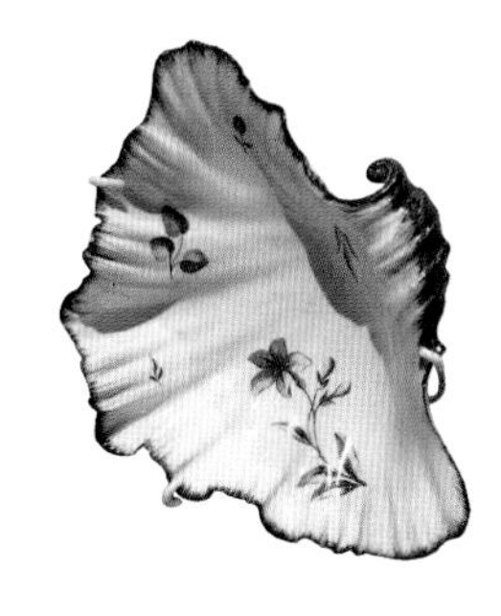

〈그림 6-5〉 Josiah Wedgwood, 웨지우드 크림 웨어, 재스퍼 웨어

프랑스 대혁명 이후 나폴레옹 주도 아래 유럽의 패권을 잡게 되면서 세브르도 유럽 도자산업의 중심이 되었으며, 1800년부터 세브르 자기공장을 맡아 온 알렉상드르 브로냐르는 고화도 자기생산 라인을 완전히 바꾸어 클래식한 형태의 식기와 화병을 생산하기 시작했다. 백자는 더 이상 특별한 제품으로 취급되지 않았으며 백자 대신 흑자도 만들어질 정도였다. 1850년부터는 도자산업에 반동의 조짐이 나타났고, 고운 점토를 여러 겹 입혀 나가는 '백토중첩' 장식기법이 1855년 파리 만국박람회에 선보였으며, 도자산업을 위한 기술증진의 노력이 이루어졌다.

2) 디너웨어 분류

(1) 재질에 따른 분류

도기는 두께가 있는 투박한 토기이나 착색이 쉬워 다양한 색과 무늬를 즐길 수 있다. 대부분 붉거나 갈색이고 유약을 칠하지 않으면 습기나 공기를 통과시킨다. 자기는 굽는 동안 자기의 재료인 고령토가 유기질로 변해 식기에 나이프 자국이 나지 않으며 금이 간 경우에도 음식의 기름이나 액체가 잘 스며들지 않는다. 반투명 자기는 격식 있는 식탁이나 약식의 식탁에 잘 어울리며 불투명 자기는 격식을 차리지 않아도 되는 모든 자리에 적합하다.

〈표 6-1〉 도자기의 재질 분류

도자기	재질	원료	굽는 온도	유약	흡수성	투명성	특징
도기 (chinaware)		점토	1,100~1200도	흰주석 유약	있다	불투명	저온에서 구웠기 때문에 도기가 단단하게 구워지지 않아 물에 넣으면 물이 내부에 침투된다. 빛을 통과시키지 못하며, 손가락으로 튕겼을 때 둔탁한 소리가 난다.
자기 (Porcelain)		점토	1,200~1400도	장석 유약	없다	투명	고온에서 구워내어 완전히 단단하게 구워져 있다. 그림을 그릴 수 있다. 투광성이 있으며, 손가락으로 튕겼을 때 청량한 소리가 난다. 특유의 광택이 있고, 본차이나의 경우 도자기 중 장력이 가장 크다.

(2) 용도에 따른 분류

① Plates

플레이트 웨어(plate ware)는 불어 'plat' 에서 유래된 것으로 원형 모양이라는 의미를 담고 있다. 평면적인 형태로 깊이가 거의 없어 플레이트 웨어라고 한다.

〈표 6-2〉 접시의 종류

명칭	형태	크기	용도
위치접시 또는 서비스 접시 (service plate)		30cm전후	게스트의 자리를 표시하기 위해 최초에 세팅하는 접시. 서비스 플레이트, 언더 플레이트, 프리젠테이션 접시 등으로 부르기도 한다. *장식 접시이므로 요리를 담지는 않으며 손님이 자리에 앉으면 치워진다.
디너접시 (dinner plate)		26cm전후	메인 디시 용 접시. 세팅 시 1인의 위치 중심. 일반 요리용으로도 사용하므로 사용빈도가 가장 높다. *국제 사이즈는 27cm
런천접시 (luncheon plate)		23cm전후	런치 등 가벼운 식사용 접시. 오르되브르나 샐러드나 디저트에도 사용한다.
디저트접시 (dessert plate)		18~21cm전후	오르되브르볼, 디저트, 샐러드, 치즈를 담는데 쓰거나, 뷔페에서 더는 접시로 쓴다. 샐러드 접시라고도 부른다.
케이크접시 (cake plate)		18cm전후	케이크, 빵, 소량의 사라다나 치즈를 담는데 사용. 식전주의 안주를 담을 때에도 사용한다.
빵접시 (bread plate)		15~18cm전후	빵 용 접시. 케이크나 과일을 담는 것 외에도 테이블이 좁은 경우는 더는 접시로서도 사용하기도 한다.
크레센트 접시 (crescent plate)		폭 1.5cm~15cm 길이 18~20cm	초승달 모양으로 샐러드, 야채를 담아 디너 접시 위나 옆 방향에 세팅하기도 한다. 빵이나 잼을 담아 놓는다.
수프 접시 (soup plate)		지름 22cm~ 25cm 깊이 2.5cm~5cm	수프 용의 접시지만, 시리얼 등에도 사용한다. 가장자리 림(rim)부분이 있는 것과 없는 것이 있다. *격식이 있는 경우는 림(rim)부분이 있는 것을 사용.

② 볼의 종류

수평적인 평면형태를 갖춘 평면형 식기를 Plate ware라고 할 때 깊이가 있는 그릇을 입체형 식기 Hall ware라고 칭한다. 즉 깊이가 있다고 하여 deep plater라고도 하며 수프와 국물을 담을 수 있다고 하여 Bowl ware로 분류하기도 한다.

〈표 6-3〉 볼의 종류

명칭	형태	크기	용도
부용컵 &소서 (bouillon cup & saucer)		9.5cm	맑은 수프를 담는데 사용한다. 맑은 수프는 손잡이를 잡고 컵으로 마시거나 스푼으로 조금씩 떠 먹는다.
시리얼볼 (cereal bowl)		14cm	깊이가 4cm 정도의 그릇 오트밀이나 콘프레이크 등을 담거나 샐러드, 마리네이드, 수프 등을 담기도 한다. 가장자리 림(rim)부분이 있는 것과 없는 것이 있다.
핑거볼 (finger bowl)		지름 10cm 높이 5~6cm	식후 신선한 과일을 먹은 후 손끝을 씻는 데 사용한다.
램킨 (ramekin)		지름 7~11cm 깊이 4~5cm	측면은 수직이고, 작고 납작한 볼의 형태이며, 우유, 치즈, 크림으로 구운 요리를 내는 용기이다.

③ 컵의 종류

캐주얼한 아침식사, 간단한 점심의 경우, 뷔페 스타일로 세팅할 경우 cup과 소서(saucer)가 디너 플레이트와 함께 세팅된다. 이 경우는 오른쪽 글라스 웨어 위치에 놓는 경우가 많다. 정식의 식탁에서는 식사가 끝난 후 디저트 때 세팅한다. 디너세트, 디저트 세트가 같은 디자인의 것을 정식세트로 한다. 최근에는 서로 디자인이 다른 것을 세팅하여 변화를 추구하기도 한다.

〈표 6-4〉 컵의 종류

명칭	형태	크기	용도
티컵 & 소서 (tea cup & saucer)		지름 8~9.5cm 높이 4.5cm~5.6cm	홍차의 색이나 향을 즐기기 위해 마시는 입구가 넓고 얕은 형태이다. 안쪽이 하얀 것을 고르는 것이 좋다.
커피컵 & 소서 (coffee cup & saucer)		지름 6.3cm 높이 8.3cm	향과 맛을 즐기는 커피를 위해 통형이나 입구가 좁고 높이가 있는 형태가 많다. 잘 식지 않는 것이 특징.
데미타스컵 & 소서 (demitasse cup & saucer)		높이와 지름 약 5.7cm	식후 커피서비스나 에스프레소, 카푸치노 등 진한 커피를 마시기 위한 작은 컵.
겸용컵 & 소서 (multiple cup & saucer)		지름 7cm 높이 6cm	커피나 홍차, 밀크, 코코아, 수프 등 따뜻한 음료라면 무엇이든 사용할 수 있는 편리한 만능컵.
머그컵 (mug cup)		지름 8cm 높이 9cm	크고 소사가 없는 것이 특징. 아메리칸 커피나 밀크, 수프 등 용도가 넓다.

④ 서브용 식기(serve ware)의 종류

식당과 부엌이 떨어져 있었던 중세 시대에 가져온 음식들이 식어서 데우는 식기가 사용되었다. 그 후 조리된 식기와 함께 식탁 위에서 음식을 직접 서빙하게 되면서 식기의 외형적 요소가 중요하게 부각되어 장식미가 강조된 식기의 형태를 갖추게 된다. Serve ware는 아우구스트 2세 때부터 디너세트로 유입되어 맞춤 세트가 되었고, 현재는 식사와 디저트를 위해 식탁에 오르는 식기들을 제외한 식기류로서 공동으로 사용하는 특색을 지닌다. 서빙한다는 의미의 'servire'와 특별하다는 의미의 'waru'에서 유래되었다. 종류로는 커버드 베지터블, 플래터, 소금, 후추통, 트레이, 튜린 등이 있다. 공용세팅으로 주로 4~8인용이며, 테이블 세팅에서는 주로 공동영역이나 별도의 사이트 테이블에서 세팅되어 서빙한다.

〈표 6-5〉 서브용 식기의 종류

명칭	형태	크기	용도
커버드 베지터블 (covered vegitable)		지름 20cm	익힌 야채를 담아서 식탁에 내는 그릇. 끓여 만든 요리를 담을 때 등 다양하게 사용할 수 있다.
플래터 (platter)		지름 23~61cm 이상	보통 손잡이가 없으며, 깊이가 얇은 대형 접시이며, 둥글거나 타원형, 사각형 격식 있는 연회에서 코스를 내는데 사용. 몇인분의 고기 요리나 생선요리를 담아, 게스트의 눈앞에서 나누는 타원형 큰 접시.
샌드위치 플레이트 (sandwich plate)		가로 23cm 세로 15cm	네모난 형태로 양쪽에 손잡이가 있다. 런치나 티타임 때에 한입 크기로 자른 샌드위치를 담는 접시. 오르되브르에도 좋다.
소스 보트 (sauce and boat)			샐러드 드레싱이나 스파게티 소스, 스테이크의 그레이비, 카레 등을 넣는 보트 형태의 그릇.
튜린 (tureen)		3L 내외	큰 것은 수프, 스튜, 펀치 등을 담는다. 뚜껑과 움푹한 그릇이다. 뚜껑과 양 옆에 손잡이가 있는 손님 접대용 큰 볼이다.

티포트 (tea pot)		지름 16cm 높이 13cm	티를 우려내고 서브하기 위한 포드 둥근 모양의 티포트는 티의 점핑(jumping)을 좋게 하기 위한 것이다.
커피 포트 (coffee pot)		지름 13cm 높이 23cm	커피를 따를 때 커피 찌꺼기를 막기 위해 커피 포트의 주둥이는 몸체의 위쪽에 위치한다.
데미타스 포트 (demitasse pot)		지름 10cm 높이 18cm	홍차의 색이나 향을 즐기기 위해 마시는 입구가 넓고 얕은 형태이다. 안쪽이 하얀 것을 고르는 것이 좋다.
트레이 (tray)		38~99cm로 다양	격식있는 식사에서는 모든 코스에 사용한다. 냅킨이나 싸둔 커틀러리를 담거나 식탁을 정리할 때 사용한다.

식기 부위별 명칭

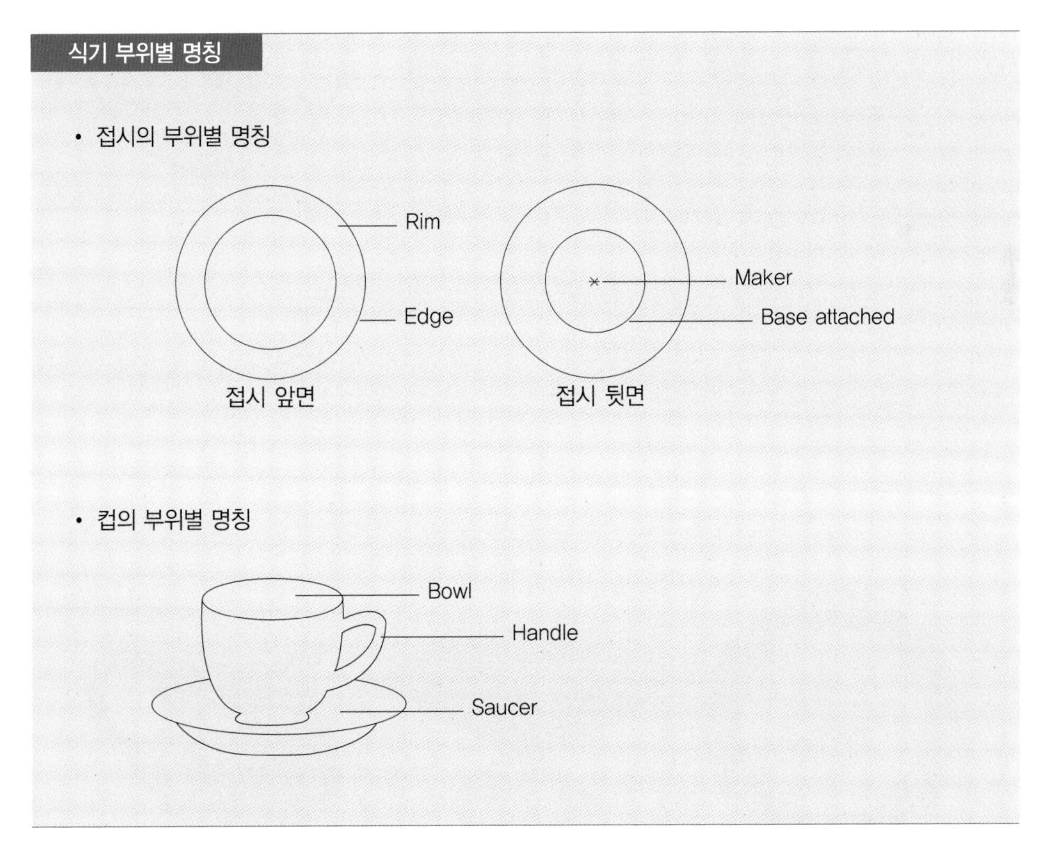

3) 도자기 브랜드

– 마이센(Meissen)

유럽 최초의 자기인 마이센은 금속산화물을 이용해 밝은 색깔을 만드는 데 성공하여 현재까지도 마이센의 상징이 되고 있는 다양한 패턴을 만들어 냈다.

1720년 마이센에는 헤롤드라는 감각이 뛰어난 장식가가 영입되며, 당시 다른 장식미술품에도 유행하는 중국풍 일명 '시누아즈리' 패턴과 전쟁의 한 장면, 또는 귀족들이 즐기던 연극 '코미디아 델 아르테'의 한 장면을 사실적으로 묘사했으며, 자주색, 빨강색과 더불어 핑크 러스터(산화철 등 금속성 안료를 사용하여 반짝이는 것)를 주요 색상으로 사용했다. 특히 마이센의 주인이자 후원자였던 아우구스투스 제후의 방대한 일본 자기 컬렉션에서 영감을 얻은 초기의 자기는 일본의 가끼에몬(Kakiemon)과 이마리(Imari)자기의 패턴과 유사한 것이었다.

– 베르나르도(Bernardaud)

프랑스의 대표 식기회사이며 1868년 레오다르도 베르나르도가 리모쥬 지방의 알바트 도마에서 창업하였고 나폴레옹 3세의 황비 유제니로부터 주문받은 것을 계기로 유명해졌다. 전통적인 문양이나 꽃으로 시대의 경향애 따라 식기를 발전, 발표하여 지금까지도 인기 있는 브랜드이다. 1925년 파리 국제박람회에서 금상을 받음으로써 세계적인 지명도를 얻었으며, 총생산량의 60%를 수출한다.

- 리차드 지노리(Richard Ginori)

이탈리아 대표 브랜드로 1735년 가루로 지노리가 토스카나 지방 피렌체에서 시작한 돗지아 요는 이탈리아 최초로 도자기 세계를 확립하였고, 자연을 모티브로 한 작품들이 많다. 귀족들에 의한 주문이 많았지만, 19세기 직영점을 개점 운영하면서 상업적으로 크게 발전하였다. 1896년 밀라노의 리차드사와 합작하여 리차드 지노리가 되었고, 새로운 감각의 많은 시리즈들이 있다. 네오 클래식의 차분한 모양과 색감에 가련한 이탈리아 과일, 들꽃이 춤추는 리차드 지노리는 피렌체 시내에 있는 미술관에 전시되어 있다.

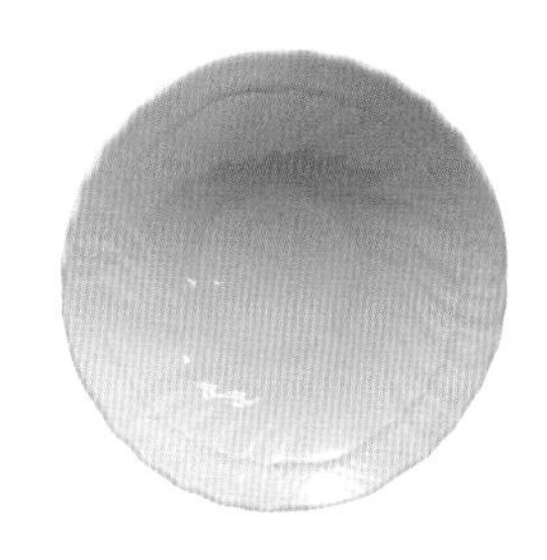

- 세브르(Sevres)

프랑스 국립 세브르 도자기 공장은 1740년 루이 15세의 연인으로 프랑스 사교계의 중심 인물이자 저명한 문인이었던 퐁파도르 부인의 주문으로 뱅센느 성에 처음으로 설립되었고, 1756년 세브르로 이전하여 2006년 창립 250주년을 맞이하였다. 초기에는 루이 15세를 위해 왕실의 식기와 장식 도자기를 제공하던 왕립제작소였으나, 18세기부터 프랑수와 부셰 등 당대의 유명 화가들이 도자기에 그림을 그리기 시작하면서 프랑스 예술 도자기의 역사가 시작되었다. 1934년에는 세브르 도자기 미술관을 설립해 현재는 도자기 제작소와 국립 도자기미술관이 함께 운영되고 있다. 대리석 조각처럼 보이는 우아한 형태의 도자기 조각과 18세기에 개발된 채색기법으로 제작한 깨끗하고 밝은 백색과 푸른색 도자기는 세브르 도자기의 상징이며, 세브르 도자기는 완벽한 도자기 기술과 채색 기법으로 유럽 도자기 예술사에서 독보적인 위치를 차지하고 있다. 20세기에 접어들어서는 알렉산더 칼더, 이응노, 자우키, 아르망, 술라주, 루이스 부르주아 등 파리의 유명한 화가들과 디자이너들을 세브르 공장에 초청하여 작업에 참여시켰다. 그 결과 세브르 도자기는 접시에 그린 그림이 아니라 "접시 형태로 만들어진 그림" 혹은 회화와 도자예술이 결합된 새로운 장르의 현대 미술로 평가 받고 있다.

섬세한 기술로 도자기 표면에 유명 화가의 그림을 넣어 다채로운 색을 표현하여 18세기 프랑스 궁전의 화려한 로코코미술을 대표하는 것으로 프랑스 특유의 예술적 가치가 풍부한 작품으로 발전시켰다.

– 헤렌드(Herend)

헝가리의 브랜드로 1826년 오스트리아 국경에 가까운 헝가리의 헤렌스 마을에서 창설되었고, 당시 헝가리는 합스브르크 통치하에 있었다. 헤렌드는 빈의 살롱에서 다듬어졌고, 왕실 귀족에게 사랑을 받게 된 것은 1851년 영국박람회에서 빅토리아 여왕이 주문하였던 것을 계기로 유럽 상류사회에 알려지기 시작했다. 윈저성에서 사용하는 디너세트로서 왕문이 새겨져 있다.

– 로얄 코펜하겐(RoyalCopenhagen)

로얄 코펜하겐은 지금으로부터 230년전 덴마크 왕실의 후원하에 처음 설립된 이래, 세계 최고의 도자기(porcelain)로 덴마크를 비롯한 유럽 각국의 왕실에서 사랑을 받아왔다.

러시아의 예카테리나 여왕에게 헌납하는 품목이었던 덴마크의 꽃이라는 뜻의 '플로라 다니카(Flora anica)' 와 시원한 느낌의 블루 문양의 백자로 중국의 원시대의 당초문양을 소재로 한 '블루 플루티드(Blue Fluted)' 시리즈를 제작하였고, 뛰어난 장인에 의한 최상의 품질로 지난 230년 동안 덴마크는 물론 세계에서도 손꼽히는 도자기로 자리매김해 왔다. 로얄(Royal)이란 이름에서도 드러나듯 왕실과의 밀접한 연관을 의미한다. 아래는 "여왕 폐하를 위한 증답품(Purveyor to her majesty the queen of Denmark)"이라는 문구가 새겨지며, 물결마크(Three Waves)는 스칸디나비아 반도를 감싸고 있는 세 개의 해협(데슨도 해, 소발트 해, 대발트 해)을 의미한다. 이는 스칸디나비아 디자인을 표방하는 로얄 코펜하겐의 디자인 컨셉을 드러내는 것이기도 하다.

– 레녹스(Lenox)

1889년 월터 스코트 레녹스라는 도공이 미국 뉴저지주 트랜터에서 처음 생산했다. 윤기 있는 유약을 발라 상아색이 나도록 처리함으로써 높은 투명성을 보이는 특징을 가진 미국 최조의 브랜드이다. 품격을 인정받아 1918년에는 미국 최초로 백악관 정찬용 디너에 사용하기 시작되어 세계에 유명해지기 시작했다.

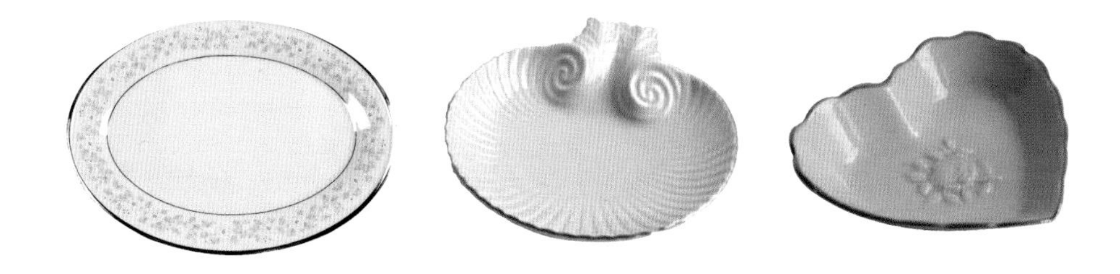

– 로젠탈(Rosenthal)

독일의 대표 도자기 브랜드로 1879년에 "시대의 정신을 제품에 반영한다"는 로젠탈 1세의 제품철학을 바탕으로 독일 동부의 작은 도시 셀브에서 시작되었다. 독창적인 제품개발과 뛰어난 시장조사 분석, 고객에 대한 신속한 자료 제공과 독특한 마케팅전략 등으로 빠른 시간에 독일을 대표하는 도자기 브랜드로 자리매김했으며, 1993년에는 세계적 명품 의류 디자이너 지안니 베르사체의 디자인 그리고 1999년에는 불가리 등 세계적인 150명 이상의 디자이너들 혹은 미술가들의(지안니 베르사체, 마리오 벨리니, 살바도르 달리, 비요른 비인블라드, 발터 그로피우스, 야스퍼 모리슨, 데이비드 퀸즈베리 경, 미카엘 뵘, 에밀리오 푸치, 레이몽 뢰) 제작하에 꾸준한 차별화, 명품화 작업을 진행해 왔다.

로젠탈은 세계적인 럭셔리 브랜드와의 파트너십을 통해 디자인과 아트의 환상적 만남이라는 컨셉으로 세계인들에게 명품을 선사하고 있다. 제품은 두 개 브랜드 라인으로 구성되어 있는데, '로젠탈 스튜디오라인' 이 질적 고급화 추구로 세계 최고의 아티스트들이 참여하는 로젠탈 중심이라면, '로젠탈 보급품 라인' 은 평범한 디자이너들이 제작한 독창성이 있는 작품이 주류를 이룬다.

– 앤슬리(Ansley)

영국의 조지 2세가 왕으로 있을 때 창시자인 Jone Aynsley 가 직접 조각하여 새로운 도자기를 창조하면서 1748년 최초로 도자기를 만들었다. 이후 널리 명성을 얻게 되면서, 1775년 직접 공장을 설립하여 대량의 제품을 만들기 시작했으며, 이후 중국, 일본에서 수입되던 도자기에 매료되어 솜씨 좋은 장인들을 대거 배출시켜 영국귀족들이 흡족할 만한 제품들을 생산했다. 높은 기술과 풍부한 묘사력, 소박한 멋이 삼위일체를 이룬 앤슬리의 분위기는 손잡이가 달린 찻잔, 받침접시, 크기와 모양이 다양한 찻주전자 등의 신제품에 유감없이 발휘되었고 개인용, 손님용으로 용도 분리되어 생산됨으로써 더욱 호평을 받았다. 경영수완과 명공의 솜씨를 겸비한 존 앤슬리 2세는 시대를 앞선 감각으로 파인 본차이나를 제작해 앤슬리의 평판을 확고하게 만들었다. 앤슬리 본차이나는 차와 커피를 즐겨 마시던 영국문화 전체의 역사를 반영하며 식기를 만들며, Aynsley 대표제품에는 옥차드 골드, 헨리, 커피잔세트, China Flower 등이 있다.

– 웨지우드(Wedgwood)

영국의 브랜드로 1759년에 창설되어 로코코에 싫증이 난 조지아 2세가 색채, 문양, 장식 등 도자기 제조의 핵심기술을 수련한 끝에 재창업, 전사법(Transfer printing)을 응용해 만들어낸 작품으로 특유의 아름답고 우아한 특유의 크림색 자태가 특징이다. 2백년에 걸친 명성과 신뢰한다. 조지아 웨지우드는 예술의 경지에 다다를 수 있는 세련된 그릇을 만들며, 예리한 기술과 감성으로 그 꿈을 실현한다. 그 후 웨지우드는 대표작으로 소뼈의 재를 섞어 만든 본차이나(bone china)를 탄생시키며, 현대에도 인기를 얻고 있다.

– 한국도자기

한국의 대표 도자기회사로 1943년 故 김종호 회장이 설립한 한국도자기는 도자기 식기 생산, 초강자기 생산을 하고 있다. 최근에는 여러 나라 명품 디자이너들이 개발한 프라우나(prouna)를 런칭하여 생활자기와 고급 브랜드를 추구하고 있으며, 프라우나의 단어의 뜻은 자랑스러운(Proud)+심오(Profound)+하나(Una)라는 단어가 합쳐진 창작된 합성어이며, "예술적 가치가 심오한 세상의 단 하나밖에 없는 자랑스러운 품격 있는 제품"이란 뜻을 가지고 있으며, 최근 앙드레김의 문양을 한국도자기 제품에 응용하는 등 새로운 시도들을 하고 있다.

– 행남자기

행남자기의 새로운 심벌마크 Haengnam Chinaware의 영문 Inital 'H'를 모티브로 디자인되었으며, 행복한 고객, 행복한 가정을 생각하는 행남자기 고객사랑 :Human, Home, Happy 표현한 것이다. 1953년 행남자기는 우리나라에서 처음 커피잔을 생산하였는데 투박하고 두꺼운 전통자기와 달리 비교적 서양의 것과 비슷한 느낌을 주는 가볍고 얇은 모양의 컵에 단순한 꽃 모양을 손으로 그려 넣었다.

1990년대 행남자기의 디자인은 예술적 조형성과 실용적 가치를 강조하였다. 또 다양하게 구분된 도자기의 특성에 맞는 색채를 사용하고 반상기류는 밝고 부드러운 중간 톤의 색상과 자연물을 디자인 모티브로 표현하였다. 행남자기의 디너세트 디자인은 비교적 규격화된 조형성과 현대감각의 색채 디자인을 추구하였으며, 유행성을 중심으로 디자인 요소와 표현기법은 대체로 화려하고 장식성이 많은 디자인으로 선도하였다. 또한 모던하고 심플한 느낌을 주는 디자인과 자연소재를 수채 기법이나 극사실 표현으로 새로운 감각을 추구하는 소재의 형식 변화를 추구하고 있다.

– 광주요

1883년 일제에 의해 조선 왕실의 관요가 있던 경기도 광주의 불이 꺼지면서 우리의 도자문화의 침체기가 되었는데, 1963년 故 조소수 선생에 의해 광주 관요의 맥을 잇기 위해 경기도 이천에 "광주요"를 설립했다. 도자기의 생활문화 정착을 위해 다각적으로 접근하며 음식과 식기와의 조화, 우리 술의 재현과 자연스러운 공간 연출의 컨셉이다. 한국의 맥을 잇는 명품 도자기 브랜드가 있으며, 생활 자기 브랜드 '아올다'가 있다.

2. 커틀러리(cutlery)

커틀러리(cutlery)는 스푼, 포크, 나이프 등 식탁 위에서 음식을 먹기 위해 사용되는 도물류, 금물류 등을 일컫는 말로 플랫웨어(flatware), 실버웨어(silverware)라고도 부르기도 한다. 커틀러리를 구성하는 것은 스푼, 나이프, 포크가 있으며 은으로 된 제품을 제일 고급으로 여기기 때문에 순은 제품과 도금 제품을 실버웨어라고 한다. 유럽에서는 결혼할 때 신부들이 챙겨가는 필수 혼수품으로 단순히 나이프, 포크, 스푼이라는 도구로서의 역할뿐 아니라 식탁의 수준을 결정하는 기준이 되기도 한다. 커틀러리는 대대로 가문에 이어온 문장이 새겨져 있는 것 등 유럽에서는 그 집안의 격식을 표현하는 한 부분이 되기도 한다.

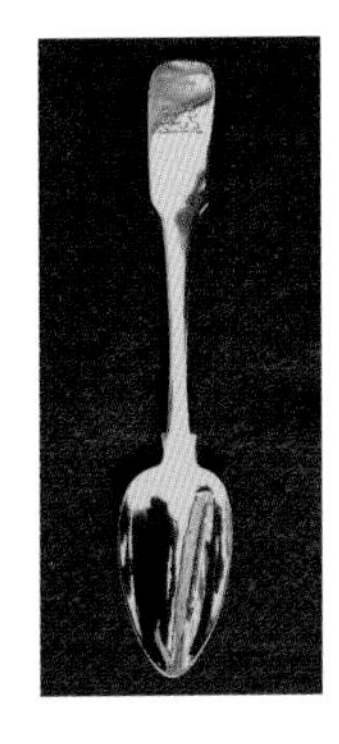
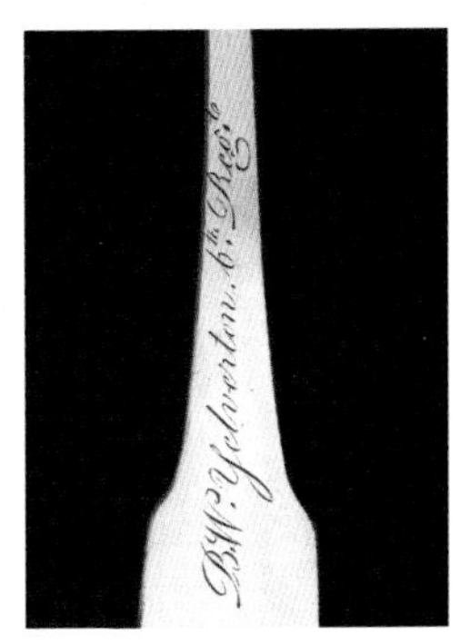

1) 커틀러리 역사

(1) 스푼(spoon)

기원전 2000년대에 번성한 이집트인들은 스푼을 사용한 흔적이 있으며, 포크도 사용한 듯 보이지만 대부분 손가락으로 음식을 먹었다. 고대 그리스의 항아리에는 향연의 전경이 많이 그려져 있지만, 그 중에서 나이프를 사용하는 사람이 그려져 있는 것은 하나뿐이어서 그리스인들은 대개 음식을 손가락으로 먹었음을 알 수 있다. 로마인들은 귀족, 평민, 모두 손으로 음식을 먹었으며, 대부분 유럽사람들도 오랫동안 손을 사용했다. 손으로 먹는 방법에는 신분에 따라 차이가 있었으며 평민들은 다섯 손가락으로 지체 있는 사람들 세손가락으로 점잖게 음식을 집어 먹었다.

식사 도구로 가장 먼저 등장한 것은 스푼이었는데 이는 개인용이 아닌 요리를 하기 위한 도구였다. 기원전 2000년 무렵 스푼은 조개 껍질의 원형에서 시작되었다. 조개나 굴, 홍합의 껍데기 등을 이용하다가 요리 역사에서 중요한 사건인 인간이 불을 사용하게 되면서 요리를 하면서 뜨거운 음식을 젓기 위해 절연체인 나무를 이용하며 손잡이를 달린 형태로 만들었으며, 이러한 조리도구를 이용하기 시작한 것이다.

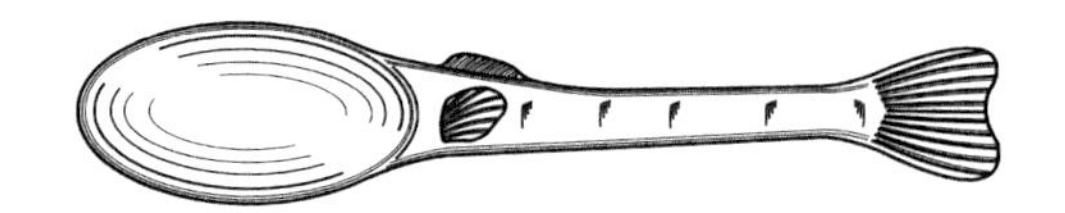

개인용 스푼이 등장하는 것은 중세에 와서의 일이다. 이 무렵부터 스푼은 은 종류로 만들어지게 되었고 가치 있는 물건이 되었다. '그는 은스푼을 입에 물고서 태어났다' 고 하면 부유한 집안의 태생을 가리키고, '나무스푼을 갖고서 태어났다' 고 하면 가난한 집안의 태생을 가리켰다는 속담도 있다. 16세기 영국에서는 은을 얼마나 많이 갖고 있는가에 따라 그 집안의 재산을 측정하는 비율로 사용되기도 했다. 16세기와 17세기에 걸쳐서 영국에서는 아이가 태어나 탄생 세례를 받으면 '아포슬(사도의 스푼)' 이라고 불리우는 은스푼을 선물하며 '먹는데 곤란함이 없이 행복하게 살도록' 하는 축복의 의미가 있다고 한다.

스푼의 발달사는 인간의 식생활 중 수프를 먹는 관습에 관계가 있다. 16세기 이전에는 수프 그릇에 여럿이 입을 대고 마시거나 국자로 먹는 등 공동으로 사용하였는데 16세기 이후에 연회 주최자는 손님들에게 개인스푼을 제공했고, 위생문제 등의 이유로 상류층에 의해 차차 진화함에 따라 개인 접시와 개인 스푼의 소유가 이루어졌다.

스푼이라는 말 자체가 나무 토막을 뜻하는 앵글로색슨어의 '스폰(spon)' 에서 나왔다고 하며, 이후에 스푼 제작에 주물 방식이 도입되면서 모양도 자연에서 찾아 볼 수 있었던 초기의 형태에서 점차 유행에 따라 자유롭게 발전하기 시작한

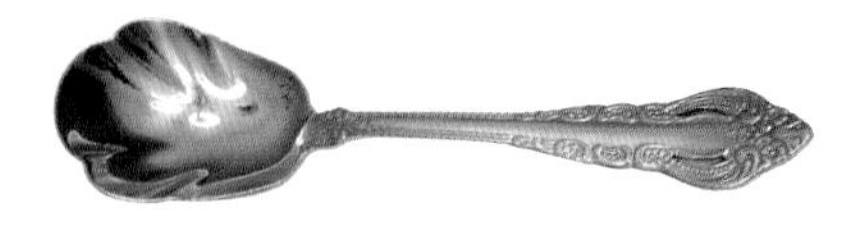

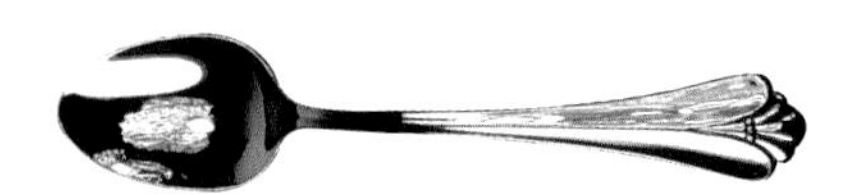

다. 스푼의 모양은 14세기부터 20세기까지 정삼각형에서 타원형으로, 긴삼각형으로 그리고 달걀형과 타원형으로 변화했지만 조개의 형태에서 크게 벗어나지 않았다.

일반적으로 장식은 손잡이 부분에 국한되어 있는 것이 규칙이며, 전면 부분이 장식되는 경우에는 선각이나 에나멜 등의 평면 장식이 사용되며, 소재로는 귀금속, 합금, 주석, 뼈, 뿔, 목재 등이 사용되며 전면과 손잡이에 서로 다른 소재를 사용하는 경우도 많다.

(2) 나이프(knife)

한꺼번에 누르다 또는 자르다의 의미인 중세 영어 'knif'에서 유래되었다. 선사 시대에는 자르는데 쓰는 모서리가 뾰족한 부싯돌과 찌르는데 쓰는 끝이 날카로운 꼬챙이와 같은 서로 다른 도구들에서 나이프와 비슷한 도구가 발전되어 나왔다. 고대의 나이프는 청동이나 쇠로 만들어졌고 나무나 조개, 뿔로 된 손잡이가 달려 있었다.

칼은 오랫동안 개인용 소지품이었는데 손님들이 각자 개인용 칼을 허리띠에 달린 칼집 속에 넣어 지참하는 것이 당시의 일반적인 예법이었다. 중세시대에는 개인에게 배당된 고기를 자르기는 어려웠고, 누군가가 이를 잘게 썰어야 했으며, 똑같이 골고루 차례가 돌아가도록 해야 했으며, 로마시대나 중세의 사람들에게 고기를 잘라 주는 일이 중요한 기술이었다. 마상(馬上)시합 때에는 승리자가 선물로서 자기가 숭배하는 귀부인의 총애를 받는 것 외에 승리의 보답으로 종종 시합 후 연회석에서 고기를 자르는 일을 맡기도 했다. 나이프를 두 개를 이용하여 고기를 고정시키고, 잘라낸 고기를 다시 나이프로 찔러 입으로 가져가면 두 손에 기름기를 묻히지 않고 먹는 것이 세련된 식사법이라 생각했다.

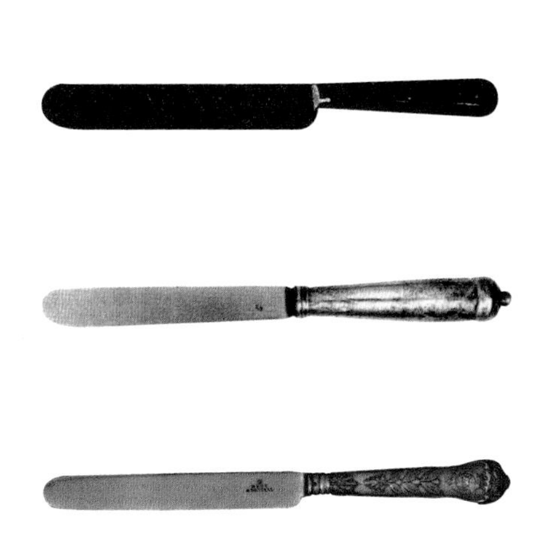

이후 루이 14세는 빈발하는 폭력사태의 대응책으로 식탁과 거리에서 끝이 뾰족한 나이프의 사용을 불법화시켰다. 그러한 조치와 포크의 대중화된 보급이 맞물리면서 식탁용 나이프의 끝이 뭉툭한 날로 변하였고, 17세기 말에 이르면

날은 아라비아 언월도의 구부러진 칼날을 닮아가는데 뭉툭함 자체를 강조하려는 의도도 있었지만, 포크가 아직 쌍칼퀴 포크라 수저의 기능을 대신하기에 미흡했으므로 나이프 날의 표면적을 넓게 하여 음식을 그 위에 안전하게 얹어 입으로 가져간다는 뜻도 숨어 있었을 것이다.

형태와 소재 면에서는 스푼과 동일하여 손잡이의 장식과 맞춰 통일성을 유지한다. 손가락의 앞부분을 포크 살과 나이프 날로 대체하기만 하면 된다. 손잡이는 목재, 상아 등이 사용되며 수저와는 달리 음식을 다룰 때 더 많은 힘을 받기 때문에 더 튼튼하게 제작해야 하며 날은 음식을 자를 수 있도록 강철로만 제작한다.

(3) 포크(fork)

포크의 어원은 '건초용 갈퀴(Pitch fork)' 라는 의미의 라틴어 'Furca' 로부터 시작되었다. 명칭대로 마른 풀을 집어 올리는 두 갈래의 갈쿠리와 같은 농기구가 그 원조였다. 고대 이집트인들은 청동으로 만든 제의용(祭儀用) 포크를 신성한 제물을 바치기 위한 종교적 연회에서 사용했으며, 조리도구용 포크는 그리스, 로마시대부터 존재했는데 끓는 가마에서 고기를 꺼낼 때 손의 보호를 위해 쓰였으며, 이 주방기구는 손과 흡사하게 생겼는데, 손가락이 화상을 입지 않도록 보호해주었다.

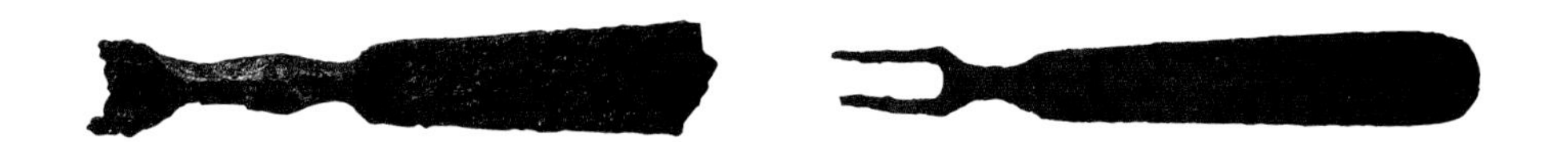

A.D.400년에 콘스탄티노플에서 정찬용 포크가 탄생하였으며, 10세기 베네치아의 총독 피에트로 아르세레올로(Pietro Arseleolo)가 맞이한 신부가 금포크를 사용하였다는 기록이 있다. 두 갈퀴(two-pronged)포크는 주방에서 고기를 고정시켜 썰거나 담기에 이상적이었으며, 갈래가 길수록 당시의 일반적인 육류 조리법이었던 로스트(roast)한 고기를 좀더 단단히 고정시킬 수 있었기 때문이다. 17세기부터는 식탁용 포크의 갈래가 주방용 도구의 갈래보다 현저하게 짧고 가늘어졌다. 음식을 단단하게 고정시키기 위해 포크의 두 갈래 사이는 어느 정도 떨어져야 했는데, 이 결과 갈래가 규격화가 되었고 작고 부드러운 음식과 완두콩이나 곡물들을 자를 때나 부드러운 음식을 뜰 때 실용적이기 위해 갈래를 하나 더 달게 되었다. 이후에 악마가 삼지창을 들고 있다 해서 포크 끝이 4개인 것이 많은 것도 악마의 포크를 피하려는 의미라고 하는 주장도 있었고, 18세기 초에 이미

독일에서는 현재와 같은 네 갈래 포크가 사용되었으며, 19세기 말에 이르러 네 갈래의 디너 포크가 영국에서도 일반화되었다.

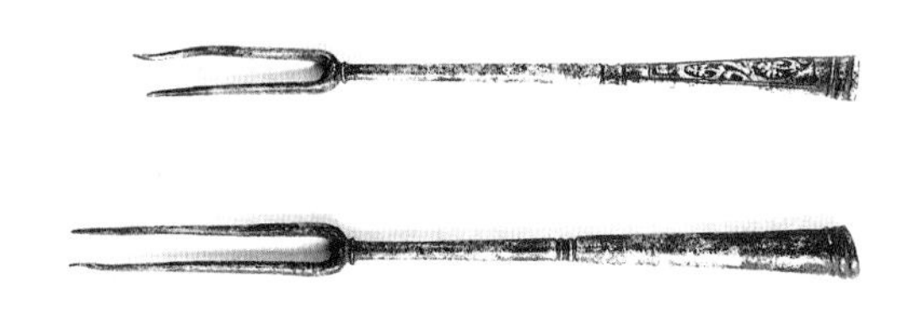

14~15세기에 걸쳐 최초로 포크를 사용한 비잔틴인들이 이탈리아에 포크를 전해 16세기경에 프랑스를 비롯한 유럽의 식탁에까지 퍼지게 된다. 커틀러리 중에 포크가 가장 늦게 식탁에 오른 것은 기독교 정신으로 무장되어 있던 유럽사회에 창조주가 빚은 손가락을 쓰지 않고 다른 도구들을 사용한다는 발상은 피조물의 본분을 망각한 것이라는 인식 때문인 듯하다. 힘들고 위험한 도구로 간주되었던 포크는 이탈리아 메디치 가문의 공주 카트리느 드 메디치(Catherine de' Medici)가 프랑스 앙리 2세와 1953년 결혼식 때 지참해온 혼수 품목 중에 가져오고, 식사할 때 사용함으로써 급속히 보급되어 갔다. 카트리느 공주는 자신의 요리사들과 모든 식탁 도구들을 함께 가져간 것을 계기로 프랑스에 식사도구들이 소개되었지만, 대중적으로 확산되기까지 1세기라는 시간이 걸렸다. 여왕도 뜨거운 요리를 먹을 때에는 손가락 씌우개인 골무(sack)를 사용했으며, 뼈를 발라내지 않은 고기를 먹을 때는 습관적으로 손가락으로 집어 이를 자신의 개인용 빵접시에 옮겨 놓은 다음에 식사를 하는 경우가 많았다.

17세기가 돼서야 포크 사용에 익숙해지면서 깨끗한 식사가 가능하게 되었다. 모든 코스마다 깨끗한 냅킨을 갖추었던 세정식(Ablution)관습도 사라져 갔다. 18세기에는 패스추리 포크가 등장하였고, 말엽에는 디저트 포크가 등장했으며, 19세기에는 생선 나이프와 함께 포크가 소개되었다. 19세기 들어 뼈, 진주, 상어와 같은 유기체 제품으로 바뀌었고 포크의 갈래들은 더 짧아지고 좁혀졌다. 현대에는 스테인리스 스틸 제품이 대량 생산되면서 디자인과 소재 또한 다양해졌다.

2) 용도에 따른 커틀러리 분류

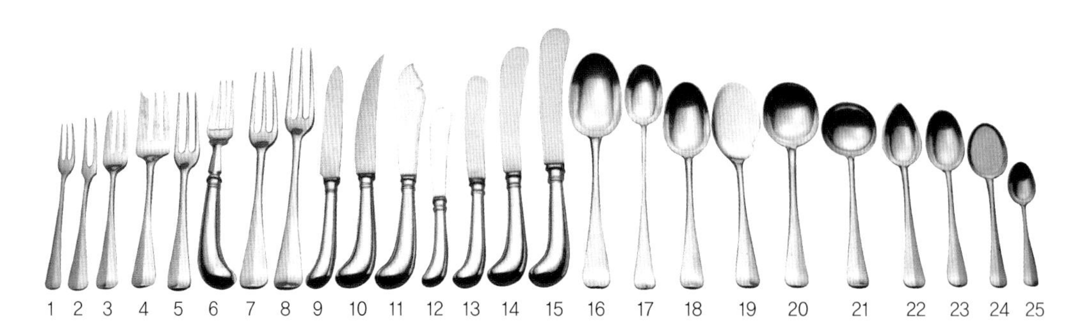

〈그림 6-6〉 커틀러리 모양

1. seafood fork	6. fish fork	11. fish knife	16. table spoon	21. bouillon spoon
2. snail fork	7. luncheon fork	12. butter knife	17. iced tea spoon	22. fruit spoon
3. dessert fork	8. dinner fork	13. cheese knife	18. dessert spoon	23. tea spoon
4. salad fork	9. fruit knife	14. luncheon knife	19. sauce spoon	24. ice cream spoon
5. fish fork	10. steak knife	15. dinner knife	20. cream soup spoon	25. demitasse spoon

(1) 스푼의 종류(personal item)

〈표 6-6〉 스푼의 종류

명칭	형태	용도
디너 스푼 (dinner spoon)		수프용. 테이블 스푼이라고도 하며 개인용에서는 가장 크다. 카레 등을 먹을 때 사용한다.
부용 스푼 (bouillon spoon)		수프용. 스푼의 작은 타입. 맑은 수프를 먹을 때 사용한다. 동그란 모양으로 콩소매 스푼이라고도 한다.
수프 스푼 (portage spoon)		수프용 스푼의 큰 타입. 앞이 긴 삼각형으로 갸름한 것이 특징. 수프 접시에서 먹는 포타지(portage)수프에 사용한다.
디저트 스푼 (dessert spoon)		무스 등 소스가 많은 디저트용.
티스푼 (tea spoon)		홍차용. 소형의 스푼 안에서는 가장 크고, 티컵의 사이즈에 맞게 사용하며, 소량의 수프나 오르되브르, 디저트에도 사용한다.
데미타스 스푼 (demitasse spoon)		에스프레소를 마실 때 설탕을 넣고 젓는데 사용한다. 티스푼과 비교해 작은 것을 커피용으로 데미타스 컵용은 더욱 작아진다.
아이스크림 스푼 (ice cream spoon)		아이스크림용. 크림 등의 페이스트형의 것을 먹을 때 사용한다. 무스나 바바로아에도 사용한다. 아이스크림 전용은 작은 삽의 형태이다.

(2) 나이프 종류(personal item)

〈표 6-7〉 나이프의 종류

명칭	형태	용도
디너 나이프 (dinner knife)		고기 요리용, 가정이나 캐주얼한 식탁에서 식사 전반에 사용한다. 가장 긴 나이프로 테이블 나이프라고도 한다.
스테이크 나이프 (steak knife)		날카로운 끝부분과 두꺼운 고기나 립을 자를 수 있는 톱니 모양의 날을 가지고 있다. 끝이 뾰족한 끝의 형태로 약식의 테이블 상차림에 사용
피시 나이프 (fish knife)		생선 요리용, 생선의 몸이 부서지지 않도록 나이프의 폭이 넓고 앞부분은 생선 뼈를 빼내기 쉬운 형태로 되어 있다. 테이블 나이프에 비해 날 면적이 넓고 길이는 짧은 편이다.
디저트 나이프 (dessert knife)		디저트용, 오르되브르나 샐러드, 애프터눈 티에도 사용한다. 버터 스프레드 대용으로도 사용한다.
후르츠 나이프 (fruit knife)		과일을 먹거나 자를때 사용한다. 디저트용, 오르되브르나 샐러드, 애프터눈 티에도 사용한다.
버터 나이프 (butter sprader)		버터를 바르기 위한 개인용 나이프로 앞이 둥근 것이 특징이다. 약 12~14cm 정도 크기

(3) 포크의 종류(personal item)

〈표 6-8〉 포크의 종류

명칭	형태	용도
디너 포크 (dinner fork)		고기요리용. 디너나이프와 함께 식사 전반에 사용한다. 미트 포크, 테이블 포크라고도 한다. 약 17cm 정도 길이
피시 포크 (fish fork)		생선요리용. 앞부분이 생선을 고르는 지레 장치의 역할을 하기 위해 왼쪽의 갈래가 넓은 형태를 하고 있는 것이 특징. 테이블에 화려함을 더해준다.
디저트 포크 (dessert fork)		디저트용. 디저트 나이프 같이 오르되브르나 샐러드, 애프터눈 티에도 사용할 수 있다.
스네일 포크 (snail fork)		달팽이나 소라를 껍질에서 꺼내기 쉽세 두 갈래로 길고 뾰족한 날이 있다. 정식에서는 달팽이의 껍질이 제거되어 나오는 약식에서는 달팽이 껍질이 그대로 나오므로 그 때 사용한다.

(4) 서브용 공동 도구(Servers)

〈표 6-9〉 공동 도구의 종류

명칭	형태	용도
카빙 나이프, 포크 (carving knife & fork)		고기를 잘라 나누는데 사용. 앞이 바깥쪽을 향하여 휜 포크로 단단히 눌러, 앞이 뾰족한 나이프로 자른다. 약 30~36cm 길이로 프라임 립(prime rib)이나 호박, 수박, 야채 등을 자르는 데 사용한다.
서빙 포크, 스푼 (serving fork & spoon)		요리를 나눌 때 사용한다. 샐러드를 버무려 개인용 접시에 옮겨 담을 때 사용한다. 서빙 포크, 스푼에는 목재도 있다.
소스 레이들 (sauce ladle)		소스포트에서 소스를 따를 때 사용한다.
슈거 집게 (sugar tong)		슈거 포트에서 각설탕을 집어 든다.
케이크 집게 (cake tong)		작은 케이크나 페이스트리, 샌드위치 등을 집을 때 사용한다.
케이크 서버 (cake server)		자른 케이크나 파이를 서비스할 때에 사용한다. 퍼 올리기 쉽게 평평한 모양을 하고 있다.

종류	유래	형태에 의한 분류	특징
스푼 (spoon)	- 조개류인 고동을 먹던 도구에서 유래 - spon : 평평한 나무토막의 뜻의 앵글로색슨어에서 유래	- 주 기능인 볼이 정삼각형 타원형이 긴삼각형, 달걀형, 타원형으로 변화	- 인류 최초의 식사도구 - 수프의 발달과 스푼은 관련이 깊다. - 티스푼의 당시의 기회 음료의 유행과 관련
나이프 (Knife)	- knif : 한꺼번에 누르다. 자르다의 중세의 영어에서 유래	- 뾰족한 날로 자르고 동시에 찍어 먹는 기능도 했다. - 동시에 음식물을 얹어 입으로 옮기는 역할을 했으나 포크 등장 이후 자르는 역할만 한다.	- 조리도구의 성격, 무기나 연장 등의 다목적 용도로 출발 - 목적에 따라 조리용과 식탁용으로 나눈다.
포크 (fork)	- furca : 건초용 포크	- 두 갈래에서 세 갈래, 네 갈래로 변화 - 17세기부터 식탁용 포크가 조리용보다 갈래가 짧고, 가늘어졌다.	- 목적에 따라 제의용, 조리용, 식탁용으로 나눈다.

커틀러리 명칭

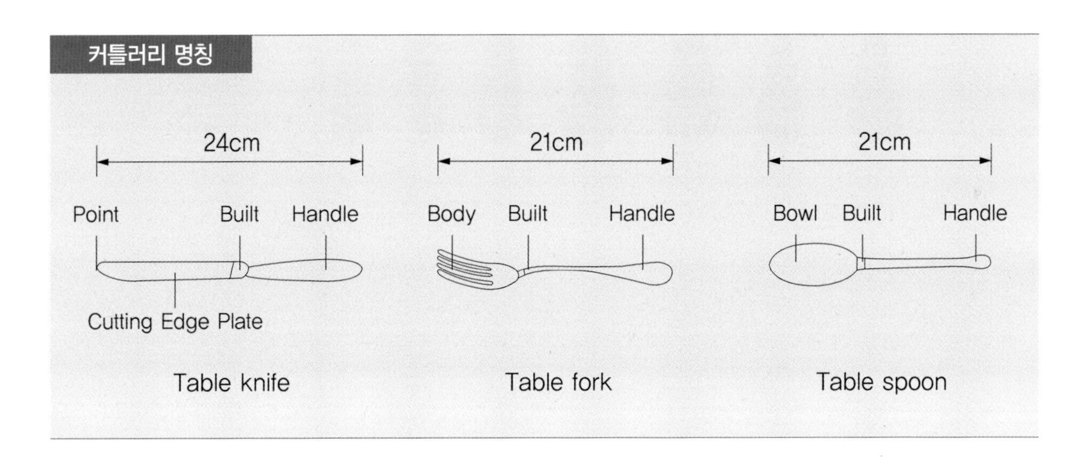

4) 커틀러리 브랜드

크리스토플(Christofle)

160년 역사를 지닌 은식기(silverware) 전문회사이자 커틀러리 명품 제작사이다. 1830년 베르사이유 궁전의 전속 보석상이던 조셉 부비에 의해 설립되었으며, 화려한 것을 선호하는 나폴레옹 3세 때부터는 왕가의 공식 은식기 조달자로 지정받았다. 견고하고 수명이 긴 커틀러리 세트로 명성을 쌓았으며, 아르데코 풍 타리스만(Talisman) 등 수십 종류의 크리스토플 커틀러리가 돋보인다.

3대 문화권 식사법 비교

먹는법	식사 도구	특징	지역	인구
수식 문화권 (手食文化圈)	손, 스푼	이슬람교, 힌두교 중심 엄격한 수식 매너가 있음 . 인류문화의 근원	동남아시아 중근동(中近東) 아프리카, 오세아니아	40%
저식문화권 (箸食文化圈)	젓가락, 스푼	불교 중심 중국 문명 중 화식(火食)에서 발생	중국, 일본, 베트남, 한국 등	30%
포크와 나이프 스푼식 문화권	포크, 나이프, 스푼	크리스트교 중심 17세기 프랑스 궁정요리 중에서 확립	유럽, 북미, 호주, 러시아 등	30%

3. 글라스(glass ware)

글라스의 어원을 살펴보면 영어나 네덜란드어에서는 '반짝반짝 빛나는 것', 이탈리아어에서는 '깨지기 쉬운 것', 러시아어에서는 '투명한 것'이라는 의미이다. 서양식 테이블 코디네이트 시에는 주로 유리잔을 많이 사용하기 때문에 '글라스 웨어'라고 부른다. 글라스는 음료에 따라 가장 맛있게 마시기 위한 형태가 연구되어 여러 가지의 종류가 있으며, 장식성이 높은 것과 기능성의 실용적인 종류 등으로 다양하다.

1) 글라스 역사

기원전 15~16세기에 메소포타미아에서 녹인 유리를 봉으로 불어 병모양을 만드는 코어(core) 테크닉 방식으로 제작되는 유리제품이 이집트까지 전해지며 주로 향유 넣는 병이나 항아리로 쓰인 것이 유리의 기원이다. 이러한 방식으로 각종 형태와 문양을 나타냈으며 정교한 모자이크 유리문도 만들었다. 글라스류가 본격적으로 식탁 위에 사용된 것은 로마시대이다. 당시 번영을 누리던 제국의 풍성하고 사치스러운 식생활이 글라스를 포함한 식기류의 개발을 자극해 10세기에 베네치아를 중심으로 유리산업이 번성하였다. 고대 글라스가 원시적인 방식으로 제작되었다면 로마시대는 호흡을 불어넣고 부풀리는 방식으로 발전되었다. 그러므로 대량생산이 가능해지고 일상생활에서 뿐만 아니라 장식품이자 부와 권력의 상징으로 자리잡게 되었다. 로마제국의 멸망과 함께 유럽으로 건너간 로만 글라스는 패르시아 등 중동지역에까지 보급되었다. 9세기부터 15세기까지 이슬람 고유의 타일에 그림을 그리듯 글라스에 금색 꽃 문양을 장식해 넣은 다채로운 모양과 커팅법, 에나멜 광택법 등이 이슬람식으로 독특하게 자리를 잡으며 전세계로 퍼지게 되었다.

고전의 재탄생을 의미하는 르네상스 정신에 맞게 베네치안 글라스가 추구했던 것은 고대 로마인들의 공예기술의 재발견이었다. 르네상스의 유리공들은 자연을 흉내낸 새로운 유리를 여러 모로 창안해 내는 등 유리공예의 황금시대를 이끌어갔다. 무색과 투명의 아름다움의 '크리스탈로(crystallo)' 가 처음 만들어지게 되고 15세기 이후 베니스의 무라노 섬에 격리된 유리공들은 실로 장식한 것과 같은 '레이스 글라스(Lace Glass)' 의 기술을 만들어 내었다.

16세기에는 은을 도금한 유리를 발명했으며, 베네치아 유리 제품은 높은 가격으로 유럽에 수출되어 베네치아의 번영을 이끌었다. 베네치아 정부는 유리 제조 비법이 밖으로 유출될까봐 유리 직인들은 무라노 섬에 감금시켜 엄하게 단속하면서, 높은 급료로 우대했다.

17세기 영국에서 납유리의 발명으로 글라스웨어의 전환을 맞이하게 되는데 크리스탈이 그것이다. 조지 라벤스크로프트(george Ravenscroft)는 유리용액에 산화납을 첨가함으로써 베네치안 글라스에도 없는 무색의 찬란함을 만들어 냈고, 1674년 특허 출원하였다. 크리스탈의 탄생은 빛의 투과성과 반사 그리고 중량감에서 아주 뛰어난 것으로 커트 기법의 활용으로 더욱 유리의 장식효과를 극대화시키게 된다. 이 시기까지 식사중인 사람들에겐 자기 전용의 음료수용 컵이 있었지만 그러한 컵과 음료를 담은 병(bottle)류가 식탁 위에 올려진 것은 18세기 중엽, 말에 이르러서이다.

19세기 중반 프랑스에서 다시 쓰이기 시작한 '빠뜨 드베르(Pate de Verre)' 기법 또한 주목할 만하다. 유리 가루를 틀에 넣어 요에 넣고 가열하여 완성하는 기법은 고대에도 쓰였던 것으로 프랑스에서도 재활용되었고 현대 유리 작가들에게도 널리 쓰이는 기법이다. 서아시아에서 발전하기 시작한 유리공예는 로마시대 이후 서유럽에 널리 퍼져 각 지역은 나름대로 독자적인 특성을 유지하면서 전개된다.

2) 용도에 따르는 글라스웨어의 분류

글라스는 음료에 따라 형태도 크기도 다르다. 술의 이름이 그대로 글라스의 이름이 된 것도 많고, 그 음료를 더 맛있게 맛보기 위해 고안되어 있다. 스템(글라스의 다리부분)이 있는 것과 없는 것이 있다. 테이블에 놓는 식사 중에 제공되는 음료용 글라스와 식전, 식후에 제공되는 음료용 글라스로 나누어진다.

〈그림 6-7〉 스템 글라스

〈그림 6-8〉 텀블러 글라스

(1) 스템 웨어(Stem Ware)의 종류

스템웨어 글라스는 볼(bowl)과 스템(stem), 베이스(base)로 만들어진 것으로 마시기 위한 용기이다. 물이나 아이스티, 와인 등 차가운 음료를 서브하기 위해 볼에 담긴 내용물이 체온에 의해 데워지지 않고 차갑게 음료를 제공할 수 있도록 해준다. 고블릿(goblet)은 보통 물을 담을 때 쓰이는 튤립형 글라스이다. 레드 와인 글라스는 용량이 크고 지름이 넓으며 글라스 입구가 안 쪽으로 더 오므라져 있다. 이는 레드 와인의 아로마가 밖으로 나가지 못하도록 한 형태이다. 공기의 접촉을 원할하게 하여 보다 높은 향기를 끌어 내고 색을 통해 시각적인 검증을 받기 위해 커다란 글라스를 사용하며, 반면 화이트 와인 글라스는 외부 온도 영향을 덜 받고 차가운 상태로 와인을 즐길 수 있게 하기 위해 적은 용량의 글라스를 사용한다.

소서(saucer)형 샴페인 글라스는 거품이나 향기를 즐기는 데에 부적합하지만 파티 시에 한번에 많은 글라스를 피라미드 형으로 쌓거나 행사장의 건배용으로 사용한다. 플루트(flute)형은 샴페인의 거품을 유지하고 아로마가 빠져 나가지 못하도록 입구가 좁다. 브랜디 글라스는 입구가 좁은 튤립형의 글라스로 나폴레옹 잔이라고도 한다.

〈표 6-10〉 스템 웨어의 종류

명칭	형태	용량	용도
고블릿 (goblet)		300ml	물용. 워터 고블릿라고도 한다. 맥주, 주스, 냉차류, 밀크 등에도 사용할 수 있다.
레드와인 글라스 (red wine glass)		180ml~	레드와인 용. 공기에 닿게 하여 향이 나올 수 있도록 큰 것이 많다.
화이트와인 글라스 (white wine glass)		150ml~	화이트와인용. 차갑게 하여 마시는 경우가 많고, 차가운 동안에 마실 수 있도록 작은 것이 좋다.
샴페인 글라스 (champagne glass: flute)		135ml	발포성 와인 용. 올라가는 기포를 즐길 수 있도록 가늘고 긴 형태를 하고 있다. 거품을 오래 유지할 수 있다.
샴페인 글라스 (champagne glass: saucer)		150ml	축하행사의 건배용의 샴페인 글라스. 샤베트나 아이스크림 등을 담을 때도 사용.
브랜디 글라스 (brandy glass)		300ml	브랜디용. 손으로 돌려 따뜻하게 하면서 향을 즐기도록. 입구가 좁고 스템이 짧다.

칵테일 글라스 (cocktail glass)		120ml	마티니 등 쇼트 드링크의 칵테일 전용 글라스. 짧은 시간에 마시기 위해 소량을 담을 수 있게 되어 있다.
쉐리 글라스 (sherry wine glass)			식전주의 쉐리나 포트진용의 소형 글라스. 쇼트 칵테일이나 일본주에도 사용할 수 있다.

(2) 텀블러(Tumbler)글라스의 종류

텀플러는 스템이 없는 원통형 글라스의 총칭이다.

〈표 6-11〉 텀블러 웨어의 종류

명칭	형태	용량	용도
올드 패션 글라스 (old fashioned glass)		240ml	위스키 등으 로크용 글라스. 오래된 템플러라는 의미로 올드 패션이라는 이름이 있다.
텀플러 글라스 (tumbler glass)		200ml	주스, 물, 맥주, 위스키에 물섞은 것 등 폭넓게 사용할 수 있는 글라스. 컵이라고 불리는 경우가 많다.
샷 글라스 (shot glass)		30ml	위스키와 스피릿(sprit) 등을 스트레이트로 마실 때 사용하는 작은 글라스이다.
필스너 (pilsner)			맥주용. 맥주 글라스에서 하얀 거품을 가장 아름답게 보여준다. 아이스티나 주스에도 사용한다.
리큐어 글라스 (liqueur glass)			리큐어용. 알코올도수가 높은 술을 스트레이트로 마시기 위한 글라스에서 가장 작다.

(3) Servers

물이나 주스, 와인 등을 따르는데 사용한다.

〈표 6-12〉 글라스웨어의 서비스 도구 종류

명칭	형태	용량	용도
피처 (pitcher)			물, 주스, 조식용의 밀크 등을 넣는 손잡이가 있는 그릇.
디켄터 (decanter glass)		720ml	와인을 공기에 닿게 하기 위해 보틀에서 옮기기 위한 그릇. 위스키나 리큐어용도 있다.
아이스 박스 (ice Bucket)			얼음을 넣는 그릇. 위스키를 물에 타거나 록(rock)으로 마시는 경우 빠질 수 없는 아이템.

3) 글라스 브랜드

– 바카라(Baccarat)

1764년 프랑스 로렌 지방의 바카라를 배경으로 등장했다. '왕자의 크리스털(The Crystal Of Kings)이란 이름으로 알려졌다. 루이 15세를 비롯해 프랑스, 러시아 왕족과 귀족, 유럽 각국의 왕가에서 사랑받은 글라스이다. 표면이 수천조각의 면을 가질 수 있도록 고안해 특별한 빛을 발하는 커팅 기술이 독보적이다.

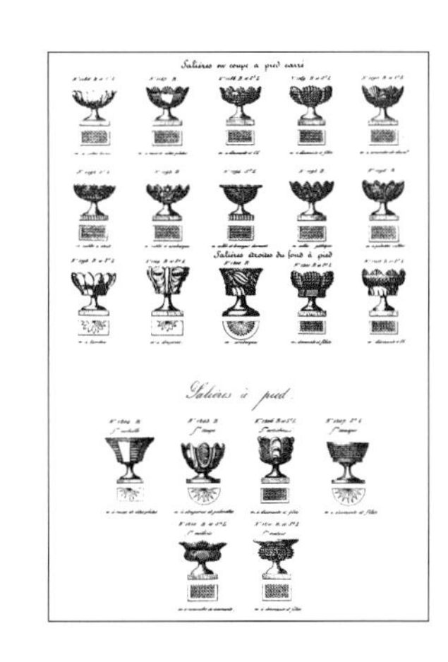

– 라리크(Lalique)

1905년 프랑스 아르데코 양식의 디자이너로 유명한 르네 라리크가 설립했고, 1921년 그의 아들인 마크 라리크(Marc Lalique)는 사업을 이어받아 제2차 세계대전으로 부서진 공장을 다시 세우고 유리에서 크리스털 비즈니스로 변화를 시도했다. 예술적 · 상업적으로 큰 성공을 거둔 로샤르, 랑콤, 니나리찌 등의 향수 용기도 이 시기에 탄생한 것. 마크 라리크가 숨을 거둔 뒤에는 그의 딸인 마리 클로드 라리크(Maire-Claude Lalique)가 사

업에 참여, 여성적이고 이국적인 예술감각을 브랜드에 불어넣었고, 라리크도 세계적인 브랜드로 확실히 자리매김했다. 투명한 크리스털에 표면에 뽀얗게 처리했으며 자연 특히 식물에서 응용한 곡석의 디자인이 이색적이다.

– 보헤미안 글라스(Bohemian Glass)

라인 글라스 공예는 보헤미안 글라스 공예와 전통을 함께 한다. 에나멜의 금박을 입힌 새로운 글라스 스타일이며, 독일식 아르누보풍 디자인도 여기에서 비롯되었다.

– 돔(Daum)

프랑스 글라스 공예계의 대표 브랜드이며, 1875년 프랑스 로렌 지방의 낭뜨에서 생산되었다. 아르누보 시대에 인기를 누린 글라스 공예의 창립자 하트도베르에 의해 만들어졌으며, 색채 글라스의 분말로 굳힌 형태로 우아한 디자인과 매력적인 컬러가 특징이다. 색채 크리스털을 가미해 글라스가 가진 유동감을 물흐르듯 형상화해 프렌치 크리스털을 대표하는 메이커로 인기가 많다. 세계 박람회에서 그랑프리를 다수 수상했으며, 프랑스에서 혼수품으로 인기가 높은 브랜드이다.

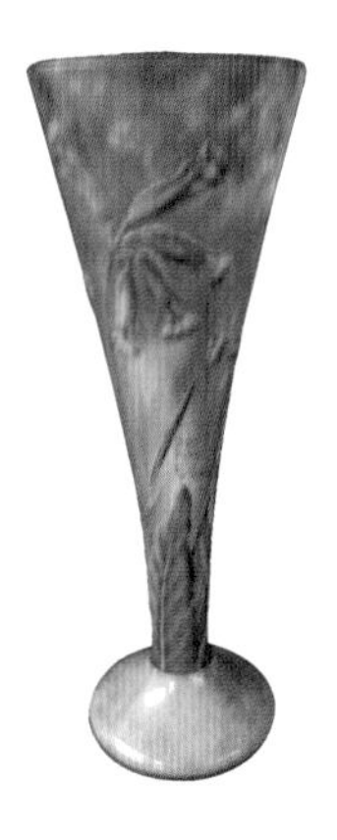

4. 리넨(table linen)

리넨은 영어로 '마' 라는 의미이지만, 천으로 된 제품의 총칭이다. 식탁에서 사용하는 천 종류를 테이블 리넨이라고 하고, 테이블 클로스나 매트, 냅킨 등이 있다.

정식으로는 색이나 재질의 제약이 있는 것이 있지만, 가정에서는 그다지 구애될 필요가 없다고 생각한다. 중요한 것은 더러워지는 것을 일일이 신경 쓰지 않는 것이 좋다.

테이블 린넨이라고 하면 삼(마)를 떠올리지만, 소재로써는 마(麻)가 가장 대표적으로 테이블 주변에서 사용되는 직물의 총칭을 테이블 리넨이라 하며, 그 이외를 홈 리넨이라 구별한다.

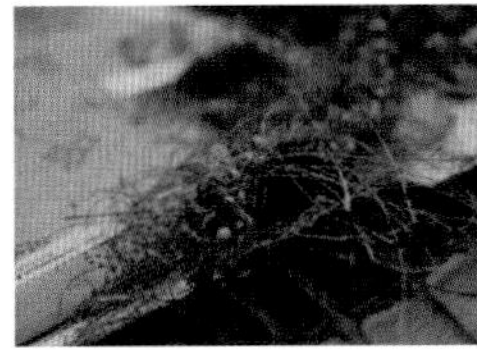

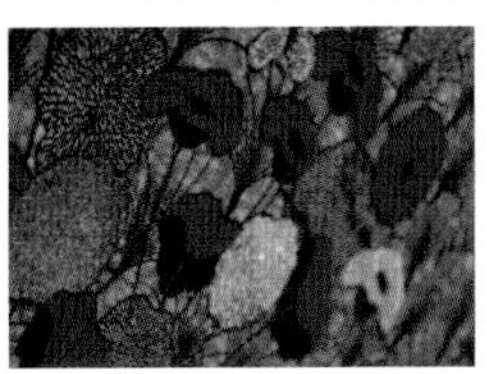

1) 리넨의 역사

인류가 리넨을 사용한 역사는 깊어서 B.C. 8000년으로 거슬러 올라간다. 고대 이집트에서는 리넨은 달빛으로 짜여진 직물이라 부르며 넓게는 제사에도 사용되었다. 그리스인, 로마인 사이에서는 품질이 좋은 순백의 삼베는 보배로 여겨졌다고도 한다. 그 시대의 연회에서는 손님이 각자 Toga(식사복)과 함께 'Napp'와 'Mappa' 라고 하는 지금의 냅킨을 지참하고 와서 손이나 입을 닦았고 남은 음식을 싸가지고 갈 때도 사용하였다고 한다. 테이블보는 특별한 경우에 깔았다고 한다.

중세에는 식사 시에 여러 장의 테이블 클로스를 겹겹이 깔아 놓은 후 코스별로 음식이 바뀔 때마다 테이블 클로스를 한 장씩 벗겼다. 마지막 요리에서는 가장 값비싼 테이블 클로스(동양의 카펫)을 보여주어 부와 명예를 과시하였다. 중세 르네상스에 제국이 붕괴되면서 생활은 후퇴되고 초라한 식탁 위에는 테이블보와 냅킨이 사라졌다. 루이 1세 시대(9세기)에 테이블보가 부활하지만 사용용도가 손이나 입을 닦는데 사용되었다. 13세기가 되면서 테이블보 위에 테이블보를 깔게 되었다. 르네상스기에 식탁은 활기를 되찾으면서 동물이나 새의 형태를 딴 냅킨이 장식으로써 놓이게 되었다. 프로렌스에서 메디치가의 카트리느 공주가 프랑스의 앙리2세에게 시집갔을 때 그 문화를 프랑스에도 전해주면서 식탁도 정비되고 세련되어졌다. 클로스는 다마스크(Damask)나 자수를 놓은 것도 만들게 되지만, 색은 흰색으로 색이 있는 클로스가 만들어진 것은 그 후 20세기에 들어가면서이다.

18세기 이후 포크를 사용하게 되면서 냅킨은 일시적으로 사라지게 되지만, 18세기가 되면서 부활한다. 폼파도르 주인은 목면의 테이블 클로스를 처음 사용하였고, 루이 16세기 마리 앙투아네트 왕비는 당시의 최고의 사치인 실크 오간지를 선보였고 이후 테이블 클로스도 레이스나 오간지(Organdy) 등 엘레강스한 것을 사용하게 되었다. 나폴레옹

시대에는 테이블 클로스도 화려해져서 금실로 자수하거나 술(Fringe), 테슬(Tassel) 등을 사용하게 되었다. 레스토랑의 발전과 함께 테이블 클로스는 컬러풀하게 된다. 산업혁명으로 인한 기계화로 새로운 합성섬유가 발명되면서 호텔, 레스토랑 뿐만이 아니고 가정에도 보급되어 현대에는 물을 흡수하지 않게 가공한 제품도 나와 편리해졌다. 공간에 맞춘 소재, 색, 무늬 등 선택의 폭이 넓어져서 코디네이트의 중요한 한 부분을 차지하고 있다. 그러나 아직 서양과 비교했을 때 기성품의 종류가 적어 해외에서 수입하거나 인테리어 직물을 응용하거나 하고 있다.

2) 테이블 리넨의 용도별 분류

(1) 테이블 클로스(Table Cloths)

테이블 클로스와 식기는 재질감의 통일성과 계절감을 기본으로 한다. 예를 들면 올이 굵고 투박하여 광택이 없는 천은 도기나 스톤웨어와 어울리며, 컬러에 따라 봄, 여름, 가을, 겨울이 어울리며, 올이 가늘고, 광택이 있는 천은 자기 등과 어울리며 격식이 있는 자리에 어울린다.

테이블 전체를 씌우는 천으로 색의 연출효과를 가장 크게 가져온다. 포멀한 자리에서의 밑단이 내려오는 길이는 약 50cm 정도가 적당하고, 가정에서는 20cm 전후가 좋다. 톱클로스(Top Cloths)는 테이블 클로스 위에 겹쳐 까는 작은 천으로 조합하여 변화를 즐긴다. 정식의 자리에서는 사용하지 않는다. 언더클로스(Under Coths)는 테이블 보호를 위해 클로스 밑에 까는 플란넬 소재의 천으로 미끄러짐 방지와 식기류의 소리를 흡수하는 효과가 있다. 포멀한 분위기의 테이블 세팅을 할 경우에는 마소재의 흰색이 적당하며, 격식이 있는 자리에서는 진한색의 화학섬유의 테이블 클로스를 피하는 것이 좋다. 클로스를 구입할 때나 제작시에는 다이닝 테이블의 사이즈를 염두에 두고 제작해야 한다.

테이블 클로스 연출방법은 정식 만찬일 경우 완전히 덮어 바닥까지 닿는 길이가 되어야 한다. 격식이 있는 포멀한 스타일의 테이블은 모서리에서 50~60cm 정도로 내려오게 하고, 일반 가정에서는 앉고 서기 편하게 25~30cm 정도의 길이로 한다. 인포멀한 스타일에서는 편안한 식사를 방해하지 않는 정도에서 자유롭게 창의적인 아이디어로 테이블 클로스를 연출할 수 있고, 천 이외의 소재 등으로 색다른 식사 분위기를 연출할 수 있다.

약식의 식탁
늘어뜨린 길이는 약 25cm

격식 있는 식탁 1
늘어뜨린 길이는 약 50~60cm

격식 있는 식탁 2
바닥에서 2~3cm정도 짧게

〈그림 6-9〉 격식에 따른 테이블 클로스 길이별 연출

(2) 테이블 매트(Table Mat)

클로스 대신에 까는 일인용이며, 일반에는 캐주얼한 세팅 때에 사용하지만, 영국에서는 마호가니 등 테이블의 나무탁자의 아름다움을 보여주고 싶을 때는 포멀한 자리에서도 사용된다.

정식으로는 테이블 클로스와 함께 사용하지 않지만, 가정의 식탁에서는 클로스 위에 겹쳐서 조합해 보는 것도 가능하다. 테이블 매트의 소재, 예를 들면 천(삼, 면, 화학섬유, 비단, 대나무, Felt), 종이(양지, 일본지, 그 외의 종이), 나무, 옻칠한 종이, 대나무(대나무, 대나무 어살, 대나무 발, 대마무 껍질로 짠 어살), 등나무, 코르크, 고무, 가죽, 스테인리스, 유리판, 골풀, 비닐, 플라스틱(멜라닌, FRP, Polypropylene, 아크릴), 야자나무 잎, 바나나 잎 등 식물의 잎으로 짠 제품, 으름 덩굴이나 포도의 덩굴로 짠 제품 등 여러 가지 소재로 테이블 매트를 코디네이트 할 수 있다.

〈표 6-13〉 상황에 맞는 매트 종류

명칭	크기	용도
디너 매트	50x36cm	석식용. 재질에 따라 접대나 격식을 차릴 때에도 사용한다.
런천 매트	45x33cm	점심식사용. 일반적인 사이즈로 조식이나 가정의 석식에도 사용한다.
티 매트	40x36cm	티용. 레이스나 자수 등 화려한 디자인이 많다.

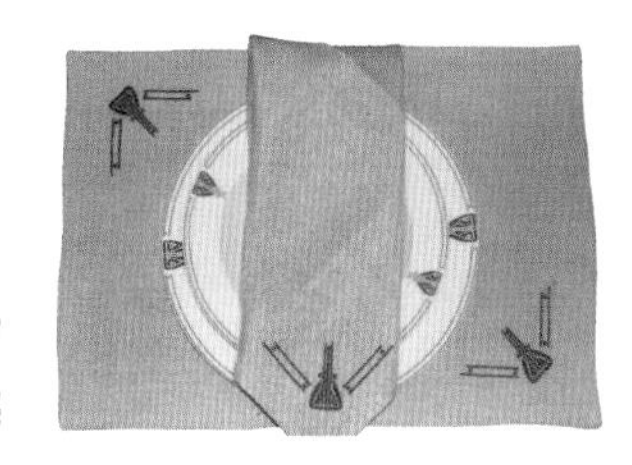

(3) 냅킨(Napkin)

손이나 입주변의 더러움을 닦기 위한 정방형의 천으로 피부에 직접 닿기 때문에 주로 천연 소재를 사용하는 것이 좋다. 식사 동안은 무릎 위에 두고 사용하며, 테이블 클로스와 같은 천으로 간단히 접어서 디너접시 위나 왼쪽에 두는 것이 정식이다. 가정에서는 그다지 구애 받을 필요 없이 페이퍼 냅킨이라도 상관없다.

냅킨 접기는 테이블 코디네이트시에 공간의 컬러의 분량을 조절하기 때문에 테이블 세팅시에 마지막 단계에서 실시한다. 냅킨은 접는 형태가 복잡할수록 손이 많이 가면 비위생적이라는 느낌을 줄 수 있기 때문에 되도록 간단하게 접는 것이 좋다.

〈표 6-14〉 상황에 맞는 냅킨 사이즈

명칭	크기	용도
디너 냅킨	55x55cm	디너용, 포멀은 60x60cm
런치 냅킨	40x40 cm	점심식사용, 시판되는 물건이 많은 사이즈, 조식이나 보통의 석식에도 사용한다.
티 냅킨	25x25cm	티(Tea) 용, 자수가 있는 손수건 정도로 대용해도 좋다.
칵테일 냅킨	15x15cm	물방울이 떨어지지 않도록 글라스에 가볍게 곁들여서 손에 쥔다.

(4) 러너(Runner)

테이블의 공유 공간에 폭 30cm 정도로 가로로 길게 놓는 싱글 러너의 형태로 공용과 개인용의 스페이스를 나누는 역할을 하는 경우도 있고, 최근에는 세로로 2장을 나란히 세팅하는 더블 러너를 이용하여 현대적인 느낌을 주며 사용하기도 한다. 테이블클로스와 같이 사용할 수도 있고, 러너만으로도 세팅하며 다양하게 연출할 수 있다. 러너를 놓는 위치, 소재, 색채 등으로 다양한 변화를 주고 길이와 폭은 테이블의 크기와 용도에 따라 자유롭게 사용한다.

(5) 도일리(Doily)

도일리는 1700년대부터 1850년까지 영국 스트렌드가에 있는 유명하고 오래된 포목상에서 발명해낸 장식적인 모직을 가리키는 용어였으나, 시간이 지나면서 빅토리아 시대의 사람들이 실내의 여러 곳을 덮어 장식하는 리넨 레이스로 그 의미가 바뀌었다. 19세기 중엽에 들어서는 인쇄산업 기술의 발달로 값싼 종이 레이스의 상업적 생산이 이루어졌다. 유럽의 중산층은 세련됨을 과시하기 위해 집안에 이러한 종이 도일리를 받아 들이기 시작했다.

종이 도일리는 제과점이나 레스토랑, 호텔 및 가정에서 접시의 소음이나 흠집을 막고 음식의 표현력을 높이기 위해서 사용된다. 종이 도일리는 구멍을 내고 입체적인 느낌을 주어 천의 레이스 느낌을 효과적으로 살려주었다. 작고 복잡한 무늬부터 사각이나 원형 또는 크고 작은 하트형 등 매우 다양한 디자인이 있으며, 로맨틱한 분위기의 테이블이나 티파티 세팅에서 자주 이용한다.

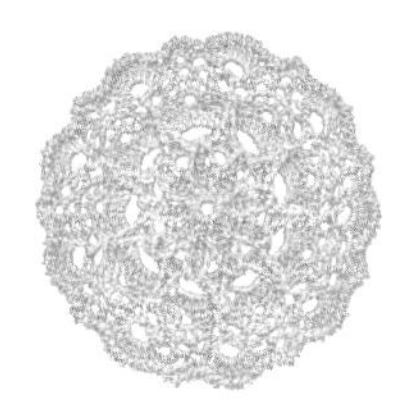

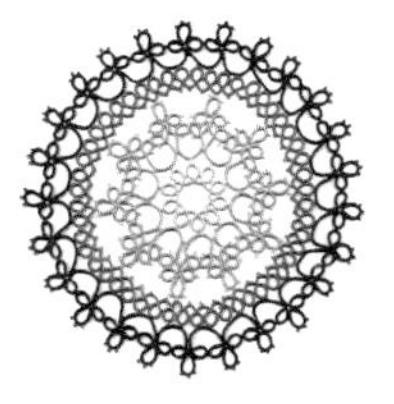

3) 테이블 리넨의 소재별 분류

(1) 아마(flax)

섬유로 이용된 최초의 식물은 플랙스(flax), 즉 아마이다. 아마 섬유는 젖었을 때 더욱 견고해지는 것이 특징이다. 또한 아마는 건조할 때 'S' 방향으로 꼬이는 성격이 있는데 대부분의 아마가 'S' 방향으로 방적된 것도 이런 이유에서일 것이다. 아마의 또다른 특성은 위킹(wicking)을 들 수 있는데, 이는 섬유 표면을 따라 습기를 이동시키는 성질을 말한다. 그래서 특히 여름철에 입기 좋았으나 대신 염색에는 어려움이 있었다.

아마는 메소포타이아, 아시리아, 바빌로니아 등에서도 재배되지만, 특히 이집트는 '리넨의 나라' 로 정평이 나 있다. 리넨은 이집트에서 적어도 6000년 전부터 만들어졌다. 이집트 출토의 천 조각 중에는 B.C. 4500년으로 연대가 추정된 것들이 많다.

(2) 면

면직물의 소재가 되는 목화는 아마와 더불어 식물성 섬유의 쌍벽을 이루고 있다. 목화는 아마만큼 오랜 역사를 지니고 있는데 고고학적 연구에 의하면, 목화가 텍스타일로서

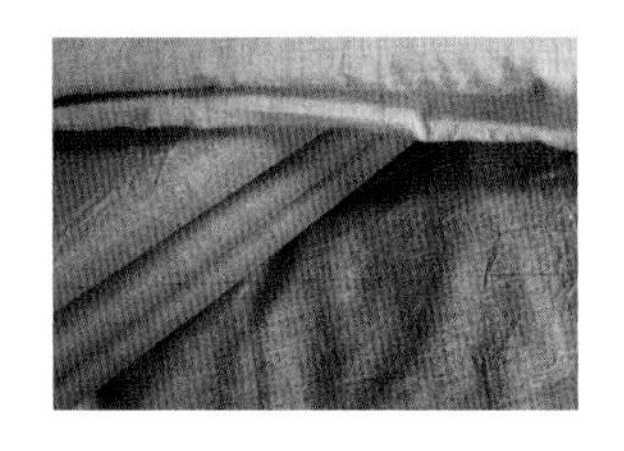

거듭 태어난 것은 B.C. 3000년경 페루에서, B.C. 3500년경 인도에서였다. 이 중에서 고대 세계에 있어서 목화의 요람지는 인도라고 할 수 있다. B.C. 3000년경의 것으로 추정되는 목화 방사들이 인더스 강 유역의 모헨조다로 유적지에서 발견된 것이다.

그 후로 목화는 인도로부터 서양으로 전해져 처음에는 무역품의 일환으로, 다음은 목화 나무로, 그리고 면방직 산업으로 전해졌다. 그 이후로 유럽의 각국에서 발전을 하다가 영국에서는 인도의 면직물이 8세기부터 알려져 있었다. 영국 교회들의 소장목록에 의하면, 염색 혹은 페인트 된 인도 면직물은 이미 16세기 전에 알려져 있었다. 그러나 이국적 프린트 및 실용적 직물들이 대량으로 영국에 유입된 것은 포르투갈인들이 해운항로를 개척하면서부터였다. 그리하여 17세기부터는 면직물이 리넨을 대체하게 되었고, 면직물에 관한 한 인도는 유럽 및 아메리카의 주된 공급원이 되었다, 이러한 관계는 영국의 산업혁명 전까지 이어졌다.

(3) 견 Taffeta(Moire)

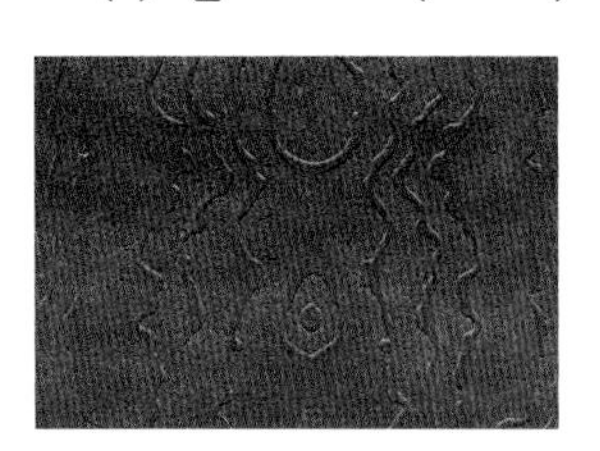

견은 매우 강하고 탄력이 있는 섬유이다. 흡수성이 강하여 입기에도 매우 편한 느낌을 주며, 그것은 또한 여타의 자연산 섬유에서는 볼 수 없는 독특한 광택을 지니고 있다.

기원전 2700년경, 중국의 공주 시링치(Si-Ling-Chi)가 처음 누에고치에서 실을 뽑을 수 있다는 사실을 발견한 이후, 견직(絹織)산업이 시작되었으며, 서양의 로마인들이 비단을 처음 본 것은 B.C. 53년, 페르시아의 카래 전투에서였고, B.C. 45년 로마에 처음 소개되었다.

중국인들은 견사와 견직물은 수출했지만 그것의 제조법에 관해서는 엄격히 비밀을 지켰다고 하지만 이는 타국으로 비법이 알려지게 되었고, 서기 200년경 일본과 코탄(Khotan)을 거쳐 비잔틴 제국에 전하였다. 광택이 있는 실로 파도모양이나 나뭇결을 짜냈기 때문에 최근 포멀에 사용되는 경우도 있다. Moire는 프랑스말로 파도모양. 탄력이 있는 화려함으로 분위기를 만들어 내고 있다.

(4) 자가드(Jacquard)

다마스크(Damask)와 같은 방법으로 짜지만, 기계적으로 전면에 일률적인 모양이고 색도 많으며 소재도 폴리에스텔 혼방이 보통이어서 다마스크보다 편하게 사용할 수 있다. 현재 호텔, 레스토랑의 업무용으로 가장 많이 사용되고 있다.

(5) 양모(wool)

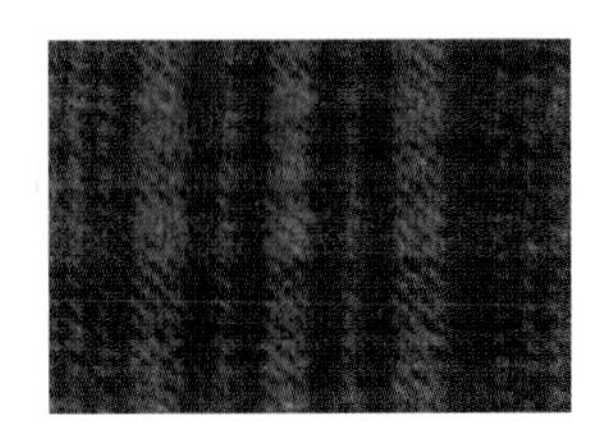

양모는 세계의 주요 섬유 중 가장 늦게 방적이 이루어졌다. 메소포타미아는 '양모의 땅' 이었다. 이곳에서 양들이 최초로 가축으로서 길러졌으며, 고대의 양모산업의 중심지가 메소포타미아였다면, 중세 말 및 근세의 양모 중심지는 영국이었다. 영국의 양모 역사는 매우 길어, 현존하는 요크셔의 유품은 최소한 4000년 전의 것으로 추정되고 있다. 영국은 13세기부터 유럽에서 가장 많은 양모를 생산하는 나라가 되었다. 1788년 영국 죄수들을 위한 식민지로 시작된 오스트레일리아도 다량의 양모를 영국으로 수출했다. 양모 운송으로 유명한 19세기 중엽의 쾌속 범선들이 그것을 말해 준다. 남아메리카와 남아프리카 역시 다량으로 양모를 생산하여 영국으로 수출했다.

(6) 레이스(lace)

나라에 따라서 Nottingham lace, Belgium lace, Cutwork, Scarapp 등이 있으며 색 클로스 위에 더블로 달거나 테이블 윗부분 가장자리에 색에 맞게 달아서 활용하거나 할 수 있다. 클래식한 연출과 포멀한 파티에도 사용할 수 있다.

4) 테이블 리넨의 패턴별 분류

패턴이란 디자인 행위에서 이루어지는 정돈된 배열을 뜻하는 것으로 장식미술에 있어서 반복된 문양의 하나인 조형단위(造形單位)를 말한다. 패턴은 장식성을 나타낸다는데 그 의의가 있다. 이러한 패턴은 과거로부터 일상생활에서 접해온 것들의 반복적인 형태, 또는 그것의 변형으로 나타났고 상상을 통한 새로운 문양의 창조로 이어지기도 했다. 패턴과 테이블 리넨의 디자인과의 관계는 매우 밀접하다. 패턴의 크기, 배치, 색채 등 그것이 반복되는 형식에 따라 디자인 자체가 좌우되며, 직물의 질감과 색에 따라 그에 사용되는 패턴 역시 달라질 수 있다.

– 꽃 패턴

자연의 창조물 중 가장 아름다운 꽃은 과거에서 현재를 통틀어 가장 애용되고 있는 패턴이라 할 수 있다. 꽃 패턴은 꽃의 형태를 표현하는 방법에 따라 구상적인 표현과 추상적인 표현으로 나눌 수 있다. 구상적인 표현은 꽃에 생기 있는 느낌을 주는 것으로 사실적으로 나타낸다. 추상적인 표현은 꽃의 형태를 생략하여 이미지를 전달하는 것으로 아름다움보다는 특성을 강조하여 표현한다. 꽃 패턴은 그 표현하는 방법에 따라 아르누보 패턴, 부케 패턴, 클래식 플로럴 패턴, 플로럴 패턴, 빅토리아 플라워 패턴 등 다양하다.

– 기하 패턴

기하 패턴은 다양한 민족들이 고대로부터 사용해온 문양이다. 이것은 추상예술의 유파로서 개성과 감정을 부정하고 기하학적 요소로 구성된다. 직물 날염 디자인의 기하 패턴은 스트라이프, 체크, 물방울 패턴을 중심으로 규칙적이고 단정한 느낌을 준다. 기하패턴의 유형은 아디레 패턴, 아메리칸 인디언 패턴, 아르데코 패턴, 아즈텍 패턴, 그래픽 패턴, 옵티컬 패턴 등이 있다.

– 추상 패턴

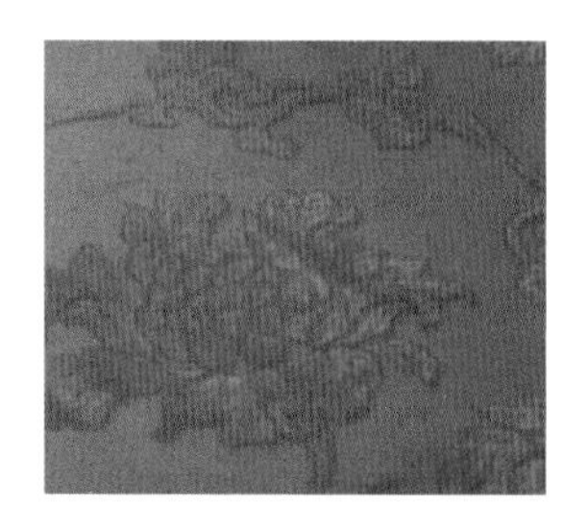

추상 패턴은 자연에서 얻어지는 것으로 나타내고자 하는 것이 무엇인가를 굳이 설명하지 않으며 의미를 부여하지 않고, 즉흥적이라고 할 수 있다. 즉 개성과 감정을 부정한 순수 도형으로서 합리적인 경향과 표현주의적인 경향을 띤 풍부한 표현을 가리킨다.

– 스트라이프 패턴

일정한 방향의 줄문양이 배열되어 있는 패턴을 말한다. 이것은 자가드 패턴과 기계날염의 최초의 문양으로 스트라이프의 간격, 넓이, 문양 등으로 변화를 줄 수 있다. 가로 · 세로 선들의 진행방향에 변화를 주거나 전혀 다른 문양으로 전개되어 스트라이프의 특징을 살리기도 한다.

– 체크 패턴

가로줄 문양과 세로줄 문양이 교차하여 이루는 패턴으로 줄의 간격, 넓이에 따라 다른 변화가 일어난다. 체크 패턴의 유형에는 올터네이트 체크, 도스 투스 체크, 팬시 체크, 그래주얼 체크, 마드라스 체크, 오버 체크, 건클럽 체크 등이 있다.

– 물방물 패턴

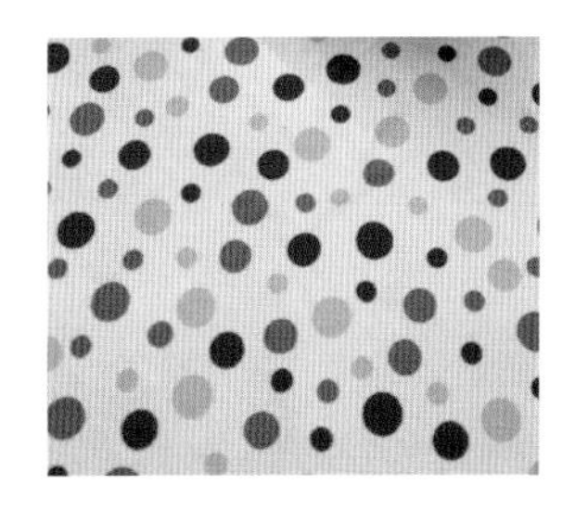

물방울 패턴은 원형의 물방울 문양이 규칙적으로 혹은 서로 다른 크기가 자유로운 배열로 나타나는 문양으로서 B.C. 1천 년 무렵 아시리아(Assyria) 시대 이후 널리 사용되어 오고 있다.

이 패턴은 어느 시기, 어느 때나 애호되며 그 용도도 다양하다. 물방울의 크기는 용도에 따라 직경 1cm의 것부터 작게는 0.1cm, 크게는 15cm까지 다양하다.

물방울 문양은 플록 도트(flock dot), 팬시 도트(fancy dot), 폴카 도트(polka dot), 스위벨 도트(swivel dot) 등이 있다.

5. 센터피스(Centerpiece)

센터피스는 퍼블릭 스페이스(Public Space)에 장식하는 물건이나 꽃을 총칭하여 센터피스라고 한다. 대부분 테이블 중앙에 위치하기 때문에 테이블의 높이를 입체적으로 표현하며 오늘날 테이블 코디네이션에서 센터피스로 많이 이용되고 있는 꽃이 일반화된 시기는 산업혁명 이후 부르주아 계급이 왕족과 귀족의 취미를 본뜨면서부터이다.

예전 로마인들과 르네상스시대의 사람들은 과일과 야채를 테이블 위에 데커레이션하는 것을 즐겼다. 빅토리안 시대에는 만찬 식탁의 중앙에 고가였던 빨간 장미를 잎이 안보일 정도로 장식하기도 했다. 19세기 중엽에 이르면서 대중화되었다.

1) 센터피스 종류

(1) 피겨(figure) & 어티치먼트(Attachment)

피겨는 '놓는 물건', 어티치먼트는 '부속물품' 또는 '애착하는 물건' 이라는 뜻을 의미하며, 장식성과 실용성을 동시에 지닌 식탁 위의 소형 장식물을 의미한다. 식사와 식기와는 직접적인 관련은 없지만 조형적인 테이블 연출을 도와주며, 환상적인 분위기를 만드는 데 도움을 주며, 손님과 호스트 사이에 대화를 유도하는 효과도 있다. 식도구에 필요한 냅킨링, 나이프, 포크의 받침대 같은 간접 소품류와 도자기, 은제품들의 꽃이나 동물 등의 장식품 등 다양하다.

〈표 6-15〉 테이블 피겨 & 어티치먼트

명칭	형태	용도	비고
네프 (nef)		14세기 경에 궁에서 선박 모양의 용기로 테이블에 처음 등장했으며, 소금을 넣는 통으로 사용했으며, 그 후에는 향신료를 넣거나 자물쇠를 채워 왕후 귀족들이 사용할 커틀러리를 넣어 두거나 냅킨을 넣는 함으로 사용	17세기 이후에는 본래의 성격을 벗어나 호화롭고 장식적이며 '권력의자리'를 상징하는 것으로 발전
네임카드 네임카드 스탠드 (name card)		손님이 앉아야 할 자리를 정해 두어야 할 때 사용하며, 포멀 테이블에서는 반드시 필요하며, 테이블 이미지에 맞는 소재, 색을 신경써서 세련된 자리가 되도록 한다.	네임 스탠드를 식물의 나무가지 등이나 돌 등으로 사용해도 좋다.

명칭	형태	용도	비고
냅킨링 냅킨 홀더 (napkin ring)		냅킨은 자신의 머리글자를 표시한 냅킨링에 넣어 사용되었으며 주로 은으로 만들었다. 냅킨 사용 후에는 다시 냅킨링에 끼워 놓는다.	장식적인 효과로 은, 목재, 색상, 형태의 다양함으로 자주 이용한다.
솔트 셀러 & 솔트 셰이크 (salt cellar & salt shake)		소금을 보관하는 통으로 솔트 셀러 안에 들어있을 때에는 소금스푼으로 음식을 뿌리고, 없을 때에는 손가락으로 집어서 뿌린다. 약식에서는 솔트 셰이크를 사용한다.	후추보다 많이 사용하므로 페퍼셰이크보다 손에 가까운 위치에 놓는다.
페퍼밀 & 페퍼셰이크 (paper mill & paper shake)		페퍼밀은 후추를 갈아주는 용기로 격식 있는 식사나 약식에 모두 적당하다.	은, 크리스털은 호화로운 식사에 적당하고, 나무나 아크릴, 에나멜, 도기, 자기 같은 재질은 약식에 적당하다.
레스트 (rest)		커틀러리를 세팅할 때 사용되는 도구. 캐주얼한 테이블에 주로 이용된다.	런천세팅에 많이 사용한다.
캔들류 캔들 스탠드 (candle & candle stand)		캔들링을 한다는 것은 식사를 시작한다는 것이다. 식사 중에 초가 녹을 수 있으므로 2시간 이상 사용할 수 있는 초를 이용한다.	테이블 위의 음식의 잡냄새, 소음을 줄일 수 있다.
클로스 웨이트 (cloth weight)		테이블 클로스 사방에 무게가 있는 장식품. 야외에서 테이블 클로스를 날리는 것을 방지해준다.	

(2) 테이블 플라워

유럽이나 왕이나 귀족들이 커다란 테이블에서 식사를 할 때 상 가운데 유리장식이나 꽃을 놓았던 것에서 유래된 센터피스를 꽃이나 과일, 과자, 양초 등을 식탁 분위기에 맞게 장식하며, 짙은 향으로 식욕을 해칠 우려가 있으므로 향이 강한 꽃이나 꽃가루가 날리는 꽃은 피한다. 계절감을 느끼게 해주고, 테이블의 생동감을 주는 역할을 한다. 테이블 센터피스는 테이블 전체 면적의 1/9을 넘지 않는 것이 좋고, 마주 앉은 사람들의 시선을 가리지 않도록 45cm보다 낮게 제작하는 것이 바람직하다.

플라워 디자인이란 미적이고, 정서적인 창조활동으로서의 예술적 표현 추구와 기능성, 합리화 과정으로서의 시각적, 공간적 조형예술활동을 총칭하는 종합적 개념이다. 서양의 경우 꽃꽂이를 뜻하는 개념으로 플라워 어렌인지먼트(Flower Arrangement), 플로랄 아트(Floral Art), 플로랄 디자인(Floral Design, 아트 오브 플로랄 디자인(The Art Of Floral Design) 등이 있다. 원래 '플라워'는 재료적 특성을, '어레인지먼트'는

정리와 배치를 의미하므로 꽃을 비롯한 필요한 재료들을 조화롭게 배치하여 구성한다는 뜻을 갖는다. 그러므로 테이블 플라워을 만들 때에는 먼저 꽃과 꽃의 관계를 아름답게 가꾸고 꽃과 용기, 꽃과 기타 재료와의 관계를 정리 통합할 필요가 있다.

① 꽃의 형태별 분류

꽃 소재를 분류한다는 것은 수많은 종류의 꽃들을 형태와 특성을 맞추어 합리적으로 활용한다는 것과 어레인지먼트를 보다 아름답게 만드는데 목적이 있다. 어레인지먼트는 크게 4가지 종류로 분류한다.

〈표 6-16〉 플라워 종류

구분	형태	특징과 역할	꽃	잎류
라인 플라워 (Line Flower, 선의 꽃)		특징 : 별명 스파이크 타입, 한 가지에 길고 꽃이 붙어 있다. 줄기에 운동감이 있어 확장효과가 크다. 역할 : 아우트라인을 꾸며 어레인지먼트의 바깥선을 강조한다. 보는 사람의 시선을 중심으로 이끌고 간다.	글라디올러스(gladiolus), 용담(gentiana), 개나리(golden bel), 금어초(snapdragon), 보리, 스톡(stock), 리아트리스(liatris), 인동(onicera japonica), 델피이엄(delphinium) 등	산세베리아(sanseviria), 드라세나(dracena), 유카리(eucalyptus), 유카(yucca), 뉴질랜드 아마란 (New Zealand flax), 만년청(rhodea) 등
매스 플라워 (Mass Flower, 덩어리의 꽃)		특징 : 별명 라운드 타입, 둥글고 볼륨이 있는 꽃, 작은 꽃이나 다수의 꽃잎이 모여 한 덩어리의 꽃을 이루고 있다. 꽃잎이 몇 장 떨어져도 전체적인 형태는 변하지 않는다. 주로 줄기 하나에 꽃이 한 송이 붙어 있다. 역할 : 어렌지먼트의 중심을 이룬다. 전체적인 골경을 만들며, 보는 이의 시선을 중심으로 이끌고 간다. 어렌지먼트의 흐름을 만든다.	카네이션(canation), 마리골드(marigold), 장미(rose), 수국(hydrangea), 국화(chrysanthenum), 아네모네(anemone), 거베라(gebera), 마가레트(magarete), 다알리아(dahia), 작약(peaonia)	고무나무(rubber tree), 포토스(potos), 동백(camellia), 은방울(convallaria)의 잎과 같이 동그스름한 잎
필러 플라워 (Filler Flower, 채우기 꽃)		특징 : 하나의 줄기에 또 많은 작은 줄기가 달려 거기에 작은 꽃이 많이 붙어 있는 것으로 풍성한 느낌을 준다. 역할 : 라인 플라워 매스 플라워의 조화를 돕고 어렌지먼트의 빈공간을 없애주고, 꽃과 꽃을 연결하는 역할을 한다. 전체적인 이미지를 부드럽게 한다. 어레인지먼트의 단점을 보완하며 전체에 볼륨을 내는 효과가 있다.	안개꽃(baby' s breath), 스타티스(statice), 마거리트(maguerite), 춘국(crown daisy), 마타리(patrinia)	아스파라거스휴류 (asparagus plumosus), 미리오 글라더스 (mirio gladus), 공작고사리 (maidenhairfern), 소사나무(Korean hornbeam), 회양목(Korean box tree), 등과 같이 섬세하여 볼륨감을 느낄 수 없는 잎이나 가지
폼 플라워 (Form Flower, 형태의 꽃)		특징 : 꽃의 형태가 확실한 개성적인 꽃이 많다. 어느 쪽에서 봐도 그 모양이 달라 개성적이고 아름답다. 다른 형태의 꽃들보다 돋보이게 어레인지한다. 역할 : 어레인지먼트의 중심 부분을 이룬다. 역동적인 느낌을 준다.	카트레아(cattleya), 안스리움(anthurium), 극락조(strelizia), 아이리스(iris), 카라(cara), 백합(lily), 심비디움(cymbidium), 해바라기(sunflower), 튤립(tulip)	몬스테라(monstera), 칼라디움(caladium), 팔손이(Japanese aralia)의 잎과 같이 변화된 대형잎

② 테이블 플라워 기본 스타일(Table Flower Basic Style)

– 돔형(Dome Style)

돔형은 반원의 구형(球形)으로 구성하는 어레인지먼트로 둥근원을 반으로 나눈 형이다. 모든 방향에서 볼 수 있도록 디자인되기 때문에 포컬 포인트를 가지고 있지 않으며, 디자인은 조밀하고 가볍고 경쾌하다. 모든 줄기들은 디자인의 중앙에서부터 방사상으로 돔형을 이룬다.

– 구형(Ball Style)

구형(球形)은 공처럼 둥근형으로 시각상의 초점(Focal Point)을 가장 아름다운 꽃으로 하여 둥근형이 되도록 잎 소재와 함께 마무리한다.

– 원뿔형(Corn Style)

원뿔형 디자인은 잎줄기를 원뿔형의 나무를 닮도록 용기에 배열하였고, 꽃과 과일을 함께 어레인지먼트하여 밑에서부터 꼭대기까지 나선형으로 배열한다. 둥근형이지만 피라미드 형과 같이 입체적인 수직 이등변삼각형이라 할 수 있다.

– 수직형(vertical)

화기의 폭을 벗어나지 않으며 높이감을 주는 형태를 말한다. 화기 길이의 1.5배에서 2배 정도의 높이를 주며 그보다 더 강한 느낌을 줄 때에는 높이를 더 높게 설정하기도 한다. 위로 상승하는 느낌을 주며 높이가 있는 공간에 잘 어울린다.

- 수평형(Horizontal Style)

옆으로 퍼지는 형태로 똑바른 줄기를 직선으로 꽂는 스타일이며, 개성적인 테이블 위를 장식하는데 최적의 형태이다.

어느 방향에서 보아도 좋기 때문에 크기에 따라 리빙룸, 식탁 테이블, 사이드 케이블, 장식장 등 부드러운 분위기가 필요할 때 적합한 스타일이다.

- L 자형(L shape)

긴 수직선과 짧은 수평선이 만나 영어 알파벳 L 자와 같은 형태를 이룬다. 낮은 화기나 사각형의 화기와 잘 어울리며 2개 이상 쌍을 이루어 놓는 것이 좋다. 안정적이고 균형적인 느낌을 갖게 함으로 클래식한 공간과 같이 격식을 갖춘 장소에 어울린다.

- 토피어리 스타일(Topiary Design)

정원수의 가지를 구형으로 가지치기 한 것과 같이 소재를 볼이나 콘 모양으로 잘 다듬어 굵은 줄기 위에 장식하여 자라고 있는 식물을 표현한 것이다.

③ 플라워 센터피스 제작시 고려사항

① 어떤 목적인지의 테이블 코디네이트인지 확인하고 컨셉을 정해야 하며,

② 테이블의 위치가 실내인지, 실외인지 정해야 하며, 식사 시간이 낮인지 밤인지를 고려해야 한다.

③ 테이블의 모양과 형태, 크기를 고려해야 한다.

④ 착석 형태로 식사를 하는지 서서 식사를 하는 뷔페 테이블인지를 고려해야 한다.

⑤ 행사장의 분위기, 즉 인테리어를 확인하여 통일성 있는 구성을 해야 한다.

⑥ 여러 이미지 시안 중 테이블에 구체적으로 어떤 디자인 형태로 선정할 것인지 고려

해야 한다.

⑦ 전체적인 색상을 선택하고, 메인 플라워, 서브 플라워 선택에 계절에 맞는 소재 선정을 고려해야 한다.

⑧ 테이블 클로스와 테이블 웨어들의 색상과 재질에 플라워 센터피스의 색감과 질감이 잘 어울리는지 고려해야 한다.

⑨ 주제, 장소, 센터피스에 어울리는 피겨를 선택을 고려한다.

⑩ 테이블 높이에 맞춰 플라워 디자인을 고려하고, 플라워 연출할 베이스(base)선택을 한다.

⑪ 식사에 방해되지 않게 높이와 크기를 고려하고, 시선을 가리지 않게 고려한다.

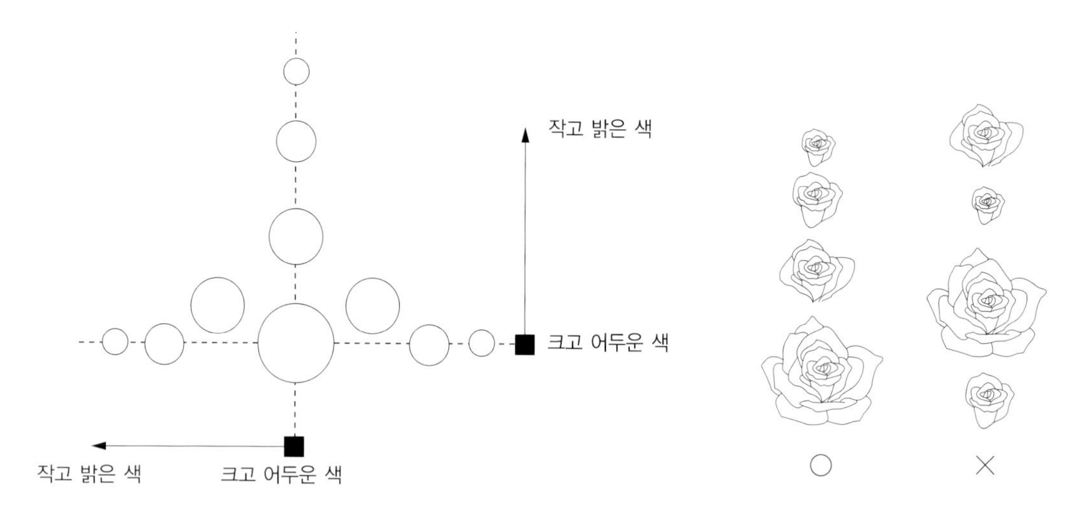

〈그림 6-10〉 식물 소재의 크기와 색채에 따른 리듬 조성

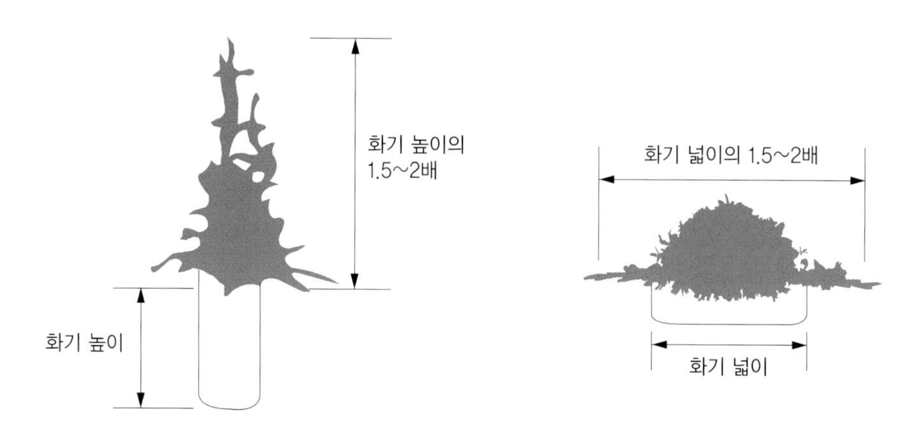

〈그림 6-11〉 화기에 따라 플라워 형태 황금 비율

〈그림 6-12〉 화기와 형태의 디자인 비율, 테이블과 화기의 비율 적용

플라워 어레인지먼트(Compsition of Flower Arrangement)의 구성법

꽃 소재의 4가지 형태를 사용하여 어레인지먼트를 구성한다.

1. 라인 플라워(Line Flower)로 조형(造形)의 아우트라인(Out Line)을 만든다.
2. 그 안쪽에 매스 플라워(Mass Flower)를 꽂는다.
3. 초점(Focal Point)에 폼 플라워(Form Flower)를 꽂는다.
4. 꽃과 꽃의 공간에 필러 플라워(Filler Flower)를 메워서 완성한다.

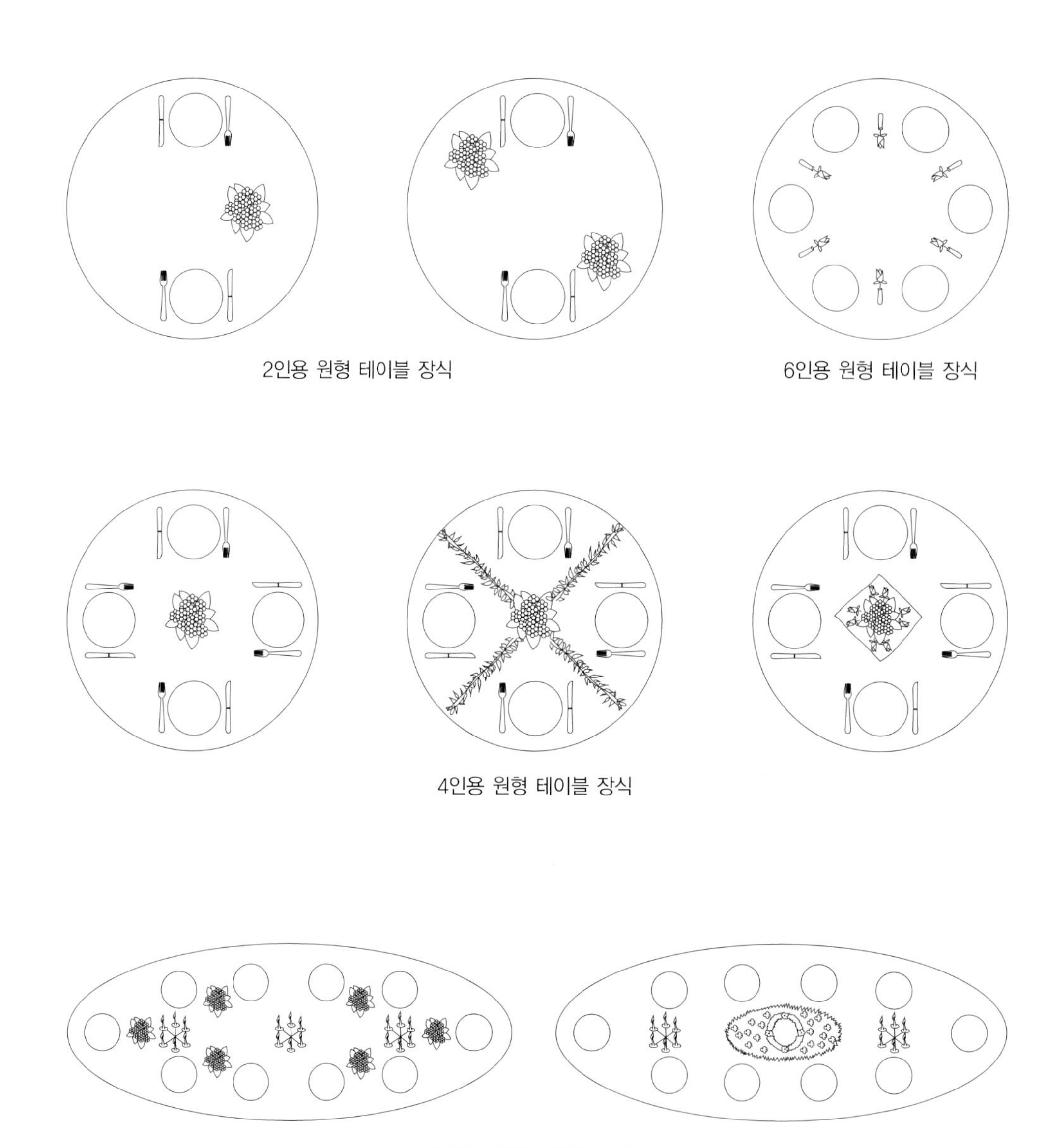

〈그림 6-13〉 센터피스의 위치 구성

part. 7

table co

테이블 스타일 분류와 메트릭스 차트

rdinate

part. 7 테이블 스타일 분류와 메트릭스 차트

1. 테이블 스타일 분류

스타일이란 어떠한 특정 시대의 규정지을 수 있는 경향을 나타내는 양식을 뜻한다. 최근 들어 스타일이라는 말은 복식이나 머리 따위의 모양이나 '맵시', '품', '형' 등의 의미로도 사용하고 있으며, 이러한 것을 표현하고 나타내는 일정한 방식을 가리키기도 한다. 사전상으로 살펴보면 문학작품에서 작가의 개성을 드러낼 수 있는 형식이나 구성의 특징을 스타일이라 이르기도 하며 예술 · 미술 · 건축 · 음악 · 문학 따위에서, 어떤 유파나 시대를 대표하는 특유한 형식. '양식(樣式)'을 나타내는 말로 사용하기도 한다. 이러한 스타일은 최근 주거양식과 인테리어라는 부분에 사용되면서 라이프 스타일, 즉 생활양식이라는 뜻으로도 사용되고 있다.

테이블을 연출할 때 가장 먼저 생각되어야 할 부분이 컨셉트와 목적에 맞는 연출이라는 점을 감안할 때 테이블 스타일을 결정하는 부분은 스타일리스트가 테이블의 느낌과 방향을 잡는데 가장 중요한 요소로 작용한다.

2. 이미지의 분류

테이블 스타일 분류를 위해서는 이미지를 분류하는 것이 중요하다. 이미지란 어떤 대상물에 대해 떠오르는 그림, 즉 상(象)이나 심상(心象)으로 정의할 수 있다. 대상물에 대한 개인의 감정, 태도, 연상, 평가 등의 심리적인 요인을 종합한 내용이기 때문에 어느 누가 보든지 똑같은 의미와 감정을 전달할 수 있어야 한다. 이미지를 구체적으로 시각화하여 테이블로 옮겨 연출하는 작업은 이미지 스케일을 통해 단순화하여 작업할 수 있다. 이미지를 구체화하는 작업을 통하여 이미지 스케일 작업을 진행할 수 있다.

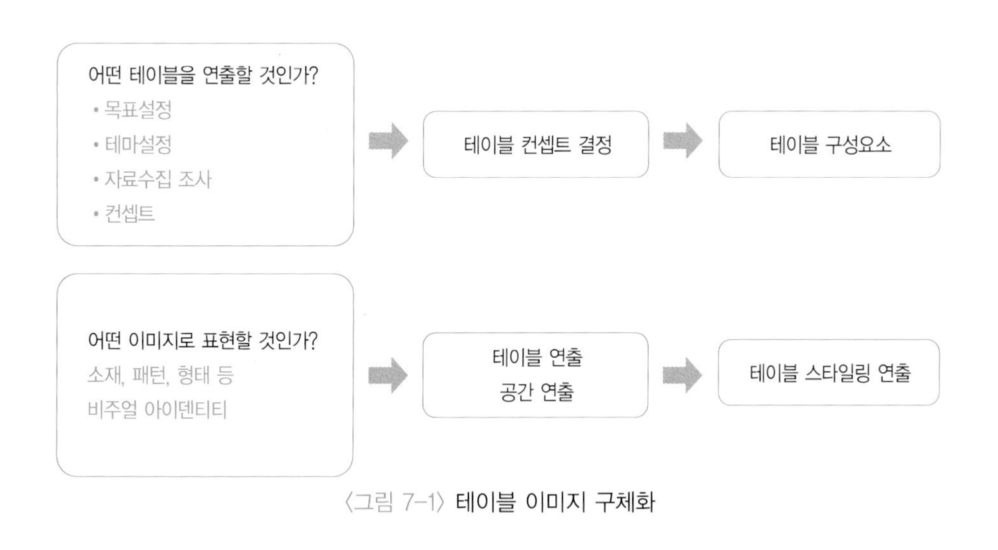

〈그림 7-1〉 테이블 이미지 구체화

통일감 있는 코디네이트를 하기 위해서는 식기나 클로스 등 이미지(색이나 형태, 소재가 주는 인상)을 일치시키는 것이 중요하다. 이미지 스케일은 사물의 이미지를 공통의 단어로 옮겨서 위치선정을 한 것이다. 만약 완성된 식탁에서 각각 따로 있는 인상을 받았다면, 아마도 각각의 이미지로 된 것일 것이다. 다른 이미지의 것을 섞는 것은 대체로 어렵고 테크닉이 필요하다. 처음에는 같은 이미지끼리 조합하는 것이 쉽다.

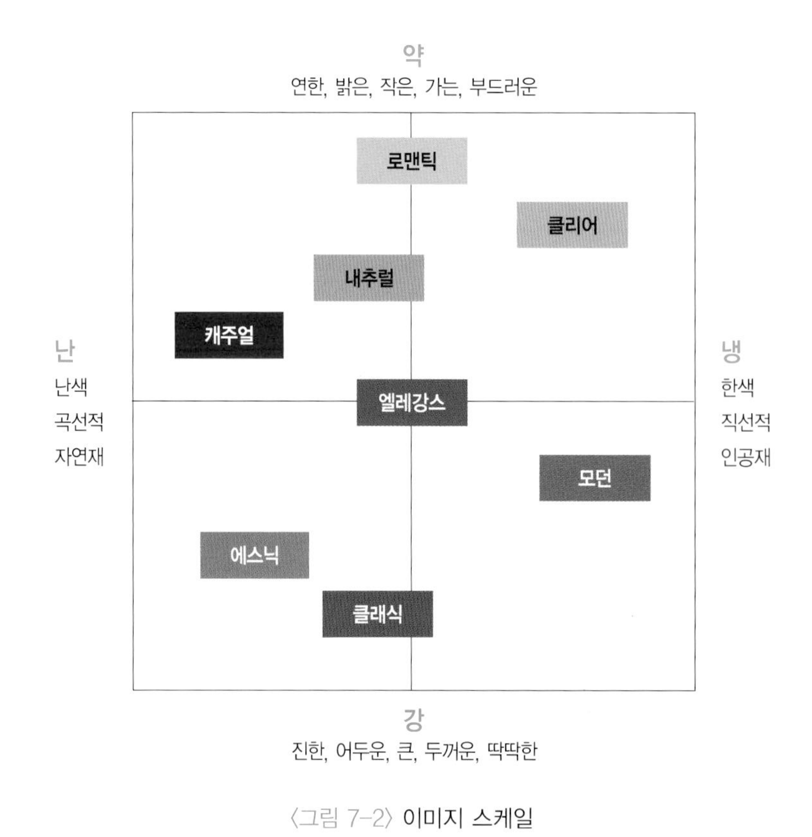

〈그림 7-2〉 이미지 스케일

위의 표는 색, 형태, 소재의 이미지를 기본으로 하여 전체의 이미지 언어를 분류하여 위치시킨 것이다. 세로는 힘의 강약, 가로는 온도를 나타내고 있다. 위로 갈수록 약하고, 밑으로 갈수록 강한 이미지이다. 좌로 갈수록 고온, 우로 갈수록 저온이 된다.

(1) 색의 이미지......(약)연한색, 밝은색(강)진한색, 어두운색(난)난색(한)한색
(2) 형태의 이미지......(약)작은, 가는(강)큰, 두꺼운(난)곡선적(한)직선적
(3) 소재의 이미지......(약)부드러운(강)딱딱한(난)자연재(한)인공재

1) 클래식

전통이 있으며, 격조를 전하는 중후한 이미지를 가진다. 손을 가한 장식이 많아질수록 보다 고저스하게 연출할 수 있으며 심플하게 완성하면 댄디한 이미지를 지닌다.

다크브라운이나 모스그린 등 갈색계를 중심으로 한 깊이 있는 색조합으로 격조높은 중후한 분위기를 연출한다. 골드계의 장식이나 고급 소재로 고급스러움을 나타낼 수 있도록

한다. 중요한 게스트를 초대한 본격 디너나 선배 남성이 주역인 파티의 테이블에 어울린다.

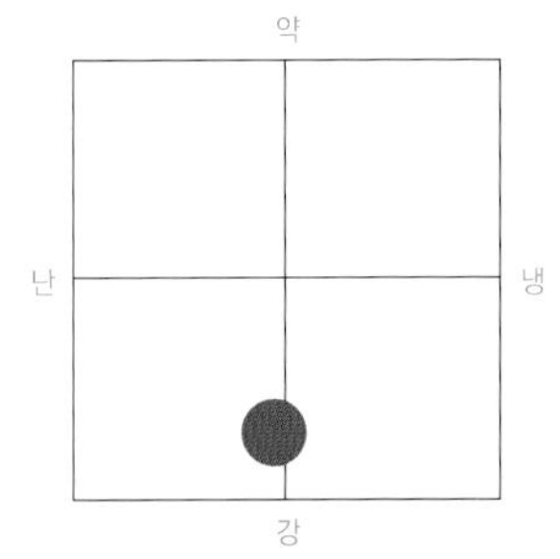

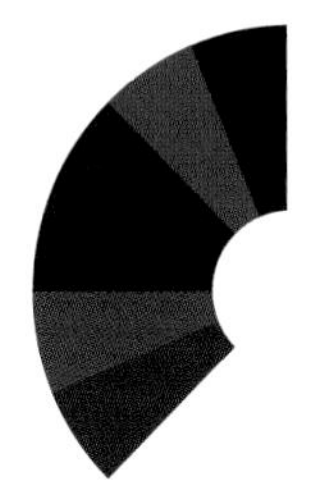

(1) 이미지를 표현하는 단어

전통적인, 호화로운, 침착한, 풍미가 느껴지는, 중후한, 격조있는, 차분한, 튼튼하고 다부진, 성숙한, 견실한, 속깊은, 원만한, 깊은맛이 있는, 고전적인, 묵직한

(2) 컬러 : 배색

갈색계를 중심으로 한 짙은 색. 와인, 검붉은 색, 골드 등을 넣으면 부유한 고저스함(멋스러움)이 나오고, 검정, 다크그레이 등을 넣으면 격조가 있는 댄디한 이미지가 된다. 콘트라스트를 첨가하지 않고, 품위를 표현하면 좋다.

(3) 문양, 소재, 형태

무지 계통, 장식적인 전통문양, 꽃을 곁들인 고전적인 문양.

금, 벨벳 등 광택이 있고 고급스러움을 빚어내는 것. 중후하고 품격이 있는 피혁, 고급 소재의 마, 면의 다마스크 짜임의 리넨, 로코코풍 등 유럽 전통가구, 안정감있는 고급 가죽 소파, 금채(金彩)가 더해진 디자인의 식기나 글라스, 고급스러움과 함께 실용성과 내구성이 있는 진정한 의미의 양질의 소재, 튼튼하고 다부진 안정감이 있는 물건, 양식이 느껴지는 물건.

고저스하게 하고 싶으면 의장에 공을 들인 디테일, 장식적인 모티브를 넣는다.

2) 엘레강스

섬세하고 자연스러운 품위가 있으며 바란스 있는 멋이 느껴지는 아름다움을 의미한다. 조용하고 세련된 성인 여성의 품위와 평온함이 엘레강스의 이미지이다. 그레이스나 색조합을 강조한, 콘트라스트를 억제한 미묘한 뉘앙스의 색을 사용하여 연한 그레이시 컬러로 세련된 성인 여성스러움을 연출한다. 품질 좋은 디자인이나 실크 등의 고급소재를 사용하여 우아하고 차분한 분위기로 완성하는 것이 좋다. 멋스러운 프렌치 디너나 애프터눈 티 등, 성인 여성 게스트가 중심인 파티의 테이블에 어울린다.

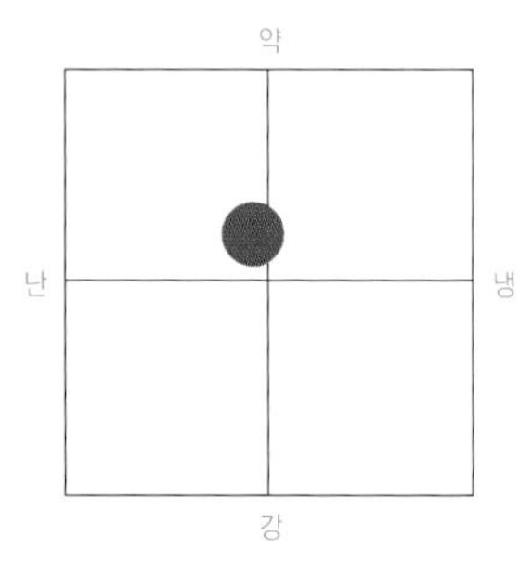

(1) 이미지를 표현하는 단어

품위있는, 우아한, 섬세한, 세련된, 조용한, 평온한, 미묘한, 고상한, 차분한. 기품있는, 여성적인, 멋스러운, 섬세한, 정숙한, 페미닌한

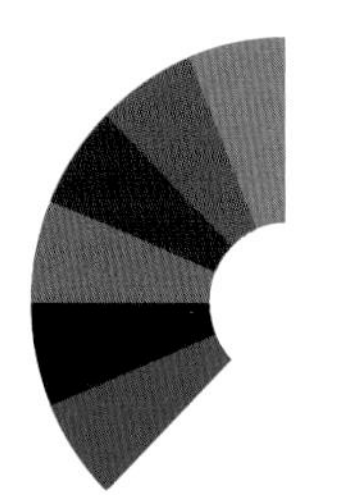

(2) 컬러 : 배색

평온한 톤의 어른스러운 그레이스한 컬러가 중심이 된다. 약간 색조가 있는 색의 톤을 조합한 세련된 품격을 표현한다. 달콤함이 느껴지는 색조합을 많게 하면 여성적으로, 한색계 중심이라면 중성적으로 느껴진다.

(3) 문양, 소재, 형태

문양을 의식하지 않은 듯 윤곽이 연한 문양, 흐르는 듯한 곡선의 추상적인 무늬, 적당한 장식을 살린 꽃문양.

미묘한 직물, 흐를듯한 곡선, 차분한 광택이 있는 표면이 곱고 반들반들한 양질의 소재. 실크나 스웨이드 등의 고급 소재, 대리석, 고급 도자기 등, 얇고 섬세한 글라스. 그레이시 컬러의 사틴리본, 얇은 컷트유리로 된 향수병, 기품있는 장식이 있는 은제 커틀러리, 얇고 섬세한 디자인의 식기, 글라스와 적당한 중량감에 매끄러운 곡선, 미묘한 요철감에 장식을 더한 섬세한 뉘앙스를 살린 디자인을 계획한다.

3) 로맨틱

로맨틱은 귀여운, 사랑스러운, 달콤함 등의 소녀적인 느낌의 이미지를 가지고 있다. 품위가 있고 감미로운 세계를 로맨틱이라고 할 수 있다. 서정적이고 소프트한 섬세함, 감미로움을 파스텔계의 연한 색으로 자연스럽게 연출하는 것이 좋다. 갸날프고 사랑스러운 소녀다운 꿈같은 이미지를 지니고 있으며 핑크나 페퍼민트, 베이비블루 등 파스텔 컬러에 흰색을 더해 전체에 소프트한 분위기를 준다. 꿈처럼 달고 부드러운 세계를 연출할 수 있다. 10대 소녀의 생일 파티나 웨딩 샤워 파티, 베이비샤워 파티의 테이블 연출에 사용할 수 있다.

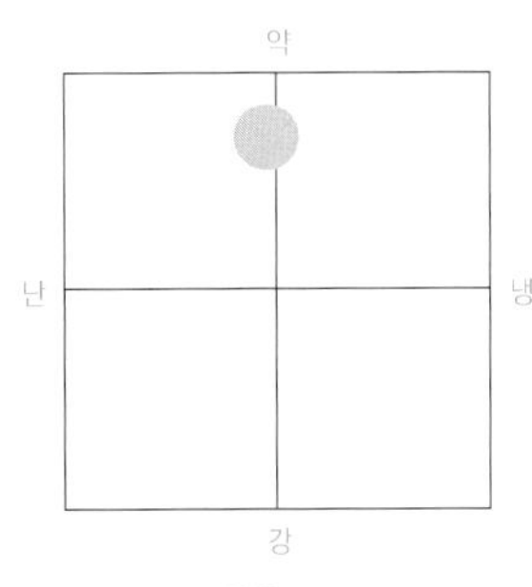

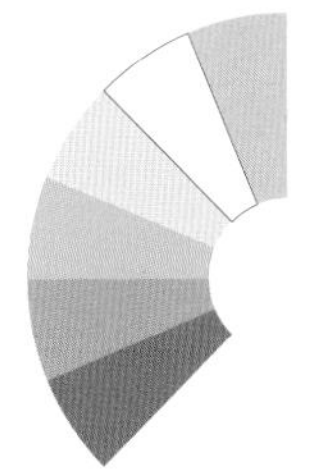

(1) 이미지를 표현하는 단어

감미로운, 유화한, 새콤달콤한, 나긋나긋한, 촉감이 좋은, 귀여운, 부드러운, 소프트한, 달콤한, 꿈을 보는 것같은

(2) 컬러 : 배색

파스텔계의 연한 색상을 사용하는 것이 좋다. 핑크계를 중심으로 달콤함이 느껴지는 청색(淸色)에 흰색을 더해 소프트하게 통합하면 소녀스러운 부드러운 배색이 된다. 페퍼민트, 베이비블루 등 연한 한색(寒色)을 더하면 산뜻함이 더해진다.

(3) 문양, 소재, 형태

연한 상태의 꽃문양이나 작은 물방울의 부드러운 느낌의 일러스트.

쉬폰 등 투명감이 있는 섬세한 레이스, 파스텔 컬러의 베이비용품, 백목이나 불투명 유리의 인테리어용품, 밝은 색의 바스켓, 하얀 나무나 밝은 색의 등나무, 프릴이나 드레이프에 보여지는 것 같은 우아한 곡선 사용, 얇은 동그라한 손으로 감싸는 듯한 콤팩트한 형태를 사용한다.

4) 내추럴

내추럴은 자연의 자연으로부터란 의미로 평온하고 자연스러운 분위기를 의미한다. 자연이 가지는 따뜻함, 소박함을 표현하여 마음이 누그러지는 편안한 이미지를 표현할 수 있다. 인공적이고 쿨한 모던 감각과는 대조적인 편안함이 있는 분위기를 연출할 수 있다. 아이보리나 오프화이트, 밝은 황녹계 등의 자연을 느끼게 하는 색으로 평온하게 조합하는 것이 좋다. 살색, 나무나 풀의 색을 중심으로 한 자연에서 볼 수 있는 평온한 색조합에 의해 온기를 전달할 수 있다. 테이블을 연출하는 소재도 마나 면, 나무나 대나무 등 천연소재를 사용하여 자연이 가지는 소박하고 따뜻한 분위기를 연출한다. 발코니에서의 런치나 휴일의 모닝, 가든 파티 등의 테이블에 적용하는 것이 좋다.

약
난
냉
강

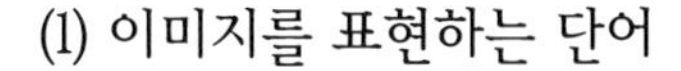

(1) 이미지를 표현하는 단어

자연스러운, 평온한, 평화로운, 친숙해지기 쉬운, 마음이 편하고 한가로운, 평온하고 느긋한, 대범한, 마일드한, 소박한, 꾸밈없는 순수함, 자연의, 자유로운, 가정적인, 태평스러운

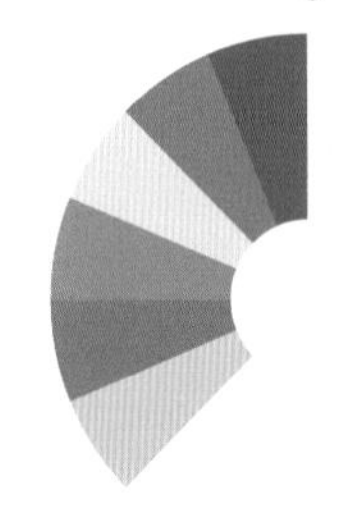

(2) 컬러 : 배색

베이지, 아이보리계의 황록계를 중심으로 한 자연의 식물, 손을 더하기 전의 소재를 연상하는 색. 청색에도 탁색에도 기울지 않은 배색을 사용하는 것이 좋으며, 그라데이션에서 톤을 미묘하게 바꾸어 완성한 배색을 기본으로 한다.

(3) 문양, 소재, 형태

무지나 무지계통의 문양. 풀이나 나무를 모티브로 한 문양에 촘촘하지 않은 단순하고 부드러운 터치의 체크, 마, 면 등 천연소재나 손뜨개 천, 소박한 도자기류 등, 나무, 대나무, 등나무 등 질감을 살린 것, 밝은 색의 목제 바스켓, 소박한 디자인의 구이요리, 두꺼운 유리나 하얀 도자기 식기, 손에 친숙해지기 쉬운 소박한 형태, 인공적인 가공을 느낄 수 없는 자연의 둥그러운 디자인을 사용한다.

5) 모던

도회적이고 쿨한 느낌을 주는 테이블 연출이다. 도시적인 감각과 참신한 디자인의 소품을 사용하는 것이 좋다. 백, 흑, 회색의 모노톤을 기초로 도회적이고 세련된 성인의 분위기를 연출한다. 인공적인 무기질 소재, 신감각의 디자인으로 프로다운 느낌을 내는 것이 요령으로 노랑이나 빨강의 비비드한 색을 악센트로 한다. 검정을 기초로 회색, 흰색을 조금 콘트라스트한 물건, 포인트적으로 비비드한 레드, 옐로 등을 넣은 경우는 역동감을 더한 모던을 표현할 수도 있다. 칵테일 파티의 테이블 연출에 좋다.

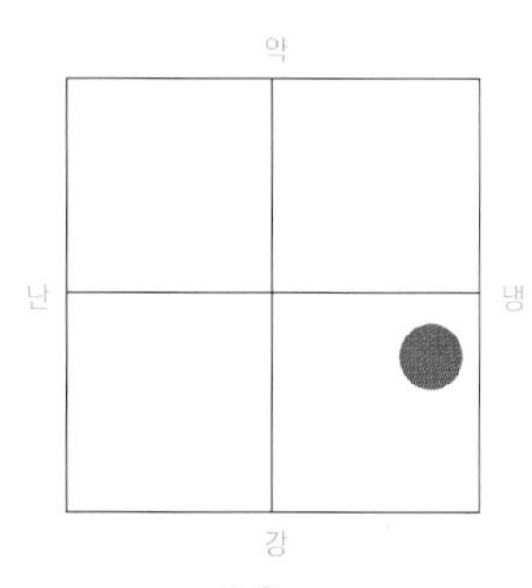

(1) 이미지를 표현하는 단어

현대적인, 샤프한, 합리적인, 이지적인, 대담한, 인공적인, 프로감각의, 생활감이 없는, 진보적인, 전통에 얽매이지 않는, 도회적인, 새로운, 쿨한, 세련된, 프로다운

(2) 컬러 : 배색

흰색이나 검정, 다크 그레이의 무채색, 블루계통의 조금 하드한 색, 무기질의 차가운 느낌의 색을 사용하며, 톤의 차이를 이용해 콘트라스트가 강한 배색을 하면, 하이테크감이 강조된다. 난색(따뜻한색)계를 악센트로 더하면 드라마틱한 역동감이 나온다.

(3) 문양, 소재, 형태

기본적으로는 무지를 사용한다. 문양의 경우는 스트라이프 등, 심플한 직선적인 것. 또는 기하학적이고 대담한 문양도 사용하는 것이 좋다.

색의 사용에 따라서는 참신, 스틸이나 글라스 등, 메카에 사용되는 인공적인 금속

딱딱하고 무기적으로 차가운 촉감의 것, 치밀하고 광택이 있는 자연석이나 인공석이나 스틸이나 유리, 금속 등의 인공재

샤프하고 직선적인 라인을 살린 심플한 디자인, 하드한 것

6) 젠

젠은 불교 용어인 '선(禪)'의 일본식 발음으로 사유수(思惟修), 즉 조용히 생각하는 것을 뜻한다. 젠 스타일은 1990년대 유럽에서 시작되었으며, 서양에서 본 동양사상으로 명상, 절제, 정갈함, 고요함, 자연스러움으로 표현된다. 젠은 중국, 일본 및 불교문화가 여러 가지 형태로 영화, 패션, 라이프 스타일 등에 새로운 바람을 불어 넣고 있는 과정에서 나타났다.

서양의 테이블에 일본 감각의 물건을 매칭시키는 것을 기본으로 한다. 일본의 테이블에 서양 감각의 물건을 넣어, 일본의 분위기를 연출하는 것도 방법이다. 봄은 벚꽃색, 여름은 창포색 등 계절에 맞춘 일본의 전통색을 코디네이트할 수 있다. 일본인이 중심인 식사나 외국인 손님을 게스트로 맞을 때 테이블 연출로 사용할 수 있다.

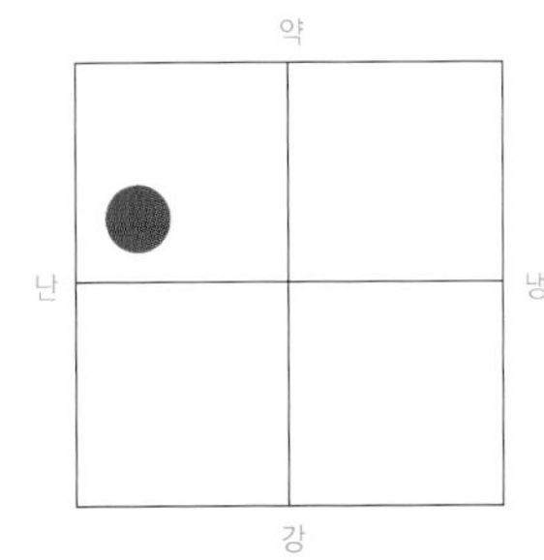

(1) 이미지를 표현하는 단어

풍류의, 순수한, 정숙한, 고풍스러운, 수수하면서도 깊은, 격조있는, 일본풍의, 품위있는, 전통이 있는, 화려한, 일본적인

(2) 컬러 : 배색

검정, 다크 그레이의 무채색. 그린 계열의 자연을 연상할 수 있는 색상 위주로 무채색을 사용하지만 자연에 가까운 따뜻한 느낌의 색을 사용한다.

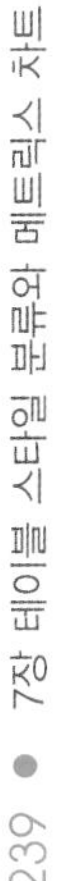

(3) 문양, 소재, 형태

일본고래의 무늬나 일본적인 무늬, 와풍 무늬, 홀치기 염색한 테이블 클로스나 냅킨, 바닥이 오글오글한 비단이나 기운 천 등의 러너, 목공이나 죽세공의 매트, 코스타, 옻의 포크, 스푼, 프레이트, 볼, 네모난 것의 모를 잘라낸 유리 맥주글라스나 와인 글라스를 사용한다.

7) 클리어

흰색과 블루나 그린 등 한색계의 색을 조합하여 상쾌함을 연출한다. 여분의 데코레이션을 생략하고, 산뜻한 느낌으로 연출한다. 노란색을 조금 더하면 젊은 분위기가 된다. 여름의 테이블이나 남자아이의 생일 파티 등에 어울린다.

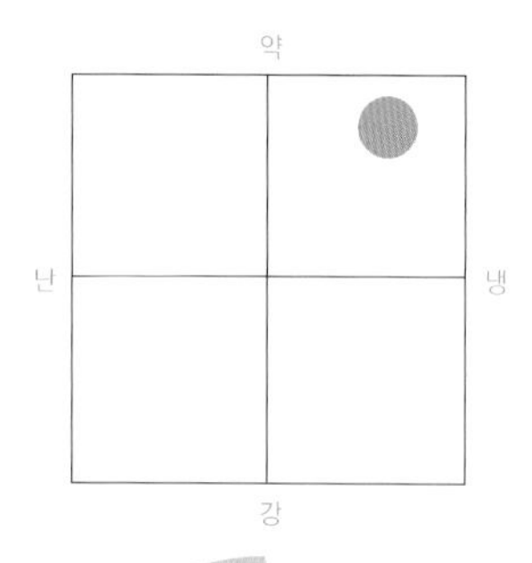

(1) 이미지를 표현하는 단어

상쾌한, 순수한, 청결한, 심플한, 신선한, 담백한, 깨끗한, 싱싱한, 상큼한, 젊은

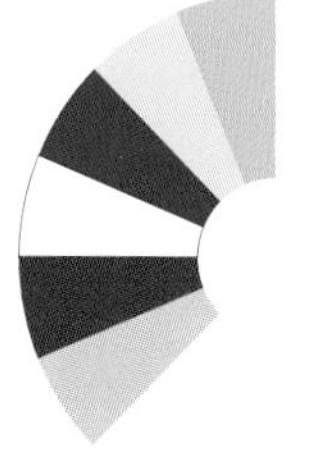

(2) 컬러 : 배색

흰색이나 블루 등의 산뜻하고 청량감이 느껴지는 한색계통으로 배색하며 유리 재질의 차가운 느낌의 색을 사용한다. 난색(따뜻한색)계를 악센트로 더하면 차가운 느낌을 배제할 수 있다.

(3) 문양, 소재, 형태

무지나 단순한 스트라이프, 체크무늬, 목면이나 마 등의 소재에 한색계의 것, 투명 혹은 반투명한 플라스틱 제품, 한색계의 유리의 플라워 베이스, 알루미늄이나 아크릴 등 가벼운 느낌의 소재, 심플한 디자인의 식기와 글라스

8) 캐주얼

라틴어 '일어난 일의' 의 뜻에서 '우연의, 되는 대로의, 약식의(informal)' 라는 의미로 쓰인다.격식이나 양식에 구애 받지 않고, 여러 가지 소재의 믹스 앤 매치를 통해 자유로운 발상으로 연출한다. 만들어내지 않은 느낌, 개방감이 캐주얼 이미지의 포인트로 재질이 다른 소재를 룰에 구속되지 않고 자유롭게 조합한 자유로운 이미지를 뜻한다. 밝고 활기있는 색을 사용한 코디네이트로, 활기찬 이미지를 연출할 수 있다.

적, 청, 황, 녹, 오렌지 등의 컬러플한 색이나 팝스러운 디자인을 사용하여 즐겁고 북적거리는 분위기를 연출한다. 포말한 룰에 구애받지 말고, 자유롭게 코디네이트하는 것이 좋다. 이탈리안 등 편안한 런치나 키즈 파티에 적용시키기 좋은 스타일이다.

(1) 이미지를 표현하는 단어

명랑한, 즐거운, 활기찬, 홀가분한, 화려한, 친해지기 쉬운, 귀여운, 산뜻한, 팝(POP)스러운, 유쾌한, 번화한, 쾌적한, 건강한, 간편한, 컬러플한, 친숙해지기 쉬운

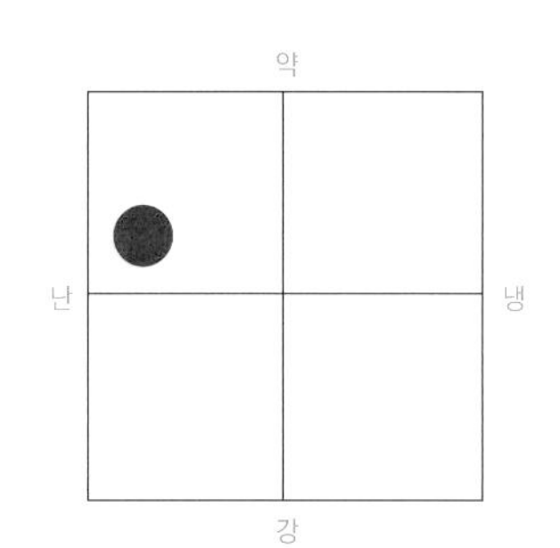

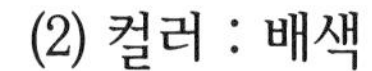

(2) 컬러 : 배색

적, 청, 황, 녹, 오렌지 등의 컬러플한 색의 산뜻한 색을 이용하여 배색하며 배색은 흰색과 조합하여 산뜻한 콘트라스트감이 두드러진 배색을 사용한다. 2~4색을 조합한 색상배색으로 보다 활기찬 이미지로 연출한다.

(3) 문양, 소재, 형태

큰문양의 체크나 스트라이프, 물방울, 손으로 그린 분위기의 단순한 문양, 역동적인 움직임이 있는 문양, 사람이나 동물을 모티브로 한 문양. 코미컬하고 팝스러운 손으로 그린 일러스트, 컬러플한 플라스틱, 고무 용품, 두께감이 있는 종이, 무명(면) 등 실용적인 쉽게 사용할 수 있는 편안한 소재, 동그라미가 있는 모양이나 케릭터 디자인 등 경쾌한 놀이 감각을 넣은 자유로운 폼. 단순하고 둥그스름한 식기나 글라스, 자연 + 인공재 등, 다른 소재의 조합, 단순한 모양. 케릭터 디자인의 문방구

9) 에스닉

에스닉은 본래 '민족' 이라는 의미지만, 일반적으로는 남아메리카나 동남아시아, 아프리카의 풍취가 느껴지는 것을 사용하여 이국풍의 분위기를 연출한다. 색조합도 베이지나 갈색계 등 흙의 색을 중심으로 한다. 여름의 파티나 아웃도어의 테이블 등에 어울린다.

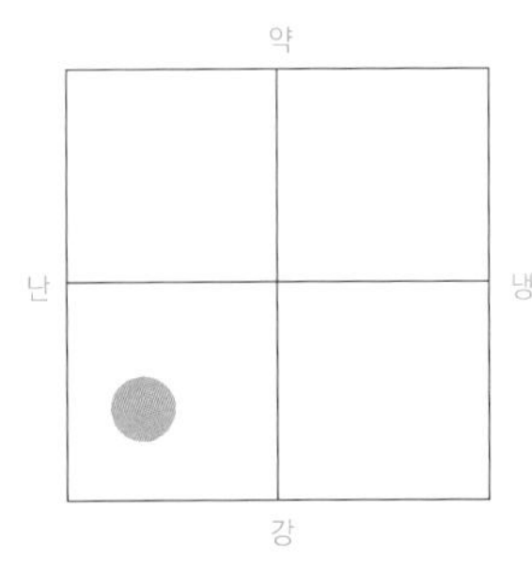

(1) 이미지를 표현하는 단어

활동적인, 에스닉한, 와일드한, 컨트리풍의 실팍함(다부짐), 튼튼한, 다이나믹한, 러프한, 핸드메이드, 야생적인, 토착적인, 힘찬, 와일드한, 이국풍의, 다이나믹한

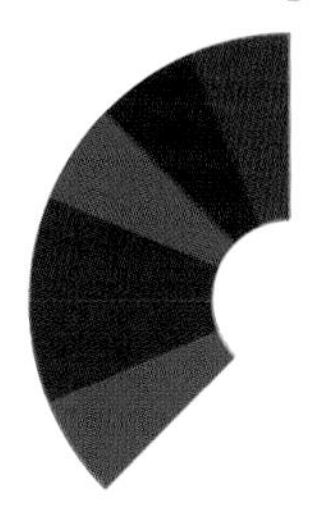

(2) 컬러 : 배색

탁색계의 하드한 색으로 배색은 베이지나 갈색을 조합하여 전원적인 풍미를 낸다. 또한 색과 색과의 배합에서 보다 캐주얼한 활기찬 에스닉감을 낸다.

3) 문양, 소재, 형태

러프한 나무결이나 바위결 무늬, 민족풍 무늬, 패치워크 등의 수공예적인 문양, 동물이나 식물 등의 자연을 모티브로한 문양, 짙은 색의 나무, 나무껍질, 자연석, 두꺼운 목면, 도기, 철, 주물, 법랑, 두께감이 있는 소재, 실용적이고 튼튼한 소재, 낡아지면 풍미가 느껴지는 자연소재, 진한 색의 목제나 아이안제의 바스켓, 아프리카나 동남아시아 등의 수공예용품, 철이나 도자기, 호로 등의 키친용품, 핸드메이드의 느낌의 도자기 그릇, 온기가 느껴지는 두께감이 있는 둥그스름한 형태, 손으로 만든 부정형(不定形)의 모양이나 디테일.

3. 테이블 코디네이트 차트

1) 테이블 코디네이트시 고려사항과 테이블 웨어 아이템 설정

식사공간을 코디네이트 한다고 하는 것은 테이블을 중심으로 사람들이 모여 식사를 함께 하고, 대화를 하며 상호 이해를 깊이하고, 가족이나 친구와의 유대관계를 맺는 자리를 만든다고 하는 것이다. 그곳에서는 이야기를 하고, 감동을 불러일으켜 보다 좋은 시간을 보냈다고 하는 기쁨의 감정, 즐거움, 맛있음이라는 생각을 불러일으키는 것이다. 그런데 사람들이 주어진 조건 하에서 요리를 보다 「맛있다」라고 느끼는 것에는 구체적으로는 다음과 같은 것들이 요구되어진다.

먹기 쉬움 …… 요리에 맞는 도구를 갖추고, 서비스의 원활함, 아름다운 장식, 기능적 세팅
마음의 평온함 …… 물리적 환경의 뛰어남, 심리적 환경의 뛰어남, 적온적습, 친절
커뮤니케이션 …… 화제성의 제공
인상에 남는 …… 전체적으로 마음에 남는가

따라서 주어진 조건을 충족시키고, '맛있다' 라고 느끼는 코디네이트를 하기 위해서는 식사, 요리, 조리방법, 메뉴 구성, 계절과 원산지 조리의 특성과 적정온도 등의 서비스의 차이가 요구되어지며, 식문화는 식사의 배경을 아는 것에 의해 후광효과가 발생하여 맛의 뛰어남을 깊이 하기 위한 색채, 장식, 실내장식을 생각하는 도표가 된다. 테이블 코디네이트를 하기 위해 구체적인 작업에 필요한 도구나 식기의 종류와 사용방법의 지식은 사용하는 아이템이 어떤 소재로 어떤 성격을 가지고 있는가 등을 알고, 그 공간연출에 어울리는 아이템들을 조합하는 것에 따라 이미지가 달라진다.

또한 인간의 사이즈에 맞춘 공간을 아는 것은 수용인원, 가구 등의 사이즈, 배치 등 사람의 움직이기 용이함이나 원활한 서비스를 하기 위한 동선을 생각하는 기준이 되며, 색채원리나 심리에 기본을 둔 공간의 색의 비율이나, 가구나 인테리어 패브릭의 형상이나 기능 등은 물리적으로나 심리적으로나 커다란 관계가 있다. 조명, 음향도 설비나 테크닉을 아는 것으로써 사람과 장면에 의하여 효과의 차이를 내는 것이 가능하기 때문에 식공간 연출시에 고려해야 한다.

식공간은 어디까지나 인간이 중심이며 보다 좋은 인간관계를 만들기 위한 커뮤니케이

션의 장소이기 때문에 사람들 마음의 움직임이나 행동을 어느 정도 읽을 수 없으면 접대의 표현방법이나 정확한 서비스를 할 수 없다. 커뮤니케이션을 활발히 하기 위해서는 식사를 함께 하는 사람들의 공통되는 화제 혹은 의식이 필요하며, 그 장소 안의 화제의 제공이 되는 테마성이나 유행 등에 맞춘 코디네이트는 보다 인상적으로 남게 되는 것이다.

식공간 연출은 평면적인 코디네이트 뿐 아니라 착석으로부터 퇴석까지의 시간적 코디네이트도 중요하다. 메뉴 구성 중에서의 기승전결과 서비스 되는 그릇에 맞춰 전체의 분위기를 높이기 위하여 가장 인상 깊게 즐기기 위한 퍼포먼스는 어느 정도인가 등을 아는 것이 필요하다.

위의 사항을 종합적으로 코디네이트 하여 실제로 어떤 아이템을 골라 조합하는 것이 공간연출에 어울리는가를 결정하는 판단기준이 있다면 코디네이트를 하기 쉬워진다. 그러므로 차트 만들기와 코디네이트에 대하여 생각해 내는 방법의 실례를 들고 최종적으로는 차트 기준을 토대로 각자 세밀한 판단기준을 만들어두어야 한다.

2) 매트릭스 차트

(1) 차트 축의 설정

차트를 만드는 것에 있어서 기본이 되는 축을 어떻게 설정하는가를 보자.

우선 코디네이트의 순서부터 생각한다.

누가(주최자, 식사를 제공하는 자) 호스트 · 호스티스의 입장을 고려한다.
누구와(손님, 식사를 제공받는 자) 주최자와의 관계, 인원수, 동석자와의 관계.
무엇을 위하여……식사를 함께 하는 이유.
언제……계절, 월, 일시, 어느 정도의 시간을 들이는가.
어디에서……장소(공공시설의 실내 · 실외, 일반주책의 실내, 실외, 바다 · 산의 자연 등)
무엇을……메뉴
어떻게 하여…… 서비스방법
사용식기 등의 도구의 선택, 세팅.

그리고 요구되는 전체의 개요(기획)가 보이므로 세부 조립(설계)을 한다.

① 식공간 장소의 설정

누가, 누구와, 무엇을 위해 등을 고려하여 식공간의 장소를 설정한다.

「장소」를 포멀부터 캐주얼까지를 한 개의 축 위, 어느 위치에 설정하는가를 정한다. 축 위에서 포멀에 위치한다면 공간, 인테리어, 요리, 도구까지 거기에 어울리는 소재(퀄리티)의 것을 고르고, 그것에 어울리는 서비스가 제공되어 프로트콜 등의 제약 속에 진행을 시킨다. 캐주얼이라면 공간, 인테리어, 가구요리까지 일상적으로 간략하게 되며, 그것에 요구되어지는 소재 등도 달라짐과 동시에, 서비스나 접객의 질이나 정도도 다르며 제약도 달라진다.

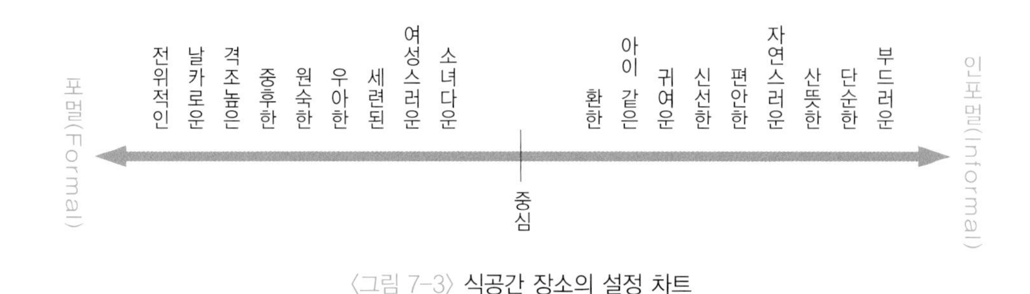

〈그림 7-3〉 식공간 장소의 설정 차트

이 축의 끝의 포멀이라는 것은「정식, 공식, 의례적, 격식」이라고 하는 긴장감 높은 장소에서 만찬회나 오찬회, 정치나 경제를 포함한 사교, 외교, 비즈니스의 장, 또는 결혼피로연이나 훈장수상 등의 개인적 축하모임이나 공식행사 등이 설정된다. 따라서 여기에 위치하는 장소에서 사용하는 아이템(가구, 인테리어, 테이블웨어, 조명, 음향 등)은 상대에게 경의를 표하고, 고도의 접대를 표현하는 질 높은 룰이 기준이 된「격조 높은, 중후한, 전아한, 전통적인 요소」를 가진 것을 고르는 기준이 된다.

축을 오른쪽으로 이동시켜 갈수록 인포멀(informal)이 되어「격식을 묻지 않는, 형식에 얽매이지 않는」약식이 된다. 분위기도「우아한, 엘레강스한, 세련된 느낌」이라고 하는 긴장감이 조금씩 풀려 유연하고 부드러운 요소를 가진 것을 조합시킨다.

중앙부분부터 오른쪽으로 캐주얼로 진행함에 따라서 편안하다,「보통의, 개성적」이 되며, 사용하는 아이템은 격식이나 질의 높이보다도 사용하기 편리해지며, 친근하게 손에 넣기 편한 것이 중심이 된다. 분위기도「로맨틱, 가련, 어린아이」같은 특징적인 분위기로부터「신선, 내추럴, 상쾌한, 허물없는 느낌」이 되어 긴장감이 해소되어 편안함이나 쾌적성이 요구되어진다.

캐주얼의 범위 속에서 들이나 산 등의 특징적인 장소의 설정의 경우 자유, 개방적이지만 비일상적이기도 하므로 안전성이나 간편성이 보다 요구되어지며 한번 쓰고 버리는 것도 가능한 간편한 소재의 물건 등이 요구되어지기도 한다. 또 주최자의 개성이나 테마성이 요구되어지는 경우에는 다른 공간에 있다는 긴장도는 높지만 보다 재미있는 모양의 것이나 특수한 소재의 아이템 조합이 강조되어진다.

구체적으로 코디네이트 하는 아이템별로 이 축 위에 소재나 기법에 맞춘 차트를 만든다.

② 공간 이미지 설정

언제, 어디에서……부터 공간이미지가 고려되며, 결정되기 시작한다. 공간이미지는 장소의 설정 축에 부수하여, 하드부터 소프트까지의 연결이 지침이 되어, 기본적으로는 긴장도에 의해 이동한다. 인간심리가 기반이 되어 코디네이터의 감성이 깃들여지기 때문에 무조건 단정하는 것은 어려우며, 또 평면축으로써는 파악하기 힘들어지기 때문에 정확한 말의 이미지를 가져야 한다.

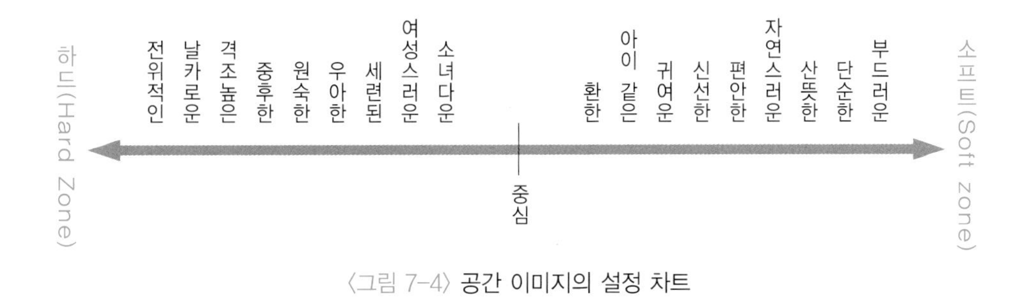

〈그림 7-4〉 공간 이미지의 설정 차트

장소 설정축으로 포멀이라고 설정한 경우,「격조 높은, 중후한, 전아한, 전통적」인 분위기가 요구되어지며, 긴장감이 높기 때문에 하드존으로 위치한다. 한편, 장소의 설정 축이 캐주얼에 설정되어 있어도 주최자의 개성을 유별나게 주장하는 경우에는「전위적, 선예적(날카로운), 다른 차원의 공간」이 되어, 긴장도가 높아지기 때문에 하드로 위치한다.

심플이나 내추럴 등 소프트에 위치하지만「간결한, 산뜻한, 신선한, 단순한」이나「자연스러운, 편안한, 한가로운, 소박한」 등의 구체적 이미지를 부풀려, 색, 조명, 음향, 가구 인테리어 등 식사환경의 아우트라인(Out Line)을 결정할 수 있다.

③ 스타일의 설정 축

어디에서, 무엇을, 어떤 …… 부터는 인테리어, 가구, 테이블웨어의 각 아이템, 스타일이 설정된다. 어떤 서비스 방법으로 … 부터는 메뉴에 따라 필요로 하는 종류와 수가 결정된다.

1, 2의 식공간 장소 설정과 공간 설정을 구현하기 위해 인테리어, 가구 등의 디자인스타일을 기준으로 각 아이템을 고르고, 조합시켜, 종합적으로 코디네이트 한다. 각각의 스타일의 특징을 들자면 판단이 용이하게 됨과 함께 명확한 디자인 컨셉을 넓혀 전개할 수 있다. 디자인은 서양의 건축양식, 가구양식을 기준으로 하고 있지만, 특히 의자의 모양이나 식기의 모양이나 문양, 식기 보관함 등의 테이블웨어에도 영향을 미치고 있다. 역사적 시대나 지역을 특정할 수 있지만 현재까지 같은 패턴으로 제조되기도 하고, 그 스타일의 영향을 받고 있는 패턴도 제조되고 있기 때문에 그 특징을 파악하여 축 위에 설정한다. 또, 글로벌시대에 맞춰 도매스틱, 에스닉(지방, 국가, 민족적)의 축 위의 위치도 시점에 넣어 둘 필요가 있다.

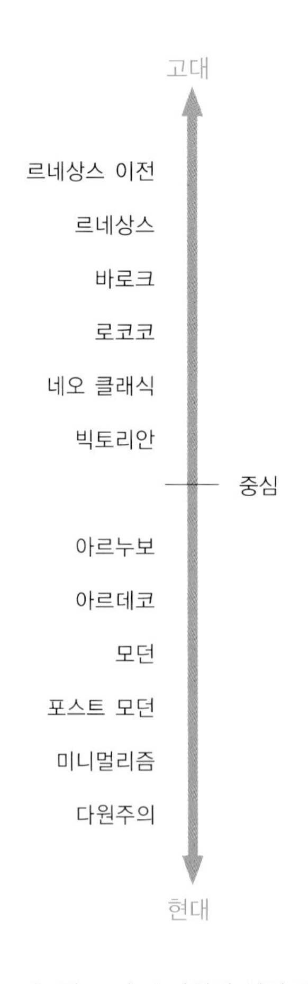

〈그림 7-5〉 스타일의 설정 차트

「무엇을, 어떤 서비스로」는 메뉴에 따르기 때문에 그것을 먹는 데에 필요한 도구와 개수를 알 수 있다. 조건을 만족시킨 디자인 아이템을 각각 골라내어 종류와 수를 갖춘다.

축의 설정이 완성되면 각축을 동일평면에 놓고, 한쪽 눈으로 어느 위치의 아이템을 조합하면 좋을까를 알게 되는 매트릭스를 만든다.

우선 「장소」의 설정축을 횡축으로 한다. 「스타일」의 설정축을 종축으로 한다. 종횡의 교차는 각 축의 중심점이 된다.

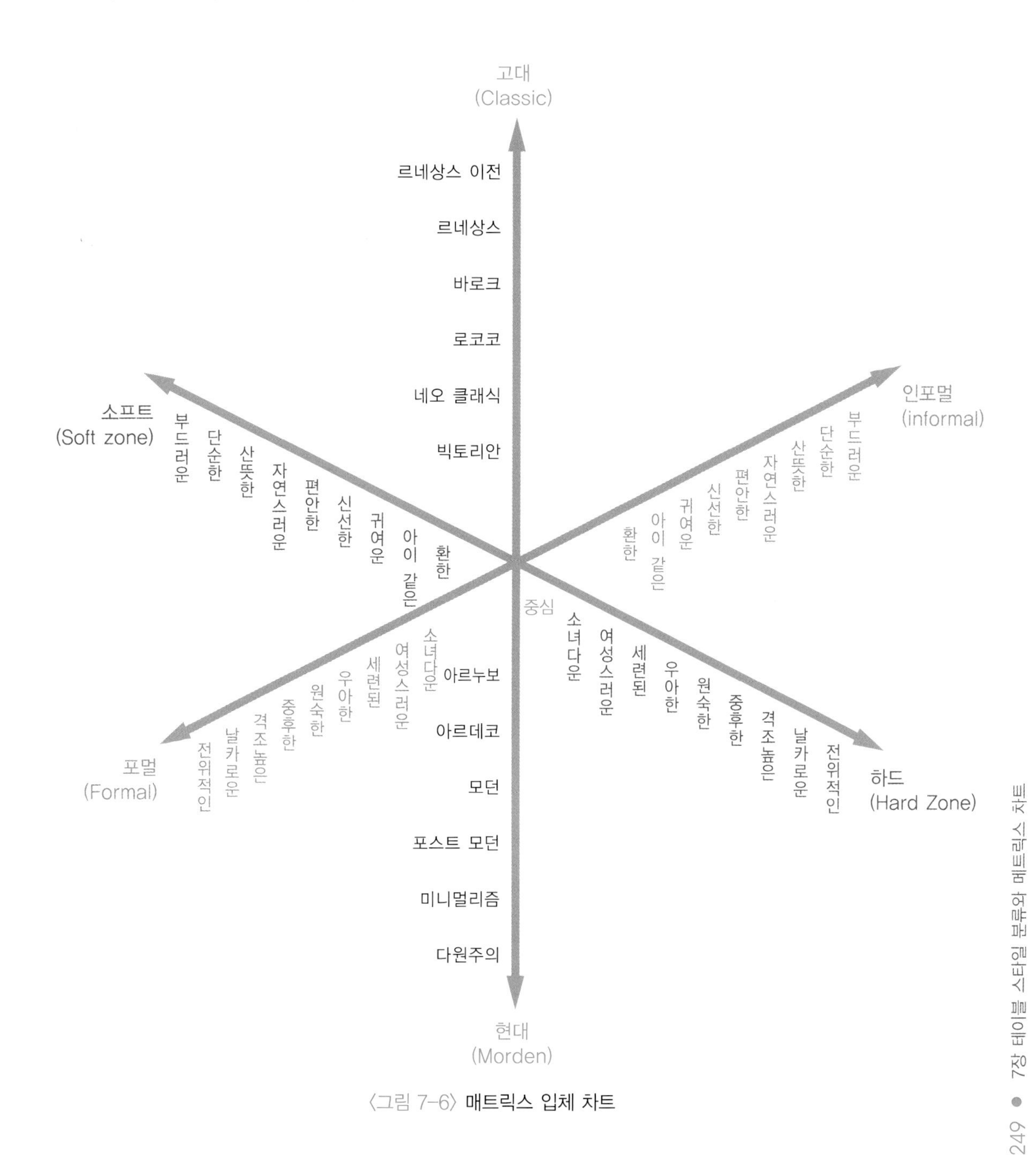

〈그림 7-6〉 매트릭스 입체 차트

「공간」이미지는 횡축의 「식공간 장소의 설정」으로 부수하고, 종축의 「스타일」의 위치의 결정은 「말의 이미지」를 확실히 가지고 있으면, 어떤 자리에 위치하는가를 용이하게 알 수 있다. 각 축의 기준이 되는 눈금을 설정하고,「식공간 장소의 설정」에서는 구체적으로 코디네이트하는 각 아이템마다의 소재나 기법중심으로 한 차트를 만들어 기준 눈금으로 한다.

스타일의 차트 축은 리넨(소재, 선의 굵기, 꿰매는 법, 장식으로부터), 장식품(소재, 착화, 기법), 글라스 웨어(소재, 장식 기법), 커틀러리나 금속 식기(소재) 등을 고려해서 작성한다.

크지 않게 반복되지만, 이러한 기준으로 차트를 만든다. 축 위에 같은 위치에 있는 각 아이템의 소재를 조합하면, 조건에 맞는 코디네이트의 윤곽이 보이기 시작한다.

종축이 되는 「스타일의 설정」의 눈금은 건축, 장식양식의 역사연표에 준한다. 「장소의 설정」축과 같이 각 아이템마다의 눈금을 각각의 스타일의 특징을 살려, 차트를 만들어 두면 좋다. 이 차트는 여러 가지의 역사연표를 만들어 대입해도 좋다.

스타일이라는 것은 민족이나 국가, 시대, 종교 등이 하나의 특징이 있는 형태로써 합쳐짐을 보였을 때 또는 특권계급이 있던 시대나 특권계급의 왕이나 권력자가 그 힘을 과시하는 것을 목적으로 만들어 낸 때의 스타일 등을 말한다. 주로 건축, 인테리어, 가구 등으로 그 독자의 디자인이 표현되지만 테이블웨어에도 영향을 주었다. 그 디자인으로 대부분의 시대나 지역을 특정할 수 있다.

-르네상스 이전

게르만민족의 침입으로 로마제국이 멸망하고, 중세시대가 되고, 비잔틴제국이 크리스트교를 공인하자 이스탄불에서는 교회를 중심으로 모자이크의 벽화나 이콘 등 독자의 문화가 형성되었다. 또 더욱이 크리스트교가 힘을 키우고, 고딕이라고 하는 종교적 양식을 중요시한 스타일에서는 권위의 상징은 높이 솟아있는 교회의 특첨탑이었다. 커다란 창이나, 장미창 등 스탠드글라스도 많이 사용되게 되었고, 인테리어도 장엄, 중후한, 잘 짜여진 컵 보드나 체스가 사용되어졌다.

-르네상스

종교적인 사고방식에 반발하여 보다 자유롭고 인간적인 것을 추구하며, 인간중심의 예술이나 문예사상 부분에서 사고방식이 바뀌었으며, 이탈리아로부터 일어났다. 그 사상을 반영한 양식이 르네상스양식으로 동시에 그리스, 로마의 고전문화의 부흥을 노렸다. 대칭적인 구성과 고대건축의 장식모티브 등이 받아들여진다.

-바로크

바로크라는 장식성에 중점을 둔 양식으로써 나무 소재에 금을 칠하거나 금박을 붙이는 등 공예적인 기술도 진전되었다. 루이 14세가 현란한 궁정문화를 개화한 시대로 일단 호화롭고 복잡한 구성과 과도하게 장식을 하였으며 바로크 양식이라고 불렀다. 궁정의 금장 인테리어나 거울의 장식 중에 중국이나 일본으로부터 전달된 청화도자기를 벽 한쪽에 장식한 시대이다.

-로코코

그때까지의 바로크와는 다른 경쾌하고 우아한 유선미의 양식이 탄생하였다. 궁정귀부인의 살롱 문화는 품위 있는 색조가 인기가 있었으며, 테이블웨어도 은그릇에서 아름다운 도자기로 바뀌어 갔다. 이 시기의 프랑스 세브르요가 열려 문화의 중심도 프랑스 중심이 되었다.

-네오클래식

1748년에 폼페이의 고대도시 발굴이 있었고, 이것을 기점으로 고대회귀의 움직임이 일어났다. 이 후 프랑스 혁명이 일어나고, 절대 왕제가 붕괴하였다. 이 시대의 양식을 네오클래시즘(신고전주의)이라고 말한다. 고전적인 균형과 조화가 덜한 디자인으로 우아한 로코코의 곡선이었던 의자의 다리가 깔끔한 직선이 되었다. 이 시대의 대표적인 도자기 웨지우드의 재스퍼웨어에는 그리스신화의 모티브가 받아들여져 이 양식을 표현하였다.

-빅토리안

영국의 빅토리아 여왕의 치정 1837~1901년에 걸쳐 빅토리아 시대의 양식이라고 한다. 영국의 자연미를 받아들인 풍경이나 정물화 등 자연회귀의 사상은 로망주의라고 하는 미술장르와 중세회귀의 사상을 낳았다. 장식은 다채롭고, 고딕으로부터 네오클래식까지의 권위주의적인 양식이 섞여 있다.

-아르누보

19세기말부터 20세기초 영국의 아트 & 크래프트 운동에 자극받아 프랑스에서는 새로운 조형을 창출하자는 움직임이 일어나 아르 누보(신예술)라고 불렀다. 식물의 덩굴이나 담쟁이의 곡선, 흐르는 물, 여성의 몸 등 완만한 곡선이나 물결로 표현하였다. 직선적인 것을 배제한 유동감 있는 탐미적인 세계에서 공예 등에는 저패니즘의 영향도 있었다. 파리의 레스토랑, 맥심의 인테리어는 이 양식을 받아들였다.

–아르 데코

1925년 전후 예술과 산업을 융합시켜 기계화시대에 어울리는 양식으로써 생겨난 것이 아르데코 스타일로 그때까지의 곡선을 배제하고 합리적인 정식과 구성이 이루어졌다. 원, 삼각, 사각의 기하학적인 문양이 특징이며, 아르 데코라는 것은 장식예술의 의미이다.

–모던

1930년 이래, 기능주의적인 사상하에 스타일은 보다 심플하고 합리적인 방향으로 향했다. 공업생산을 가능하게 하면서, 인간공학도 받아들여졌던 합리적이고 사용하기 쉬운 디자인이 만들어졌다. 북유럽의 스칸디나비아, 이탈리아의 밀라노, 아메리카의 뉴욕을 핵으로 세계에 확산되었다.

–포스트 모던

모던스타일을 더욱 발전, 세련되게 만든 현대의 양식이다. 소재를 조합시키거나 이질적인 물건의 공존, 내추럴, 자연회귀 등 개성의 다양화에 따라서 더욱 스타일도 다양화되고, 그것들을 선택하고 코디네이트 하는 것이 지금의 컨템포러리 스타일이라고 말한다.

–미니멀리즘

미니멀리즘이란 최소한의 조형수단으로 제작한 회화나 조각을 말한다. '최소한의 예술' 이라는 말로 쓰여지며, 1950년대 추상표현주의에 대한 미국 작가들의 반발에서 태동되었다. 공통적인 키워드는 '최대한의 시각적 단순성' 으로 절제된 양식과 극도로 단순한 제작방식, 몰개성적인 표현을 특징으로 삼았으며, 이러한 양식적 스타일은 패션, 음악, 연극영화, 인테리어 뿐 아니라 각종 디자인 소품 및 식문화 부분까지도 고루 영향을 미치고 있다.

식공간에서는 스틸과 유리, 광택이 없는 검은색 도금, 알루미늄 등 특이한 소재로 단순성을 강조하며, 기하학적 구성에 부합되는 디자인의 식기들이 식탁에 오르기 시작하였다.

–다원주의(Pluralism)

현대의 양식들은 과거의 여러 가지 양식에서 벗어나 혼재되어 나타나는 특징을 지니고 있다. 과거의 양식들의 흐름이나 패턴 법칙 등을 재조명하고 재조합하여 각 시대별로 나타났던 여러 특징들을 다양화한 방식으로 나타내는 것이 그 특징으로 나타난다. 팝아트적인 미학을 바탕으로 한 미니멀 아트 등이 대표적인 다원주의의 양식으로 나타난다.

3) 매트릭스 차트를 사용한 테이블 코디네이트 사례

목적에 맞는 테이블 코디네이트를 표현하기 위해서는 관련 자료를 수집하고 매트릭스 차트를 제작하는 것이 좋다. 식공간과 장소, 스타일에 따라 분류한 것을 토대로 한다. 매트릭스 차트의 장점은 커뮤니케이션의 효과가 높아 테이블 코디네이트를 진행시에 상호간의 일의 진행을 원활하게 하는 데 도움이 된다. 이러한 내용을 바탕으로 구체적으로 차트를 사용하여 식공간을 코디네이트 할 수 있다. 이번 장에서는 각각의 사례가 다른 웨딩을 테이블 코디네이트 예로써 살펴보자.

A. 격식을 갖춘 클래식 분위기의 웨딩 피로연
누가 …… 신랑, 신부, 양가, 중재인
누구와 …… 두 사람 및 양가를 둘러싼 중요관계, 거래처의 다수의 사람들
목적 …… 새 부부의 결혼을 피로하고, 축하하며, 축하 받음과 동시에 양가의 강한 맺어짐을 넓힌다. 공사 합쳐 앞으로 두 사람과 가업의 장래와 번영을 지키기 위해 부탁하려 한다.

B. 로맨틱한 분위기의 웨딩 피로연
누가 …… 신랑, 신부
누구와 …… 양가 친 인척 및 친구를 중심으로
목적 …… 두 사람의 결혼을 알리고, 축하하면서 친목을 도모한다.

C. 격식을 덜 갖춘 편안한 분위기의 웨딩 피로연
누가 …… 신랑, 신부
누구와 …… 신랑, 신부와 그 친구(일 관계는 없음)
목적 …… 두 사람의 결혼을 축하하면서, 각각의 오랜 정을 새로이 하는, 친목을 도모한다.

A,B,C 모두 결혼피로라고 하는 목적의, 인생 중에서 중요한 모임이기 때문에 「장소의 설정축」에서는 중심점 보다 왼쪽의 포멀존으로 설정된다.

각 패턴에는 각각 요구되어지는 조건이 있고, 그것을 따라서 사람 수, 장소, 메뉴, 서비스 형식이 결정되어 간다.

1. 격식을 갖춘 A의 웨딩 피로연의 경우

결혼이 신랑, 신부 만의 문제가 아니라 가족과 가족의 연결, 가업의 관계 등이 가장 중대한 포인트이다. 따라서 양식적 요소는 강하고, 중재인의 역할도 크며, 다소 형식적이지만 성대함과 격조 높은 분위기의 테이블 연출이 요구된다.

[인원수] 초대객 100인 이상

[장소] 실내의 호텔 또는 거기에 준하는 연회장

[시간] 오찬, 만찬

[메뉴] 프랑스요리 풀코스

[서비스] 착석

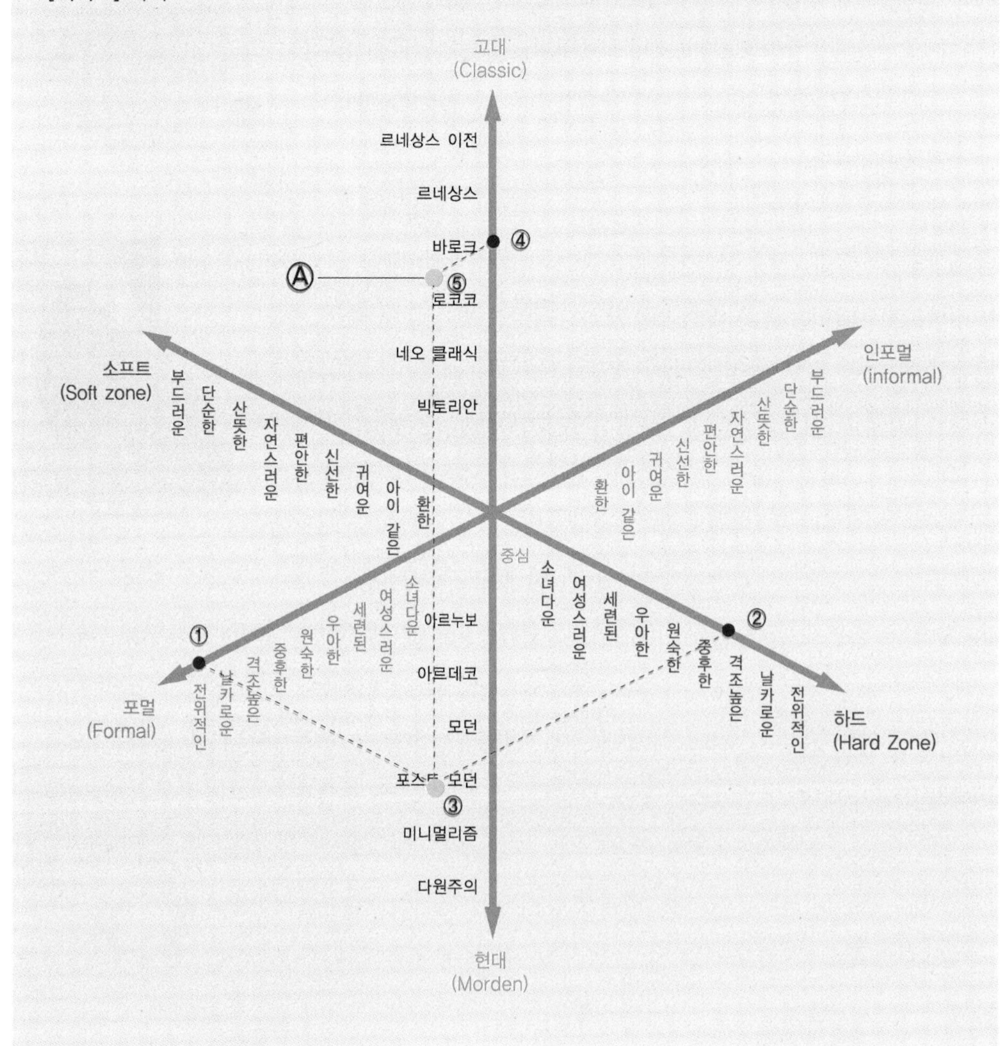

이것들의 조건에서 정식, 의식적 요소에 따라 정찬이 요구되어진다. 공간 이미지로써는 「격조 높게」 스타일은 연회장의 인테리어를 따라 클래식으로 된다.

테이블 연출에 필요한 각각의 아이템도 차트에 속해 있는 위치에 맞추어 설정한다.

식기
프레이스플레이트 / 오르되브르 접시 / 수프 접시 / 생선, 육류용 디너 접시 / 샐러드 접시 / 빵 접시 / 디저트 접시 / 컵 & 소서
커틀러리
디너나이프 & 포크 / 피시나이프 & 포크 / 샐러드나이프 & 포크 / 수프 스푼 / 버터스프레더 / 디저트포크 & 스푼 / 티스푼
글라스류
건배용 샴페인 글라스 / 고블렛 / 레드와인 글라스 / 화이트와인 글라스
피겨류(장식품)
솔트 & 페이퍼 / 테이블플라워 / 캔들(만찬의 경우) / 네임카드

2. 로맨틱한 분위기의 웨딩 피로연 B의 경우

신랑 · 신부 두 사람의 결혼을 모두 앞에서 맹세하고, 넓히는 의미가 짙다. 다소 의식적 요소는 필요하지만 참석한 사람들이 자리를 즐기고 친목을 도모한다.
[인원수] 60~80인
[장소] 하우스 레스토랑 / 웨딩 전문회장
[시간] 오후 또는 밤
[메뉴] 프랑스 요리계 특별 메뉴
[서비스] 착석

이러한 조건들로부터 정식이지만 격식을 차리지 않으며 공간이미지로써는 다소 긴장감은 있지만 화려함 속에서 마음 편하고 즐거움 기쁨을 표현하는 웨딩 피로연이다.

스타일은 하우스 레스토랑에서의 인테리어는 각각의 특징이 있지만 로맨틱함이나 엘레강스 계가 많다.

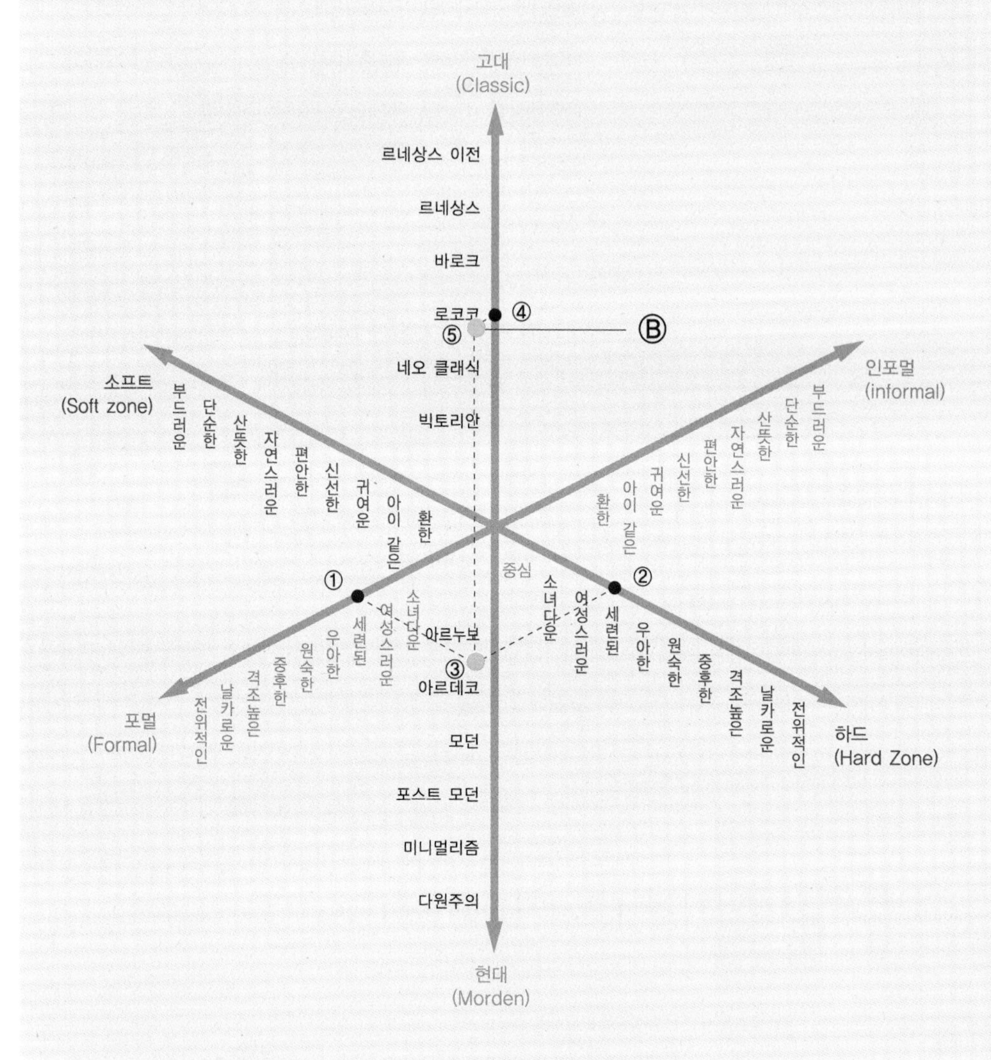

「장소」의 설정 축에서는 조금 왼쪽으로 이동한다.

「공간이미지」의 축은 하드보다 중심에 가깝게, 여성스러운, 세련된 부분에 위치한다.

「스타일」 엘레강스나 로맨틱한 분위기가 있는 클래식에 가깝게 위치한다.

테이블 연출에 필요한 각각의 아이템도 차트에 속해 있는 위치에 맞추어 설정한다.

식기
오르되브르접시 / 수프볼 또는 브이용볼 & 소서 / 샐러드접시 / 생선, 육류디너접시2 / 빵접시 / 디저트접시 / 컵 & 소서
커틀러리
디너나이프 & 포크 / 피시나이프 & 포크 / 샐러드나이프 & 포크 / 수프 스푼 또는 부용스푼 / 버터수프레더 / 디저트포크 & 스푼 / 티스푼
글라스류
건배용 샴페인 글라스 / 고블렛 / 레드와인 글라스 / 화이트와인 글라스
피겨류(장식품)
솔트 & 페이퍼 / 테이블플라워 / 네임카드 / 캔들

3. 격식을 덜 갖춘 편안한 분위기의 웨딩 피로연 C의 경우

신랑, 신부의 결혼을 친구들끼리 축하하는 것으로 서로 친목을 도모하는 것이라든지 동일하게 두 사람도 친구들 사이에 끼어 즐긴다. 편안한 사람들끼리 마음 편하게 마시고, 먹고, 떠들며, 즐기는 것이 요구되어진다.
[인원수] 30~60인
[장소] 레스토랑
[시간] 오후, 밤
[메뉴] 퓨전 요리
[서비스] 뷔페

이것들의 조건에서부터 마음 편하게 참가기 쉽도록 동료의식이 강하며 파티 기분으로 즐겁게 떠들썩하게 공간 이미지로써는 「마음편한, 내추럴, 개성적, 신선」이 요구되어진다.

스타일은 요리가 퓨전이므로 모던한 스타일로 코디네이트 한다.

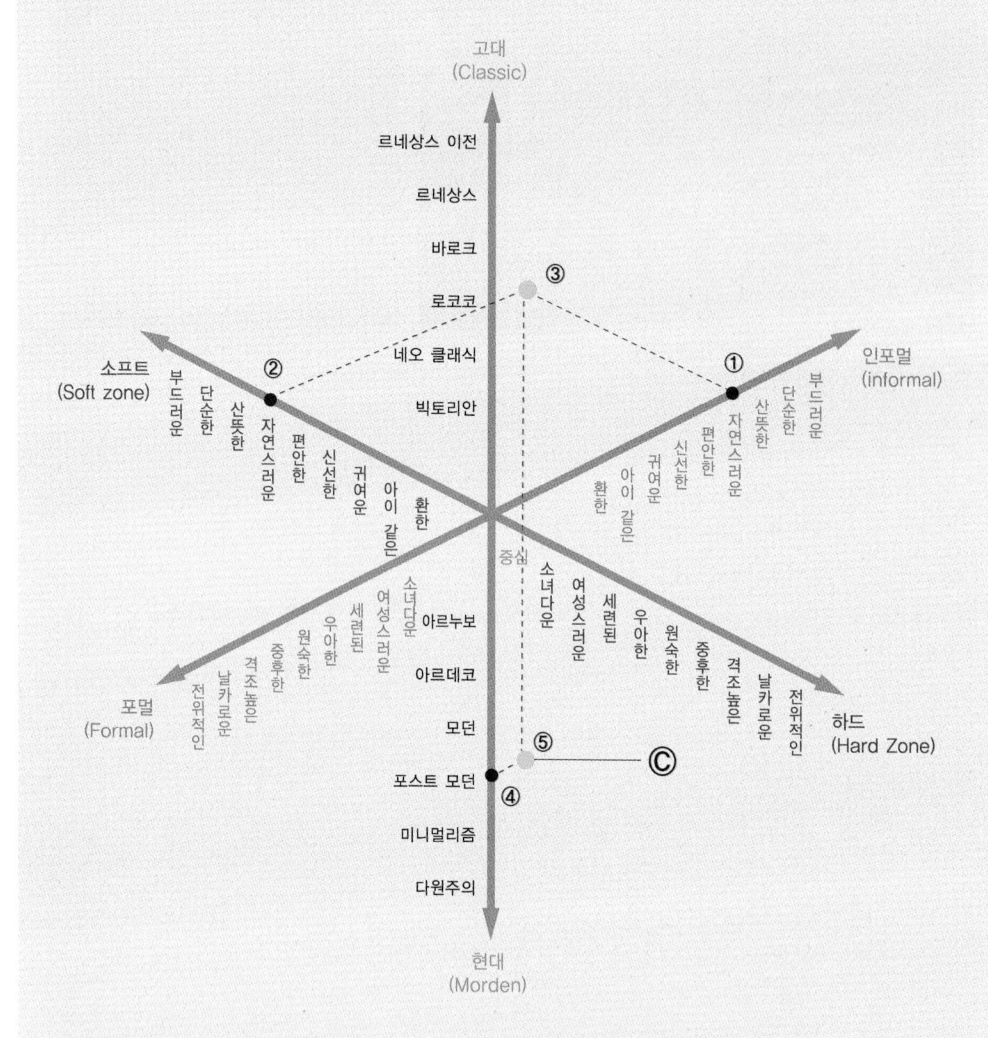

「장소」의 설정 축은 결혼 의식적 요소는 있지만 내용적으로 인포멀존으로 이동한다.

「공간이미지」는 신랑, 신부 모두 긴장감이 덜하고, 화기애애한 기쁨, 즐거움이 전해지는 소프트존에 위치한다.

「스타일」은 뷔페형식의 서비스이므로, 심플하고 디자인이 강조되어지도록 조합시킨다.

테이블 연출에 필요한 각각의 아이템도 차트에 속해 있는 위치에 맞추어 설정한다.

식기
25cm 미트 접시 또는 샐러드 볼 / 대형볼 이나 접시 / 볼 등
커틀러리
샐러드포크 / 서비스용 서버류
글라스류
건배용 샴페인글라스 / 레드, 화이트 겸용 와인글라스 / 텀블러
피겨류(장식품)
테이블 플라워 / 캔들

이상과 같이 웨딩 피로연이라고 하는 특수한 경우의 코디네이트를 알아 보았지만, 일상적인 가정의 식사공간 코디네이트는 가족구성 · 연령 · 취미 · 식사의 기호 · 인테리어 · 경제 등을 고려하여 코디네이트 해야 한다. 또 손님을 초대하여 대접을 할 경우에는 목적 · 손님의 연령 · 구성멤버의 관계 · 메뉴 등이 포인트가 된다.

매트릭스 차트의 활용은 어떤 장소나 어떠한 분위기, 또는 어떠한 스타일의 아이템이라 하더라도 다른 조합시키는 아이템에 의해 전후좌우에 이동하여 응용하는 것이 가능하다.

테이블 코디네이트 시에 장소, 공간, 목적, 스타일을 정하고, 테이블 아이템 별로 차트에서 확인 후 매트릭스 차트에 대입하여 테이블 아이템의 이미지를 구체적으로 정하여, 테이블을 연출하면 체계적이고, 구체적인 이지미를 조합할 수 있다.

다음은 테이블 웨어들을 이미지를 구체화하는 차트이다.

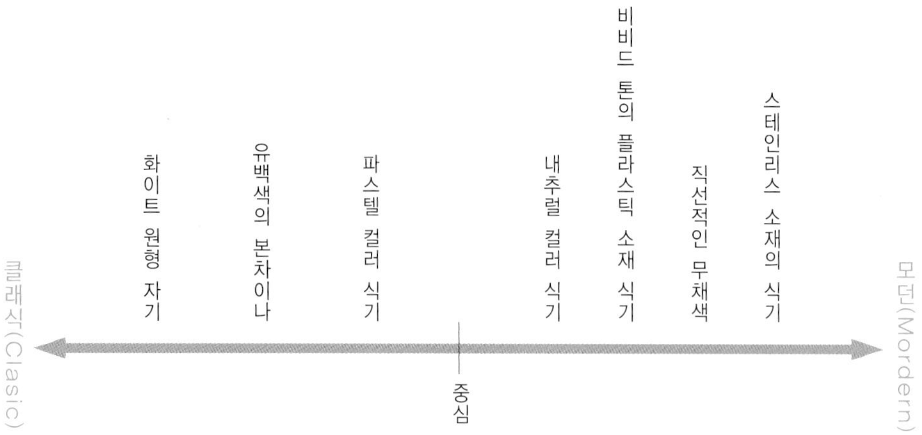

클래식(Clasic) ↔ 모던(Morden)

화이트 원형 자기
유백색의 본차이나
파스텔 컬러 식기
중심
내추럴 컬러 식기
비비드 톤의 플라스틱 소재 식기
직선적인 무채색
스테인리스 소재의 식기

〈그림 7-7〉 식기류 아이템 분류

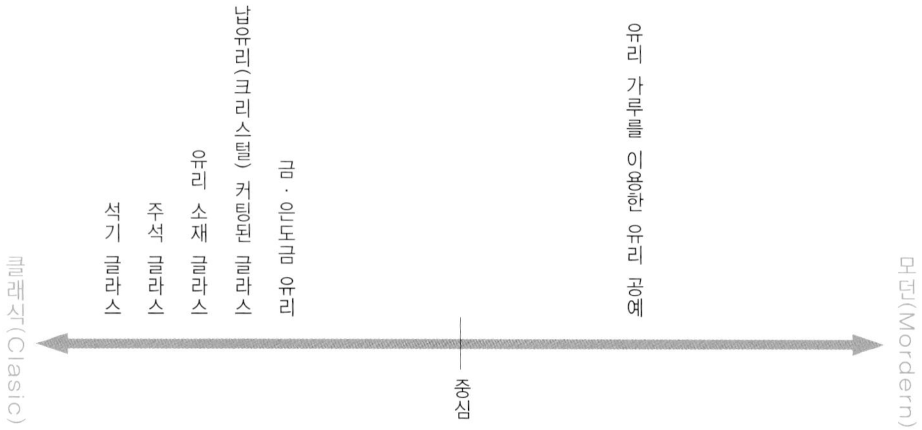

클래식(Clasic) ↔ 모던(Morden)

석기 글라스
주석 글라스
유리 소재 글라스
납유리(크리스털) 커팅된 글라스
금 · 은도금 유리
중심
유리 가루를 이용한 유리 공예

〈그림 7-8〉 글라스류 아이템 분류

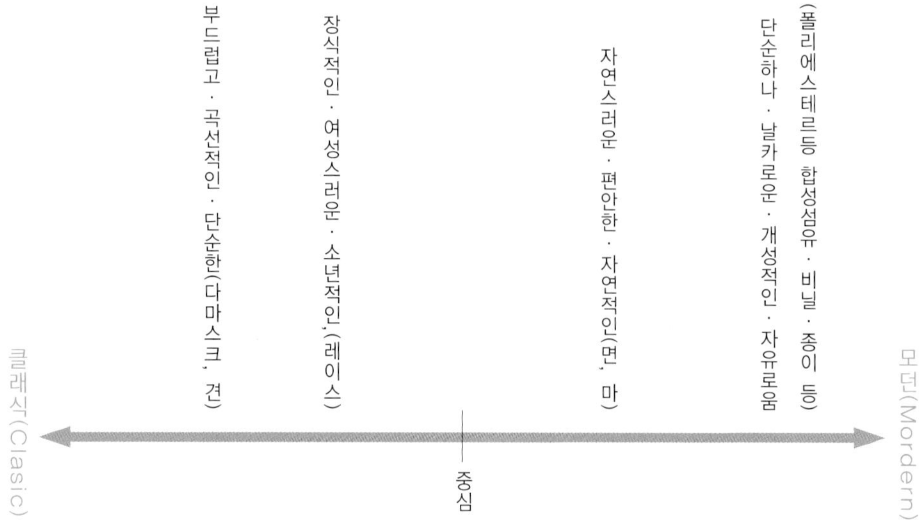

클래식(Clasic) ↔ 모던(Morden)

부드럽고 · 곡선적인 · 단순한(다마스크, 견)
장식적인 · 여성스러운 · 소녀적인,(레이스)
중심
자연스러운 · 편안한 · 자연적인(면, 마)
단순하나 · 날카로운 · 개성적인 · 자유로움
(폴리에스테르등 합성섬유 · 비닐 · 종이 등)

〈그림 7-9〉 리넨류 아이템 분류

부드럽고 · 곡선적인 · 단순한(돌 · 나무 · 쇠 등)
장식적인 · 여성스러운 · 소녀적인(금 · 은)
자연스러운 · 편안한 · 자연적인(플라스틱)
클래식(Clasic)
모던(Mordern)
중심

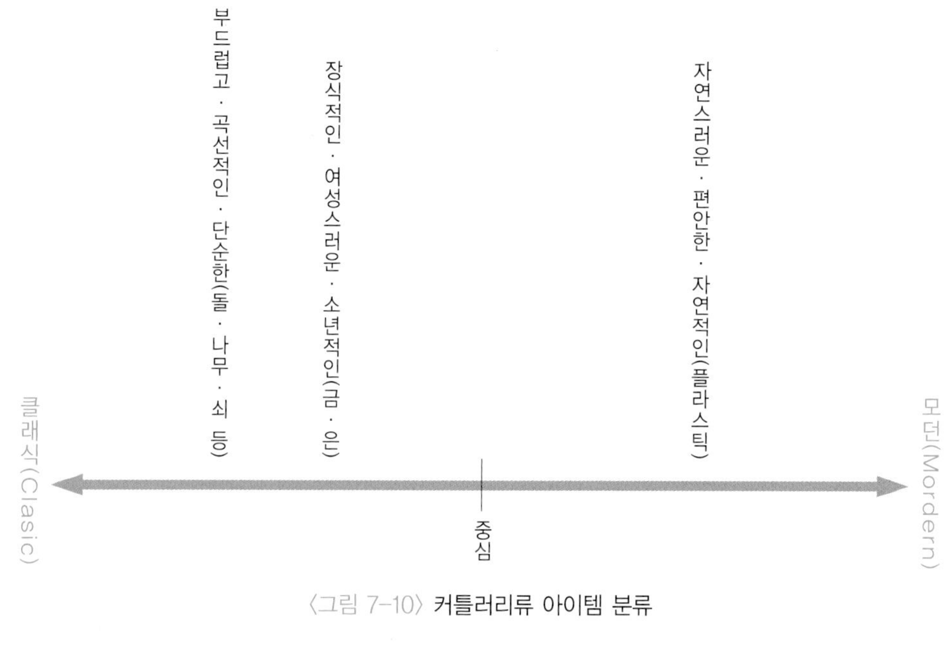

〈그림 7-10〉 커틀러리류 아이템 분류

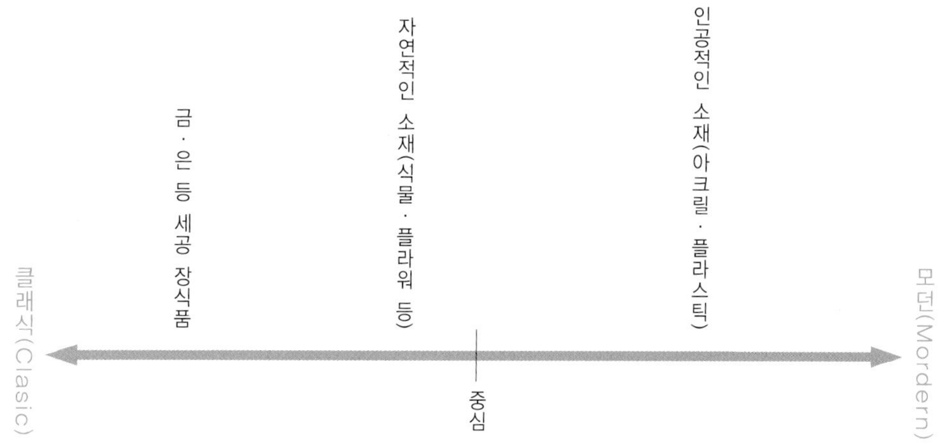

금 · 은 등 세공 장식품
자연적인 소재(식물 · 플라워 등)
인공적인 소재(아크릴 · 플라스틱)
클래식(Clasic)
모던(Mordern)
중심

〈그림 7-11〉 피겨류 아이템 분류

식기류 아이템 분류
글라스류 아이템 분류
린넨류 아이템 분류
커트러리 아이템 분류
피겨류 아이템 분류

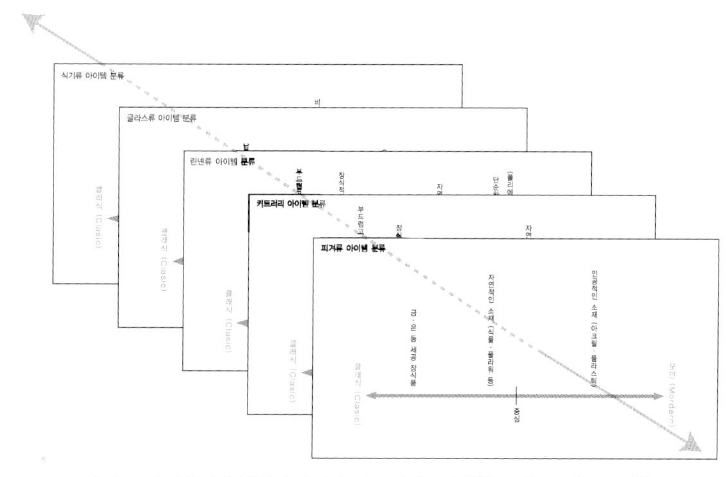

〈그림 7-12〉 테이블 톱(table top) 아이템(item) 이미지 조합

위의 테이블 아이템 이미지를 분류하여 각각의 테이블 웨어들의 형태, 소재, 모양들을 구체적으로 결정하여, 테이블 위에 조화롭고, 아름답게 코디네이트 해야 한다. 테이블 아이템 차트는 테이블 웨어들의 이미지를 결정할 때 도움을 줄 것이다.

4) 응용 예

매트릭스 차트 안의 장소, 공간, 스타일의 내용과 더불어 중심점에 위치하는 식기와 글라스, 커틀러리를 사용하여 네 가지 패턴의 코디네이트를 해보도록 하자.

(1) 사례 A

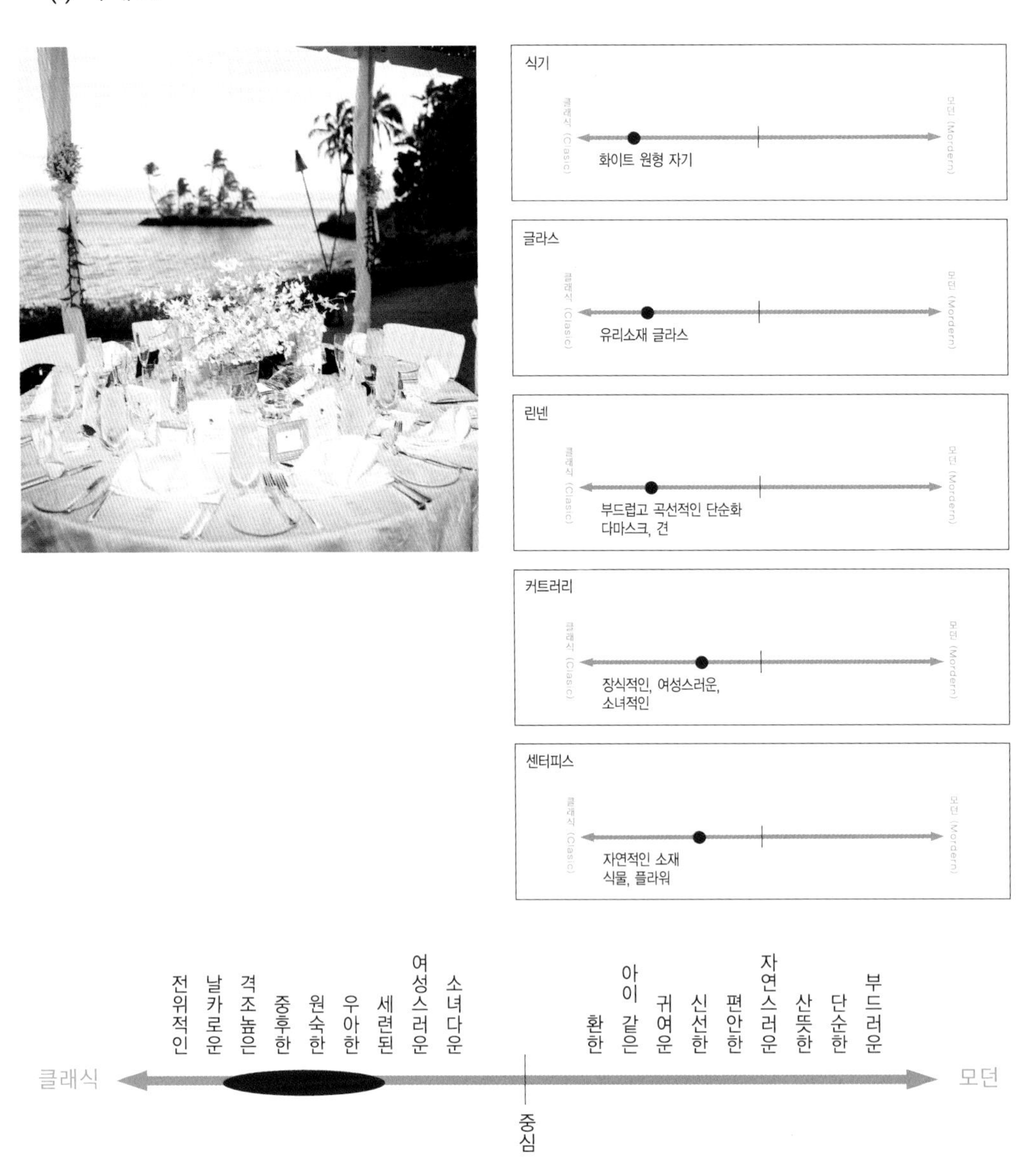

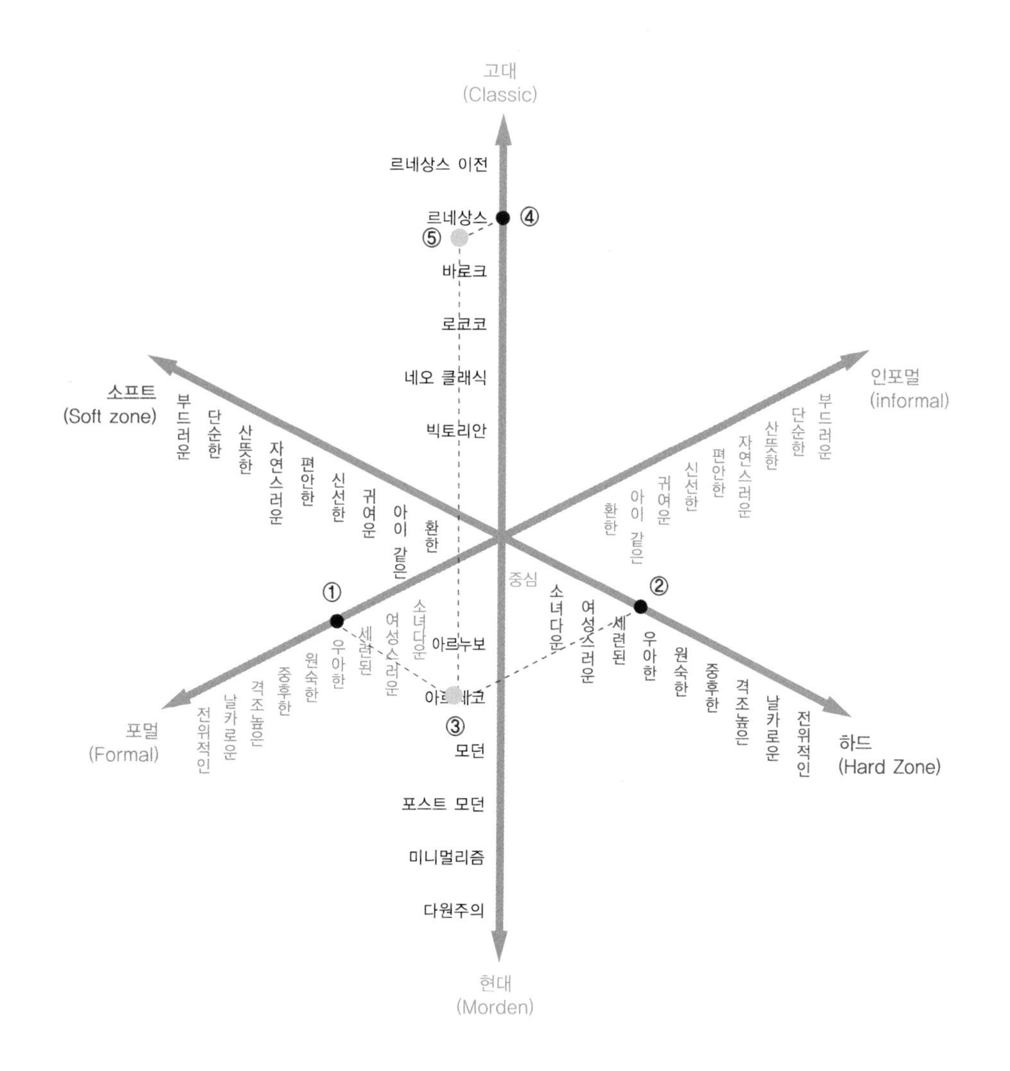

∴ 포멀 · 클래식에 위치한다

클로스……선 평선 핑크(언더 클로스)오건디(톱클로스)

냅킨……언더클로스와 같은 색, 같은 소재

피규어먼트……크리스털 캔들스탠드, 도자기제 꽃 형태 솔트 & 페이퍼

센터피스……화이트를 메인 컬러로 한 산뜻한 꽃의 어소트라인을 활용하여 어레인지를 조합시켜, 엘레강스한 고급스러운 여성만의 인포멀한 느낌을 연출.

(2) 사례 B

식기
클래식 (Clasic)
모던 (Mordern)
유백색의 본차이나
글라스
유리소재 글라스
린넨
자연스러운, 편안한
자연적인, 면, 마
커트러리
부드러운, 곡선적인, 단순한
돌, 나무, 쇠 등
센터피스
자연적인 소재
식물, 플라워
전위적인
날카로운
격조높은
중후한
원숙한
우아한
세련된
여성스러운
소녀다운
환한
아이 같은
귀여운
신선한
편안한
자연스러운
산뜻한
단순한
부드러운
클래식
모던
중심

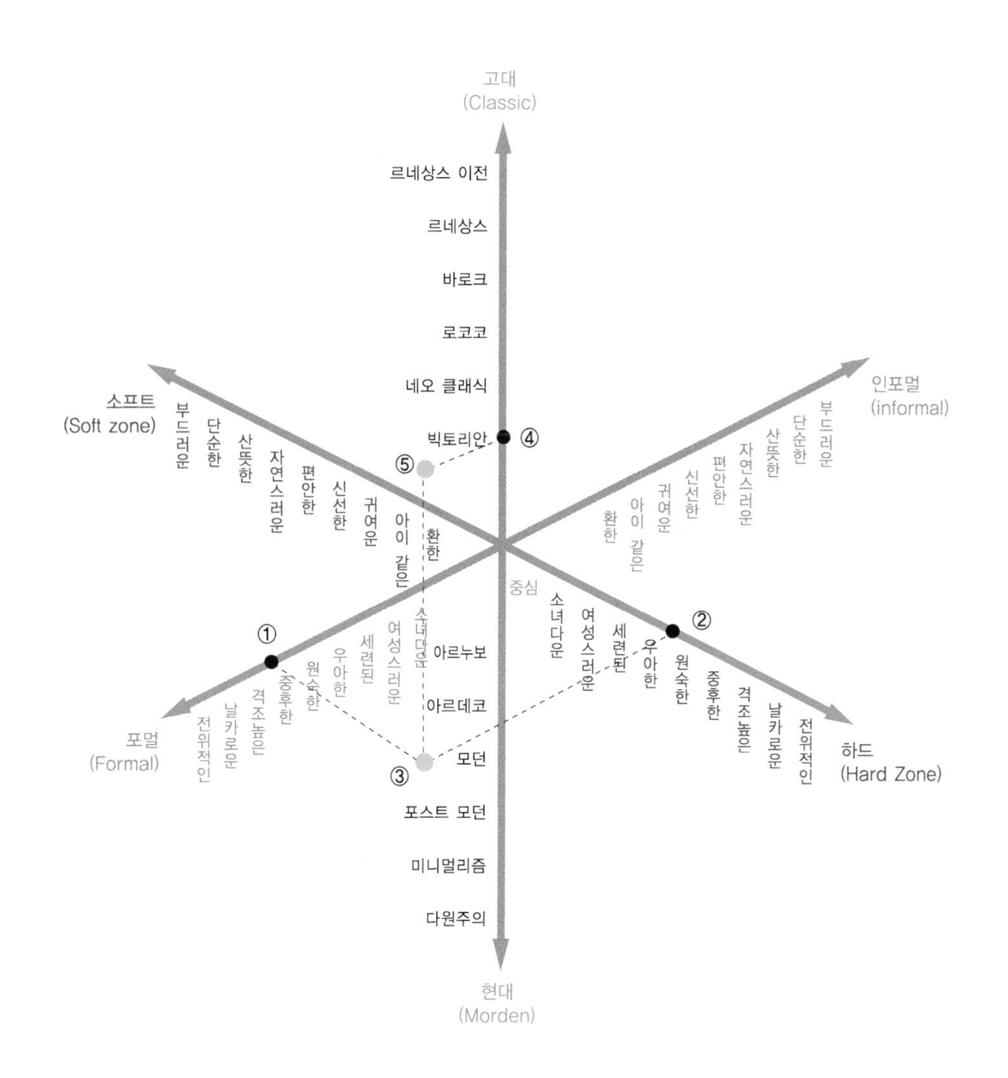

∴ 포멀 · 클래식에 위치한다.

클로스… 다마스크

냅킨……클로스와 같은 색, 같은 소재

피겨류(장식품)…… 실버솔트 & 페이퍼

센터피스……장미를 메인으로 한 어레인지를 통하여 격조있고 전통적인 느낌을 연출.

(3) 사례 C

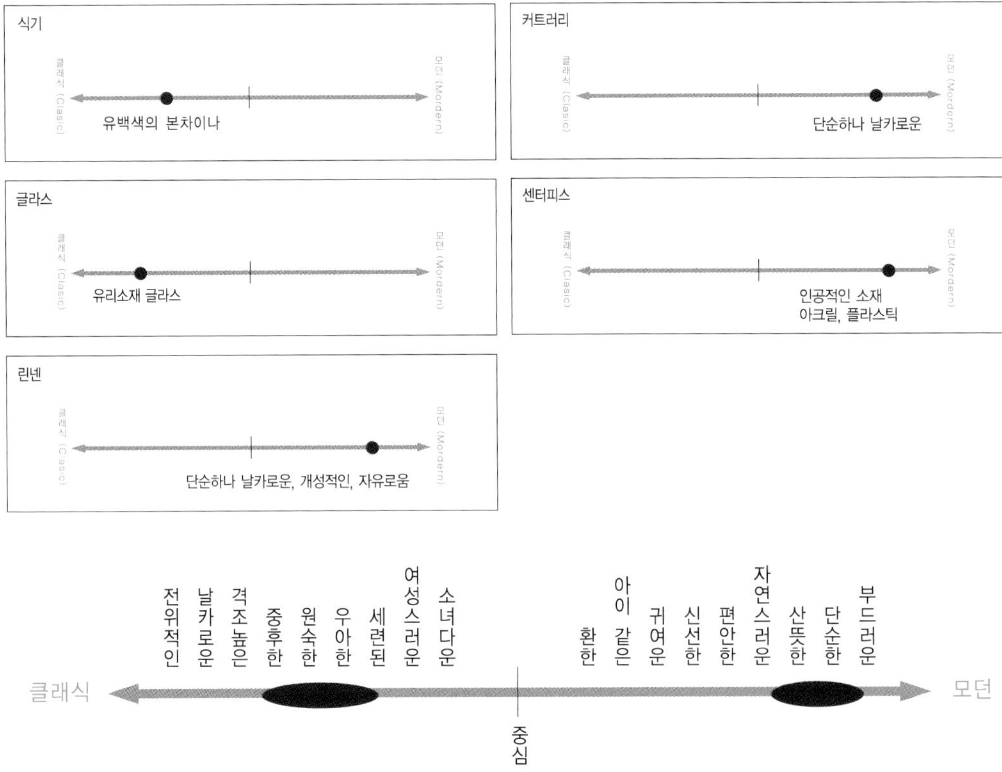
식기
클래식 (Clasic)
모던 (Morden)
유백색의 본차이나
커트러리
클래식 (Clasic)
모던 (Morden)
단순하나 날카로운
글라스
클래식 (Clasic)
모던 (Morden)
유리소재 글라스
센터피스
클래식 (Clasic)
모던 (Morden)
인공적인 소재
아크릴, 플라스틱
린넨
클래식 (Clasic)
모던 (Morden)
단순하나 날카로운, 개성적인, 자유로움
전위적인
날카로운
격조높은
중후한
원숙한
우아한
세련된
여성스러운
소녀다운
환한
아이 같은
귀여운
신선한
편안한
자연스러운
산뜻한
단순한
부드러운
클래식
모던
중심

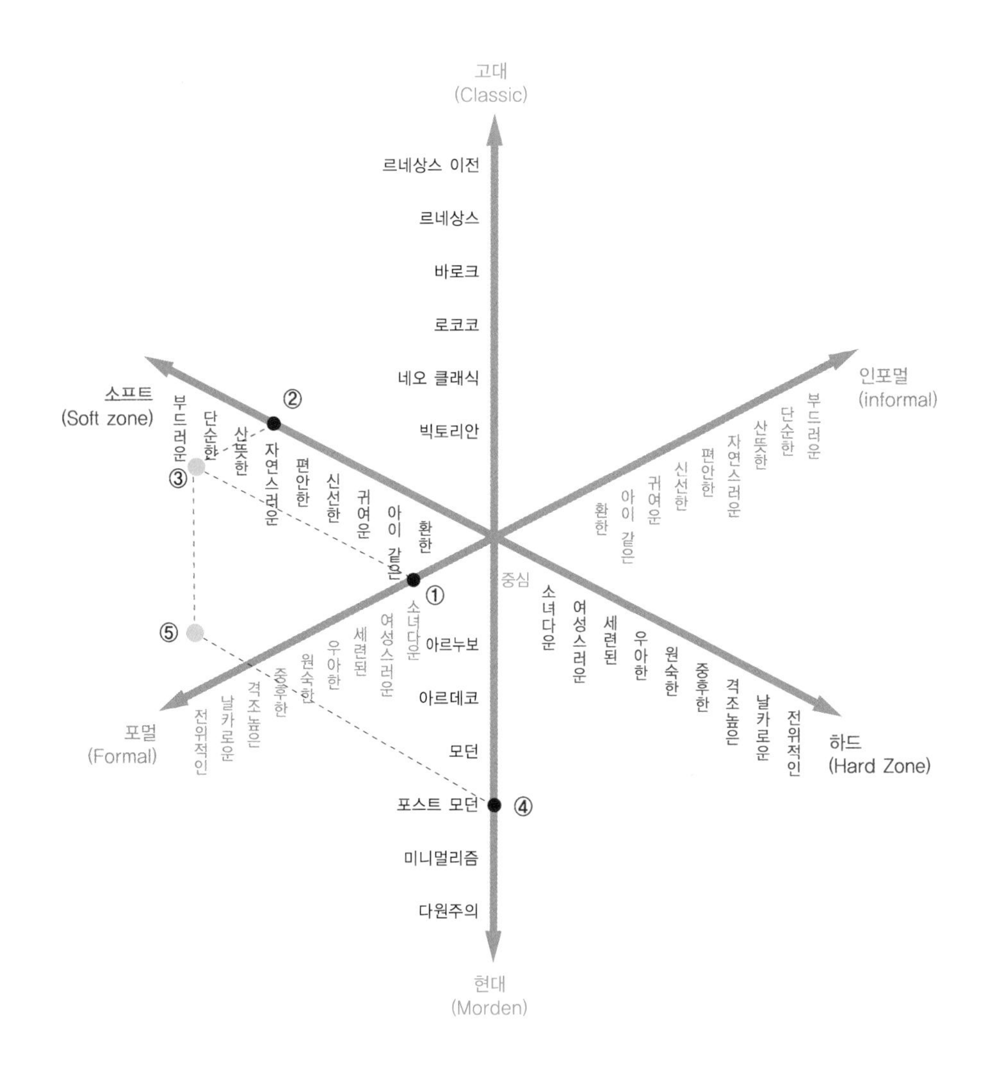

∴ 캐주얼 · 클래식에 위치한다

클로스……코튼 소재의 원색적인 색상을 같이 매치

냅킨…… 클로스와 같은 계열의 색, 같은 소재

피겨류(장식품)……컵 캔들, 아크릴 소재의 솔트 & 페이퍼

센터피스……강한 선적인 라인을 가지고 있는 캔들 스탠드를 이용하여 현대적이고 모던한 느낌을 연출.

(4) 사례 D

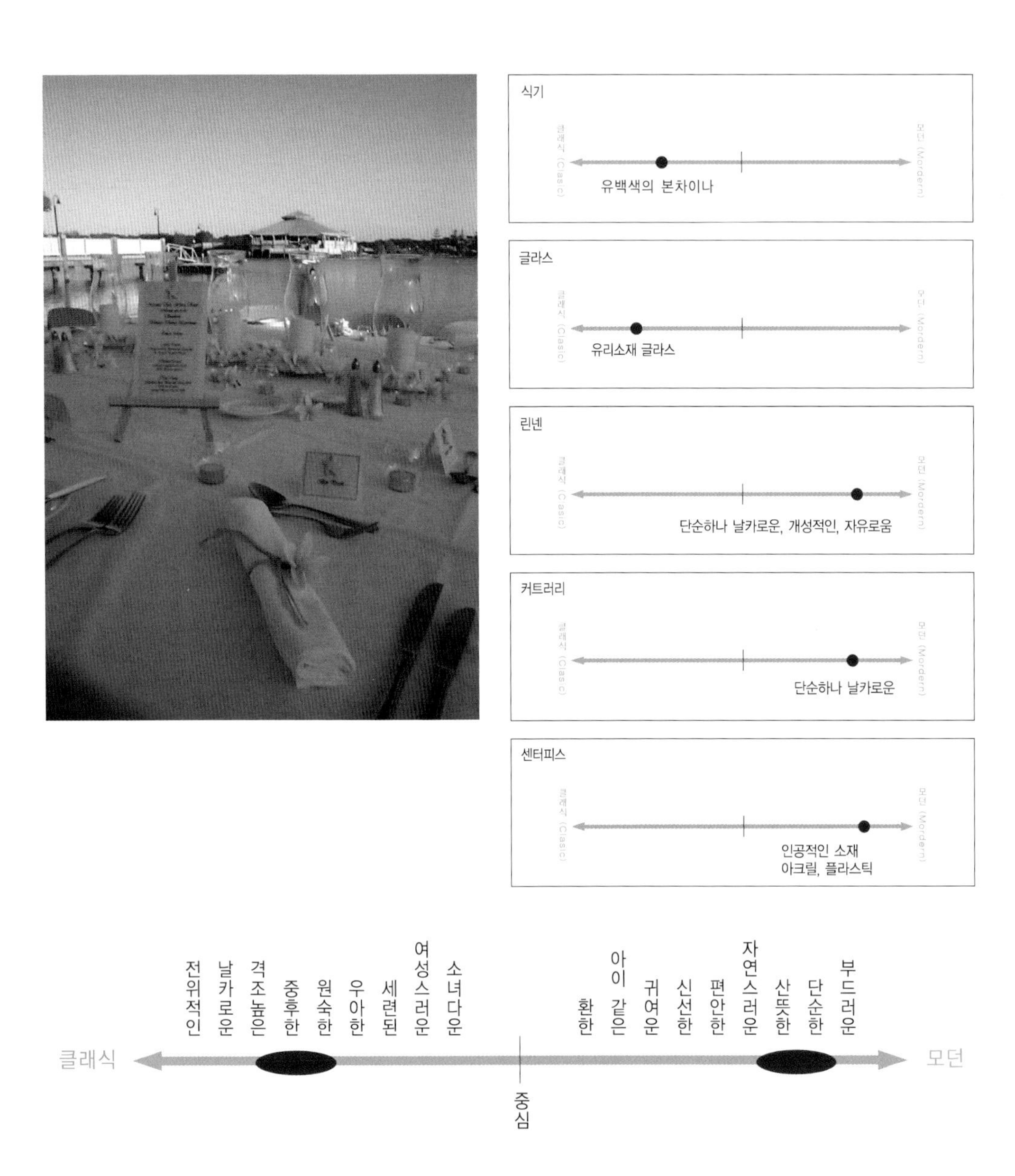
식기
클래식 (Clasic)
모던 (Mordern)
유백색의 본차이나
글라스
유리소재 글라스
린넨
단순하나 날카로운, 개성적인, 자유로움
커트러리
단순하나 날카로운
센터피스
인공적인 소재
아크릴, 플라스틱
클래식
전위적인
날카로운
격조높은
중후한
원숙한
우아한
세련된
여성스러운
소녀다운
중심
환한
아이 같은
귀여운
신선한
편안한
자연스러운
산뜻한
단순한
부드러운
모던

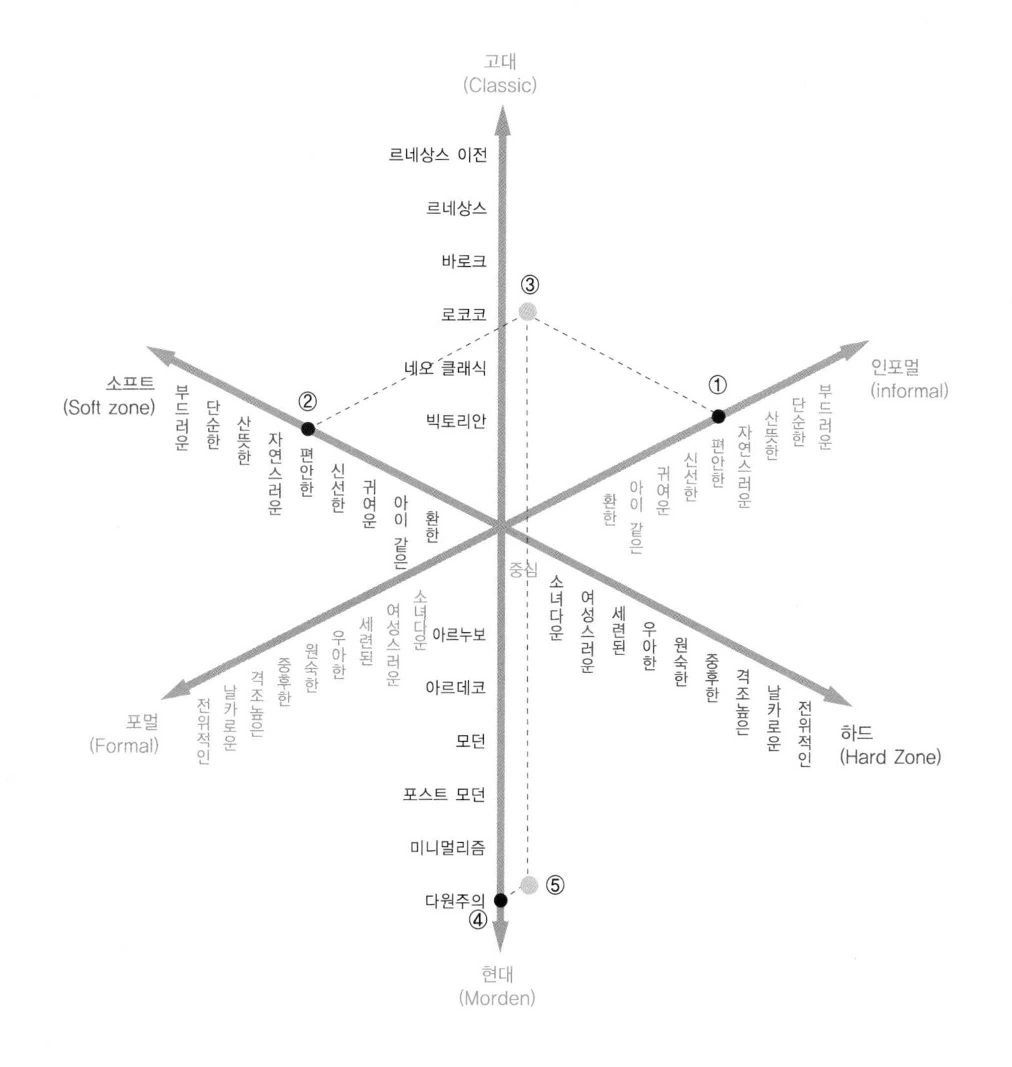

∴ 캐주얼 · 모던으로 위치한다

클로스……합성 헤린본 블루

냅킨…… 클로스와 같은 계열의 색, 같은 소재

피겨류(장식품)……이젤을 이용한 메뉴 카드, 네임 카드, 냅킨링, 스트레이트 캔들스탠드, 플라스틱제 스트레이트 형 솔트 & 페이퍼

센터피스……유리 베이스 안에 초를 넣어서 편안한 느낌을 연출하고, 테이블 중앙에 꽃과 돌을 놓아서 자연스러운 느낌을 연출.

이와 같이 매트릭스 차트를 활용함으로써 목적이 달성되고 부담 없고 맛있는 식사 공간을 연출하는 것이 용이하게 된다. 테이블을 코디네이트 하기 위해서는 넓은 지식과 정확한 판단력과 응용력이 필요하다. 따라서 가능한 많은 장면의 경험과 많은 정보를 수집하여 차트를 만들게 되면 테이블을 연출하는 데 있어 도움이 된다.

part. 8

프로토콜(테이블 매너와 파티 매너)

1. 프로토콜
2. 초대장과 드레스 코드
3. 초대장에 관한 프로토콜
4. 파티의 종류와 파티매너

rdinate

part. 8 프로토콜(테이블 매너와 파티 매너)

프로토콜이란 공식적인 국제적 교류의 경우 공식적인 행사를 기획, 입안, 실시하는 경우에 주최자가 정하는 룰을 말한다.

적용되는 경우는 주로 각국 대사나 정부고위층 등의 공식회담에서 행해지는 의식이나 에티켓의 형식이라 정의되고 있다. 그 범위도 훈장수여, 국기게양, 공문서의 형식, 서명방식, 또한 사회적 행사에 입는 복장, 테이블 매너, 소개의 방식, 만찬회 석상에서의 앉는 순서 등 다양하다.

1. 프로토콜

1) 프로토콜은 국제 비즈니스의 기본

각각의 사회에는 역사적, 문화적으로 정해진 인간이 살아가는데 있어서 좋아하는 룰이 있다. 그리고 그 인간이 속해 있는 나라, 민족, 종교나 가족에 의해 법칙은 변하고 또한 시대와 함께 사회의 가치관은 변화하고 있다. 따라서 각국이 함께 도덕적, 인간적인 입장에서 인정한 매너와 커뮤니케이션을 자연스럽게 행할 수 있는 방법으로써 세계 공통의 국제적인 매너: Protocol이 필요하다. 다변화하는 국가 간의 비즈니스도 일정한 기준으로써 프로토콜이 응용되고 있다. 물론 테이블 코디네이터에게 있어서도 영국, 프랑스식의 Table Planner나 초대장, 서비스의 방법 등 테이블 코디네이터에 꼭 필요한 분야가 많아지고 있다. 국제적으로 활동하는 비즈니스맨과 코디네이터들에게 있어서 프로토콜을 바르게 이해하는 것이 중요하다.

2) 프로토콜의 기원

프로토콜의 발상지는 이탈리아이다. Galateo의 저자 della Casa(1503~1556년)은 피렌체의 유복한 집안에서 태어나 교황청의 관직을 하고 문인으로써 활약했다. Galateo은 일반 시민의 일상생활에서의 인사방법을 시작으로 회화, 인덕 그리고 테이블 매너까지 매너의 중요함을 1551~1555년에 걸쳐 집필, 1558년에 발간하였다. 최초는 프로토콜로써 프랑스어, 라틴어, 스페인어, 독일말로 번역됐고, 일본에는 메이지(明治)정부 발족 시기에 도입되었다. 이탈이아어의 Galateo 는 에티켓의 같은 뜻으로 정착되었다.

3) 프로토콜의 5원칙

프로토콜을 익히기 위해 필요한 것은 기본이 되는 개념 즉 생각하는 법을 아는 것부터 시작된다, 그 기본개념은 다음의 5개로 요약되고 영어의 이니셜을 따서 두 개의 L과 3개의 R로 나뉜다.

① Lady first

여성 먼저라는 뜻으로 레이디 퍼스트는 종교적으로 제약이 있을 경우를 빼고는 중세 기사도 정신에서부터 현재까지 지속된 유럽과 미국인의 기본적인 생각이다. 대국이 소국을 구하고 어른이 아이를 구한다. 그리고 사교에서는 남녀평등의 시대가 왔어도 레이디 퍼스트가 기본이다.

② Local Customs Respected

지역습관/이문화의 존중을 뜻한다. 타국의 문화, 정치, 종교를 존경함을 의미한다. 상대의 문화를 따르는 것 뿐만이 아니고 상대의 습관에 경의를 표하는 것이 중요하다. 그 반대로 자국의 전통문화나 습관을 올바르게 전하는 것도 중요하다. 하지만 자국의 문화나 습관을 잘못 전달하면 오히려 존경을 받지 못하기 때문에 잘 전달해야 한다.

③ Rank Conscious

서열에 대한 배려를 뜻한다. 사회생활에 있어서 여러 장소에서 서열이 정해지고 그것으로 존경을 받게 된다. 공식적인 장소에서는 상급자와 하급자, 예를 들어 선생님과 제자, 선배와 후배, 사장과 직원에도 서열이 있다. 프로토콜의 경우에는 처음부터 서열은 있다라고 하고 특별히 만찬회의 Table Planner는 호스트나 귀빈 그리고 게스트의 서열을 잘 알 수 있도록 작성하는 것이 중요하다.

④ Reciprocation

상호간의 주의와 답례를 뜻한다. 접대 받으면 접대하는 상호주의 정신이다. 그것은 파티의 기본생각이라고 볼 수 있다. 교류는 반드시 상호교류가 아니면 안 되며, 그것이 아니라면 교류가 아니라고 생각해야 한다. 국제간의 경조사의 경우도 같은 정도의 답례를 하는 것이 예의이다.

⑤ Right the first

유럽이나 미국에서는 그 사람 있어서 오른손이 닿는 쪽이 상위가 되는 우상위석이 되어 있다. 존경하는 사람, 존중하는 물건에 대해서 항상 오른쪽을 주는 상위적 Place of honor는 국기게양부터 자동차, 비행기, 전차 등 게다가 포멀 파티의 경우에 여성을 에스코트(남성은 오른팔을 내민다)에서도 나타난다.

매너에도 TPO 를 합친 랭킹

① 개인적인 경우에는「저 사람은 매너가 나쁘다」
② 그룹중 에서는「저 사람은 에티켓을 몰라」
③ 국가를 대표하는 사람의 입장의 경우는「저 사람은 프로토콜의 지식이 없어」라고 듣는다.

에티켓. 매너는 자국 내 사회생활 중에서도 주의를 기울이면 자연스럽게 몸에 익힐 수 있는 문제이다. 그러나 프로토콜은 수동적으로써가 아닌 사교학 교양의 하나로써 적극적으로 배워야할 종류의 하나로 보는 것이 좋다.

매너〈MANNERS〉

라틴어의 Manuarius=솜씨 좀 봅시다라는 어원에서 파생되었다. 개인의 양식에 많은 사람들의 판단을 맡길 수 있는 부분이 있고 매너가 좋은지 나쁜지 개인의 레벨로 판단할 수 있는 예의이다.

에티켓〈ETIQUETTE〉

프랑스어로 Stikke, 네덜란드어의 Sticken의 붙이다, 묶다가 어원으로 거기에서 파생된 영어의 에티켓은 1장의 입장권, 즉 인간으로써 바르게 행동하기 위한 지켜야 할 사항을 가리킨다.

프로토콜〈PROTOCOL〉

최초의 물건과 물건, 사람과 사람을 잇는 풀 First Glue의 의미를 가지게 됐고 그것이 현재에 와서는 국제예의로서 국가와 국가와의 예의가 되었다. 그러나 그것을 행하는 것은 사람이며 개인과 개인이 지켜야 할 에티켓으로써도 위치 잡았다.

PROTOCOL / ETIQUETTE / MANNERS

PROTOCOL / ETIQUETTE / MANNERS
PROTOCOL = 국가와 국가 또는 국가와 타국 기업 간의 교류상의 예의
ETIQUETTE = 그룹레벨에서의 예의
MANNERS = 개인레벨에서의 예의

⊙ 알아두자. 매너의 포인트

• **기본 매너**

선물을 가져가는 방법

호스티스의 손을 성가시게 하지 않도록 배려하다. 꽃을 가지고 가는 경우라면 꽃다발이 아닌 어레인지 꽃이 좋으며, 와인이라면 디저트 와인을 가져가는 것이 좋다. 먹을 것은 식단에 방해되는 것이 있으면 안되므로 피하는 것이 좋지만 과일과 초콜릿은 예외로 한다.

시간 약속

정해진 시간에 늦지 않는 것이 예의이다.

급한 일이 생기더라도 15분 정도 이내에 도착해야 한다. 만약 불가피한 사정으로 늦어지게 된다면 사전에 몇시까지 가겠다는 것을 알려주도록 한다. 늦는 것도 예의가 아니지만, 너무 빨리 가는 것도 예의에서 벗어난 행동이다.

화재 선택

사람의 뒷소문이나 불유쾌한 얘기는 피한다. 자기 중심의 화제만 선정해서도 안 된다. 모두가 같이 대화에 참여할 수 있는 화재 중심으로 대화를 하는 것이 좋다. 또한 상대방의 이야기를 잘 들어주는 것도 중요하며 지나치게 큰 목소리로 얘기하거나 감정적으로 얘기하는 것은 자제한다.

느낌과 소감은 구체적으로 전한다.

파티 후에는 가능한 빨리 기분을 전한다. 친한 사람이라면 전화나 메일, 어려운 대상일 경우에는 편지나 엽서로 전한다. 내용은 구체적으로 요리나, 연출, 게스트 등 인상적이었던 것을 전하는 것이 좋다.

• **초대측의 배려**

표정

차임이 울리면 기다리지 말고 빨리 나간다. [어서오세요]하는 마음을 담아서 웃는 얼굴로 맞이하자. 선물을 받았다면 감사의 기분을 확실히 전달하자. 실수로라도 그 근처에 둔 채로 있지 말도록.

손님에 대한 배려

게스트 전원이 즐길 수 있도록 항상 체크한다. 혼자서 쑥스러워하고 있는 분이 있다면 말을 걸던가, 말을 잘하는 사람을 상대로 붙여주는 등 배려하자. 쓸쓸하다고 생각하는 사람이 없도록.

마무리

게스트가 돌아갈 때는 한명 한명씩 배웅하자. 현관을 잠그거나 불을 끄는 것은 마지막 사람이 나가고 나서 조금 시간을 둔 다음에 한다. 문을 잠그는 소리가 들리게 하거나 캄캄하게 하는 것은 실례이다.

• 초대받는 측의 배려

RSVP

파티의 안내를 받았다면 가능한 빨리 출결의 답장을 한다(가능하면 2~3일 이내). 결석하는 경우는 초대받은 예의로 결석의 이유와 함께 [유감입니다] 등의 문구를 넣자. 아무런 연락도 하지 않는 것은 가장 해서는 안 되는 것.

2. 초대장과 드레스 코드

1) 복장에 관한 프로토콜

파티에 착용하는 복장은 시대의 변천에 따라 민족성이나 고유의 문화를 존중해가면서 간략화해 왔다. 그러나 드레스 코드(dress code 복장지정)의 기준은 세계 공통이며 복장의 표준이다. 파티를 주최하는 취지와 시간대에 따라 착용하는 복장도 틀리고 공식석상에서 남성의 복장의 구분에 따라 여성도 동격의 복장을 하는 것이 국제적 관례로 되어 있다.

(1) 포멀웨어의 정의

포멀파티에서는 복장의 지정에 따라서 남성의 복장이 정해진다. 연미복, 턱시도, 모닝코트, 남성의 넥타이에 맞춰서 여성의 드레스를 선택한다.

〈표 8-1〉 포멀 웨어의 착용법

복장의 지정		white tie	Black tie	Morning coat	지정 없음
남성 포멀 웨어		연미복	턱시도	모닝코트	검은 양복
		• 흰 넥타이, 흰 베스트, 흰장갑 으로 정해진 소품을 모두 갖췄다. • 훈장을 달 때에는 포켓치프는 필요없다.	• 이용 범위가 넓고 외국에서는 사교상의 필수복 • 소품도 비교적 자유롭다. • 원칙적으론 오후 6시 이후에 착용한다 • 베스트가 없는 더블의 경우 버튼을 채우는게 매너.	• 주로 주간에 결혼식이나 장례복으로 착용	• 비즈니스용의 한 벌 양복 • 파티에는 흰색 이외의 포켓 치프를 이용하면 포멀감을 연출할 수있다.
	pocket chief	crashdo (반드시 실크)	ivyboard (반드시 실크)	three peak (반드시 마, 면)	square one point (오전은 흰색의 square, 오후부터는 one point collar chief)

여성 포멀웨어	• 궁중의 야간 정장 • 네크라인이 큰 드레스 긴 장갑. 티아라를 쓴다.	디너 드레스 • 이브닝 드레스와 같이 네크라인이 크게 벌려져 있지 않아 좋음.	궁중의 정장 • 피부가 보이지 않는 네크라인, 열려 있지 않은 소매 드레스 • 드레스 기장은 뒤꿈치까지 길이로 모자, 장갑, 부채를 든다.	애프터눈 드레스 또는 슈트 • 6시 이후의 파티에는 일상복에 액세서리 등을 한다.
	이브닝 드레스 • 네크라인이 큰 드레스 • 바닥까지의 긴 기장	칵테일 드레스 • 드레스 기장은 이브닝 드레스보다도 짧은 앵글 기장 • 광택이 있는 소재로 화려함을 연출	애프터 드레스 • 네크라인이 크지 않고 소매가 있다.	

3. 초대장에 관한 프로토콜

공식석상에서의 초대장은 담당자가 들고가서 직접 전해줬지만, 현재에 와서는 전화로 통지하고 출석 가능자에게 다시 초대장을 발송한다. 초대장은 ① 정식 초대장 formal invitation ② 약식 초대장 informal invitation 으로 나뉘어져, 홈파티에서는 약식 초대장을 발송한다. 만약 초대장에 드레스, 코드(복장 지정) 가 써져 있을 경우에는 포멀적인 의미이다. 복장에 대해서 모를 때는 주최자에게 물어 봐도 실례가 아니다.

1) 정식 초대장의 기본

① 초대장에는 초청자에게 「언제, 어디서, 누가, 무엇 때문에, 무엇을」 개최하는지를 안내하고 출석의 동의를 구하는 것이다.
② 문장은 3인칭으로 쓴다.
③ 용지는 흰색에 검은 잉크로 인쇄한다.
④ 통상 1개월에서 3주전에 도착할 수 있도록 발송한다.
⑤ 답신을 바라는 경우는 카드 왼쪽 하단에 "답신 부탁합니다"의 약어 R.S.V.P.(R.s.v.p도 괜찮음)를 쓴다. 사전에 출석 회답을 받고 답신을 구하지 않을 경우와 R.S.V.P.를 가로선으로 지우고 그 옆에〈오실지 다시 확인합니다〉를 의미하는 To remind 를 쓴다. 이상이 정식 초대장의 대략의 서식으로 그 이외의 세부적인 서식이 있지만, 여기서는 생략한다. R.S.V.P.는 프랑스어로 〈Répondez sil vous plâit〉 답신 부탁합니다의 약어로 세계 공통어이다.

For Mr. and Mrs. Smith	①
Welcome to Heyri!	②
Ball	③
From Sonus Music Society	④
Time 2008. 8. 9(Sat) 6:00 p.m.	⑤ ⑥
Place Keumsan gallery	⑦
R.S.V.P Yes ☐, No ☐	⑧
Suit, Parking availible	⑨

1. 주최자 이름
2. 초대에 관한 인사
3. 파티의 종류
4. 주빈의 이름
5. 날짜
6. 시간
7. 장소
8. 답신이 필요한가 그렇지 않은가 또는 답신까지의 날짜
9. 복장지정 이나 주차장의 유무 관계

*주차장이나 교통수단은 별도의 안내장 첨부

〈그림 8-1〉 정식 초대장 작성법

〈그림 8-2〉 정식 초대장 예시

• 카드 넣는 방법

접은 쪽이 밑으로 가게 해서 넣고 안내문이 많을 경우 봉투를 열면 바로 보일 수 있도록 작은 사이즈를 위로해서 넣는다.

2) 약식 초대장

전화, 편지, 명함, 2개의 접은 카드, 기성카드장 등이 있다. 기성카드는 간단하게 쓰여 있고 일반적으로 받을 수 있지만, 여러 가지 타입이 있으므로 자신에게 맞는 것을 고른다. 홈파티의 초대장도 약식초대장에 속한다

	For	Mr. and Mrs. Satoh	①
	Date	6th Oct. '06	②
	Time	7 : 00 p.m.	③
	Place	at home	④
⑥	R.S.V.P	00(0000)0000	⑤

〈그림 8-3〉 약식 초대장 작성법

1. 초대되는 사람
2. 년 월 일
3. 시간
4. 회장
5. 답장의 연락처(전화번호, 메일 어드레스)
6. 출결의 답장이 필요한 경우의 정해진 문구

R.S.V.P Répondez sil vous plâit의 약자
프랑스어로 [답장 해주세요]라는 의미
Regrets Only [결석의 경우만 답장 주세요]라는 의미

〈그림 8-4〉 약식 초대장 예시

• 초대장의 작성 예

요리를 가지고 모이는 파티의 경우는 다음 문구를 첨부한다.

BYO – Bring Your Own(무언가 하나 가지고 오세요)

BYOF – Bring Your Own Food(무언가 먹을 것을 하나 가지고 오세요)

BYOB – Bring Your Own Bottle(무언가 마실 것을 하나 가지고 오세요)

Invitation 초대장

파티는 초대장을 받을 때부터 시작한다. 당일을 즐겁게 기다릴 수 있도록 테마에 맞는 디자인의 카드를 보내자.

Name Card 네임 카드

게스트에 Welcome!의 기분을 담아서 네임 카드를 세트하도록 하자. 적은 사람이 모이는 파티에서도 자신의 이름이 발견되면 기쁠 것이다.

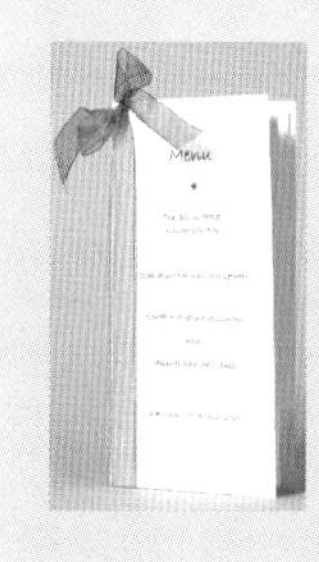

Menu Card 메뉴 카드

게스트에게 그 날의 식단을 안내하는 메뉴 카드. 파티의 후에도 가지고 돌아가 기념으로서 여길 수 있도록 멋들어진 것을 준비해 보자.

Thank you Card 땡큐 카드

선물에 덧붙이는 작는 땡큐카드는 [와줘서 고마워]라는 기분을 아무렇지 않게 표현한다. 한마디 메시지도 잊지 말기를.

4. 파티의 종류와 파티매너

파티라고 이름이 붙는 것은 많은 종류가 있다. 가정에서 생일을 축하하는 버스데이 파티부터 크리스마스 등 계절의 이벤트 파티, 게스트가 결혼식을 축하하는 브라이덜 파티, 회사의 창립기념일 등의 오피셜 파티까지, 그 취지도 규칙도 제각각이다.

스타일로 나누면 격식 높은 순으로 디너, 런천, 칵테일, 티 순서이지만, 홈파티 등의 경우는 격식에 구애받지 말고 시간대나 목적으로 나누면 좋다.

1) 파티의 종류[various parties]

〈표 8-2〉 파티의 종류

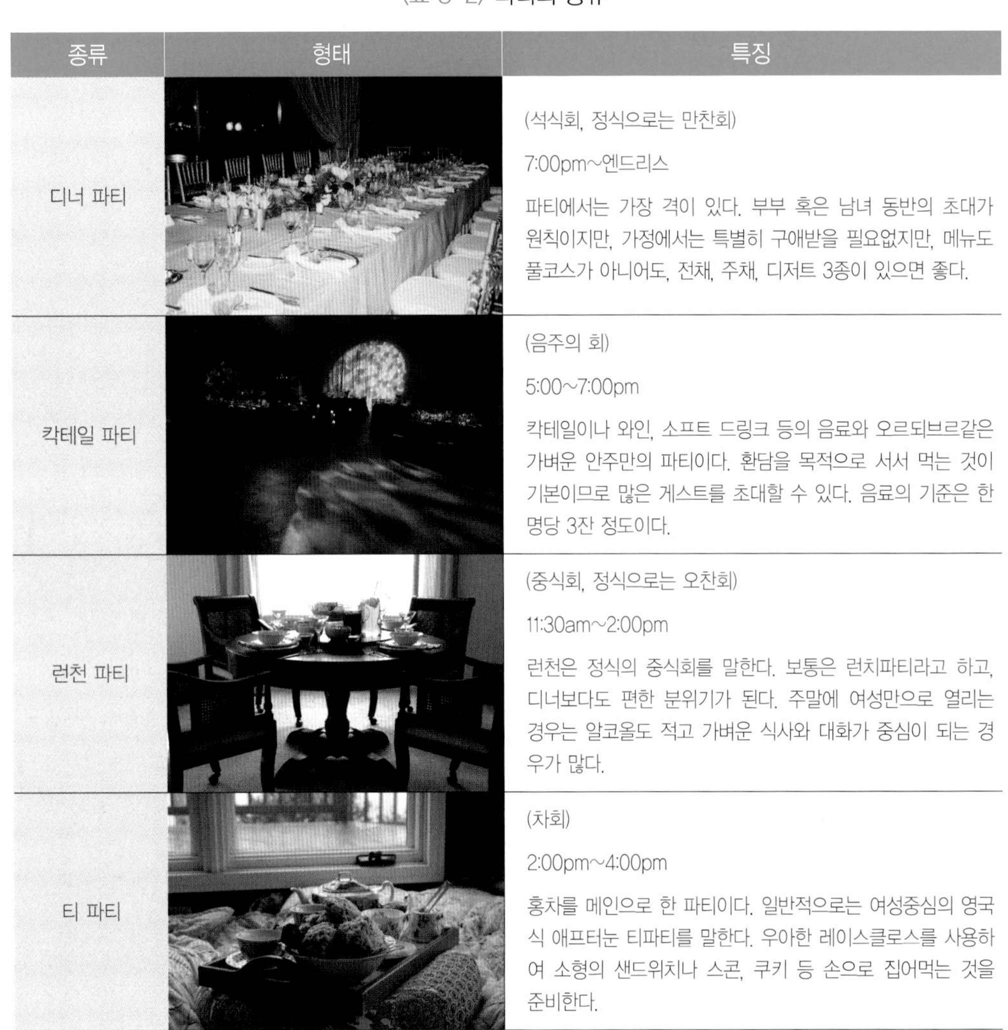

종류	형태	특징
디너 파티		(석식회, 정식으로는 만찬회) 7:00pm~엔드리스 파티에서는 가장 격이 있다. 부부 혹은 남녀 동반의 초대가 원칙이지만, 가정에서는 특별히 구애받을 필요없지만, 메뉴도 풀코스가 아니어도, 전채, 주채, 디저트 3종이 있으면 좋다.
칵테일 파티		(음주의 회) 5:00~7:00pm 칵테일이나 와인, 소프트 드링크 등의 음료와 오르되브르같은 가벼운 안주만의 파티이다. 환담을 목적으로 서서 먹는 것이 기본이므로 많은 게스트를 초대할 수 있다. 음료의 기준은 한 명당 3잔 정도이다.
런천 파티		(중식회, 정식으로는 오찬회) 11:30am~2:00pm 런천은 정식의 중식회를 말한다. 보통은 런치파티라고 하고, 디너보다도 편한 분위기가 된다. 주말에 여성만으로 열리는 경우는 알코올도 적고 가벼운 식사와 대화가 중심이 되는 경우가 많다.
티 파티		(차회) 2:00pm~4:00pm 홍차를 메인으로 한 파티이다. 일반적으로는 여성중심의 영국식 애프터눈 티파티를 말한다. 우아한 레이스클로스를 사용하여 소형의 샌드위치나 스콘, 쿠키 등 손으로 집어먹는 것을 준비한다.

〈표 8-3〉 기타 파티의 종류

종류	형태	특징
가든 파티		정원이나 갑판에서 열리는 파티. 가정에서는 바비큐 등 아웃도어 감각의 것이 많고, 초대한 측도, 게스트도 자유롭게 먹거나 마시거나, 대화를 즐길 수 있는 것이 매력이다. 반드시 비가 올 때에 대한 준비를 해두는 것이 좋다.
샤워 파티		축하 선물을 "샤워처럼 적셔준다"라는 의미의 파티이다. 브라이달 샤워(결혼 축하), 베이비 샤워(출산축하), 전근 축하 등이 있다. 프레젠트는 포장이 포인트.
서프라이즈 파티		생일이나 취직 축하, 완쾌 축하 등, 축하받을 본인에게는 비밀로 하고 가족이나 친구가 준비하는 파티이다. 문을 여는 순간 "축하해!"하고 폭죽을 터트려 깜짝 놀라게 하는 등으로 연출해보자. 당일까지 절대 들키지 않는 것이 중요하다.
키친 파티		부엌을 개방하여 여는 파티. 게스트에게도 각각의 특기인 요리를 만들게 하므로 모두가 함께 만든 요리를 먹을 수 있다. 파티가 끝난 후에는 요리의 포장과 레파토리가 늘어나므로 참여하는 즐거움이 크다.
포틀럭 파티		요리나 음료를 한 가지씩 가지고 모여서 여는 파티. 호스티스의 부담이 가볍고, 편하게 맞이할 수 있다. 초대장에 "BYO"의 문구가 있다면 요리 하나를 지참한다.

2) 파티에서의 receving line

(1) 만찬(dinner)

입구		입구	
호스트	□	호스트	□
주빈	■	주빈	■
주빈부인	●	호스티스	○
호스티스	○	주빈부인	●
①		②	

정찬은 착석 스타일의 정식만찬으로 분류할 수 있다. 만찬회는 공식적인 대접으로 정식 초대장이 발송되며 밤 시간대의 2~3시간에 걸쳐서 열리는 파티를 말한다. 많은 손님들을 맞이하는 receving line은 주최자와 주빈이 회장 입구에 서서 초대객을 맞이하는 의식을 뜻하는데, 손님을 맞이할 때 서 있는 방식으로, ① 입구에 가까운 쪽부터 호스트, 주빈, 주빈의 부인, 호스티스 ② 호스트, 주빈, 호스티스, 주빈 부인 순으로 서게 된다.

• receving line 활용에 대해서

개인집에서는 입구 가까이에 호스티스가 먼저 서고 그 뒤에 호스트가 서게 된다. 손님도 부부인 경우 아내가 먼저 서고 호스트, 호스티스가 인사한다.

(2) 오찬(luncheon)

오찬이지만 만찬회보다는 간략하게 receving line 을 하지 않는 경우가 있다(파티의 성격에 따라 행하는 것이 좋음). 만찬과 비교해 사교적이고 비즈니스적인 성격을 많이 띤다. 에티켓은 정찬에 어울리게 하는 것이 바람직하다.

• 건배에 대해서

건배의 방법은 공적인 자리의 경우 잔을 부딪치기 바로 전에 잔을 멈추고 상대방의 눈을 본다. 그리고 TPO 로 캐주얼한 자리에서는 잔을 부딪쳐도 된다.

(3) 무도회(ball)

사교성이 강한 모임으로 만찬회 후에 거행되며 무도회는 도중에(supper:야식) 제공되는 경우도 있다.

(4) 리셉션reception

원래는 국가적 행사로써 평가되던 공식적인 회합을 말한다. 환영회, 기념행사 등 명확한 목적으로 고위층 관리를 주빈으로 초대하고 오후부터 저녁때에 걸쳐서 2시간정도 열렸다. receving line을 마련한다. 그리고 저녁때가 지나면 열리는 파티를(evening reception) 밤 10정도까지의 리셉션(reception)이라고 말하고 대부분은 마지막까지 춤을 춘다.

(5) 차 모임(tea party)

늦은 오전중 또는 빠른 오후에 1~2시간 정도 열린다. 기본적으로는 서서 식사를 하지만 의자를 준비하는 경우도 있다. 홍자를 마시며 그밖에 샌드위치, 케이크, 쿠키, 과일이 제공된다. 서양에서의 차 모임 중 대표격으로 유명한 것이 애프터눈 티다. 대접의 작은

배려와 환대가 담겨져 있다. 세계 어느 나라라도 티파티를 받아들이고 있다. 차 모임은 본래는 자신의 집에 초대하는 것이 원칙이다. 자신의 집에 초대했을 때는 다른 집에 초청받는 것이 통념으로 되어 있다.

3) 파티에서의 석차

초대자의 자리를 정하는 것도 초대측의 중요한 일이다. 착석의 파티에서는 자리의 상하가 있다. 방의 안쪽부터 메인 게스트의 자리로 한다. 메인 게스트는 파티의 목적의 본인(축하받을 사람)이 되지만, 특별히 목적이 없는 경우는 사회적으로 직책이 높은 사람이나 연장자가 된다. 커플을 초대한 경우는 호스티스의 오른쪽은 남성의 메인게스트, 호스트의 오른쪽은 여성의 메인게스트 자리가 된다. 편안한 모임이라도, 부부나 커플이 나란히 앉지 않도록 한다.

(1) 식탁의 자리순서

테이블의 크기나 형태, 방안의 식탁위치에 따라 다르지만, 호스티스는 입구에서 먼 중앙에 앉고, 그 우측에 당일의 주객의 남성이 앉는다. 초대측의 주인은 호스티스와 반대측에서 입구와 가까운 자리를 잡고, 그 우측에 주객 부인이 앉는 것이 보통 바뀌지 않는 자리결정법이다. 바다나 정원 등 경치가 아름다운 경우는 이런 것과 상관없이 경치가 잘 보이는 곳이 상석(上席)이다.

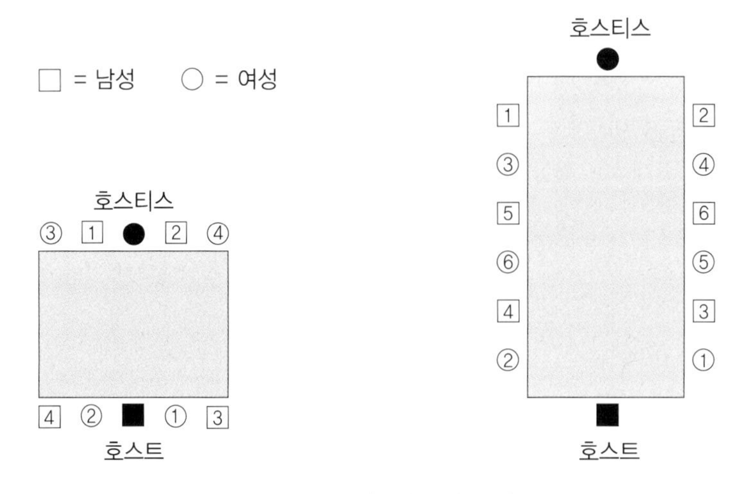

〈그림 8-5〉 식탁의 자리 순서

(2) 애프터눈티의 자리순서

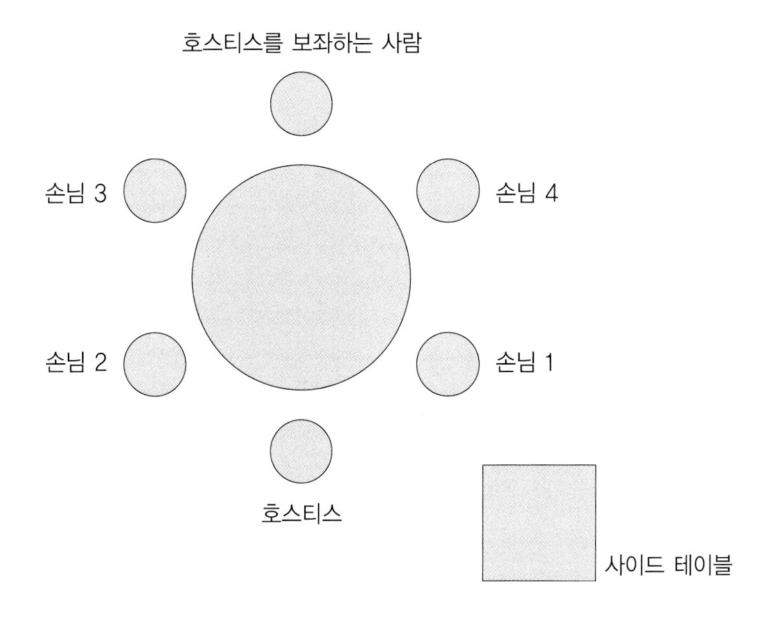

〈그림 8-6〉 애프터눈 티의 자리 순서

4) 파티에서의 기본지식

(1) 와인

와인의 지식은 소믈리에의 전문 분야지만 기본적인 지식은 접대에 필요하다. 와인과 요리의 조화를 생각해서 테이블 세팅을 해야 하며, 특히 글라스 수와 와인의 종류에 따라 세팅이 달라진다.

① 일반적인 와인의 지식

- 화이트와인부터 레드와인으로
- 쌉쌀한 와인부터 달콤한 와인으로
- 깔끔하고 담백한 와인부터 깊이가 있는 와인으로
- 최근에 만든 와인부터 오래된 와인으로
- 샴페인은 식사 시작부터 마지막까지 마실 수 있는 유일한 술

② 요리와의 밸런스

• 생선, 조개, 새우 등에는 화이트와인.
• 가벼운 요리에는 가벼운 와인
• 깊은 요리에는 깊이가 있는 와인.
• 고기요리에는 레드와인 그렇지만 닭요리 등 살이 흰색계열의 고기에는 화이트와인이 어울릴 때도 있다.
• 요리에 와인을 사용했을 때에는 그것과 같은 와인, 또는 그것 이상의 와인을 낸다.

③ Champagne

프랑스 샹파뉴 지방이 산지, 그 외의 지역에서는 샴페인과 같이 발포 와인을 Mousseux 라고 하고 이탈리아에서는 Spumante, 독일에서는 Sekt. 스페인에서는 Cava 라 한다.

④ 와인의 온도

마시기 가장 적당할 때의 온도를 알아두면 와인을 마실 때 도움이 된다. 냉장고에서 차갑게 할 때에는 2시간 정도까지 넣고 와인쿨러에서는 15~20분 병위 쪽까지 얼음에 담가서 차갑게 한다.

〈표 8-5〉 와인의 종류와 온도

종류	형태	특징
레드 와인	CINDER	고급와인 : 18~20도 그 외 : 12~16도
화이트와인	CINDER	쌉쌀한 맛 : 11~13도 달콤한 맛 : 8~10도
샴페인 / 로제와인 스파쿨링 와인	CINDER	5~10도

⑤ 요리 코스의 음료

• 식전술

식전술은 식욕을 돋우고 기분을 릴렉스시키는 목적을 가지고 있다. 향기가 좋은 Sherry주, Cinzano, Kir Royal, 진 토닉 등 칵테일은 강렬한 맛을 가지고 있다.

• 식사중의 술

일반적으로는 소고기의 붉은살 부분에는 진한 향기가 있는 레드와인(Vin rouge), 돼지고기 등 쇠고기에 비해 담백한 요리에는 부드러운 맛의 향기가 있는 레드와인을, 닭고기나 생선에는 화이트와인(Vin blanc)이 좋고 디저트로는 달콤한 샴페인이 어울린다.

• 식후 술

식후에 소화를 돕기 위해 마시는 술은 달콤한 와인을 많이 마신다. 브랜디, 위스키, 리큐어, 달콤한 와인, cointreau, madeira(달콤한 맛) 등.

(2) 테이블의 매너

① 의자는 왼쪽부터 앉고, 중도에 자리를 뜨는 것은 디저트 코스에 들어선 다음에 한다.

② 냅킨은 최초의 요리가 나올 때쯤에 가장자리를 자기 앞에 두고 무릎에 덮어, 자리를 뜰 때는 의자의 위에, 식사가 끝나면 가볍게 접어 테이블 위에 둔다.

③ 나이프, 포크는 외측에서부터 사용한다. 식사 중 손을 쉬게 할 때에는 접시 가운데에 八자, 혹은 포크를 엎어놓고 나이프의 앞에 걸쳐 놓는다. 다 먹었으면 나이프의 날을 안쪽으로 향하게, 시계침이 4시 20분을 가리키는 위치에 포크와 함께 가지런히 둔다.

④ 큰접시부터 유리를 더는 경우는 오른손에 서비스스푼을 쥐고 왼손의 서비스포크로 누르며 자신의 접시에 덜어온다.

⑤ 왼쪽부터 의자에 앉는다.

table co

부록

테이블 웨어의 Q&A

Q 디너웨어는 어떻게 보관하나요?

A 식기와 식기가 서로 접촉하지 않도록 사이를 두고 보관한다. 고급 식기인 경우 수납하는 것보다 전시한다는 생각으로 한 개씩 나란히 늘어 놓는 것이 이상적이다. 겹쳐서 놓을 경우에는 부직포나 에어쿠션 등의 부드러운 재질을 그릇 사이사이에 놓아 식기가 직접 닿는 것을 막아 주어야 한다.

Q 디너웨어는 어떻게 손질하나요?

A 새로 산 그릇을 사용하기 전에는 뜨거운 물을 한두 번 끼얹고 끓는 물에 넣었다 꺼내서 사용하면 소독과 냄새를 없애는 두 가지 효과를 얻을 수 있다. 씻을 때에는 도기와 자기를 구분하여 조금씩 나누어 씻는다. 도기와 자기는 물의 흡수성이 다르기 때문에 구별하여 씻어야 한다. 도기는 물을 잘 흡수하고, 자기는 대부분 흡수성이 없기 때문이다.

씻을 때에도 2~3개씩 조금씩 씻어 식기들이 부딪쳐서 가장자리가 깨어질 위험을 줄이고, 천천히 조심스럽게 나누어 씻는다.

사용 후 식기를 씻기 전에 기름이 묻어 있는 경우에는 부드러운 종이나 티슈로 닦아 주는 것이 좋으며, 부드러운 스펀지를 이용해서 식기에 상처가 나는 것을 방지한다. 세제는 중성세제를 이용하여 씻고, 손잡이가 있는 컵을 씻을 경우에는 부드러운 털을 가진 칫솔을 이용하여 세심한 부분까지 닦는 것이 좋다.

찌든 자국이 있는 경우에는 컵 안에 소금이나 레몬, 혹은 크림 타입의 클렌저로 가볍게 문질러 준다. 글라스 등의 경우에는 탄산칼슘이 들어있는 세제를 이용하여 글라스에 상처가 나는 것을 막고, 표백제를 사용하고 싶을 경우에는 고급품은 산소계가 알맞고, 일반 식기는 염소계도 좋다. 세제로 씻은 경우에는 미지근한 물로 헹구고, 마지막에는 뜨거운 물을 끼얹는다. 건조는 자연 건조가 좋고, 마른 행주로 가볍게 닦거나 받침 위에 올려 놓는 정도로 좋으며, 행주는 소독해주는 것이 기본이다.

Q 커틀러리 수납은 어떻게 하나요?

A 은기 등의 금속품은 수납만으로는 안 된다. 금속품은 사용하게 되면 변색하거나 검게 변하므로 보관 전에 잘 닦아서 넣어두어야 오래 사용할 수 있다. 금속품의 사용 후 물로 음식물을 씻어 내고 중성세제로 닦은 후 부드러운 세제를 묻혀서 가볍게 문질러 씻는다. 금속으로 된 커틀러리에 제품에 상처나 나기 쉬우므로 거친 수세미는 사용하지 않도록 하고 미지근한 흐르는 물에서 씻은 후 뜨거운 물을 끼얹어준다. 마지막으로 마른 행주로 닦아 수납하고, 손님용의 자주 사용하지 않는 커틀러리는 금속제를 닦는 연마제를 헝겊에 묻혀서 광택이 날 때까지 문질러 닦는다. 닦는 것이 끝나면 금속제에 묻어 있는 연마제를 중성세제로 묻혀서 없앤다. 다시 한번 물에 씻고 건조한 후 보관한다. 플란넬 소재나 랩에 싸서 보관하여 변색되는 것을 막는다.

Q 커틀러리 선택시 고려사항은 어떤 것이 있을까요?

A 커틀러리 은제품과 스테인리스 제품이 있다. 은제품은 고급스러운 느낌이 있지만 흠이 나기 쉽고, 스테인리스 제품은 편리한 점이 특징이다. 디자인과 종류가 다양하여 사용하기 쉬우므로 재질에 구애받지 않고 스타일에 맞춰 선택하는 것이 좋다. 부드러운 광택과 손에 들었을 때 묵직한 느낌이 은제품의 특유의 좋은 점이며, 은도금은 은제품보다 가격도 저렴하여 구입하기 좋은 점이 특징이다.

기능성이 높고 심플한 것으로 손으로 잡아서 드는 것이 편한지 먹기 쉬운지 기능성을 확인하고, 장식과 디자인은 추후에 고려한다. 디자인성이 높은 것은 다른 테이블 웨어와 코디네이트 하기 어려우므로 처음에는 심플한 것을 선택하여 다른 테이블웨어들과의 조화를 고려해야 한다.

Q 글라스 선택과 구입방법은 어떤 것이 있을까요?

A 글라스 구입시에는 식기와의 조화를 고려해야 한다. 처음 구입한다면 심플한 것이 좋고, 심플한 디자인이라면 다른 테이블웨어들과도 대부분 조화를 이룬다. 글라스는 몇 개씩 세트로 갖추는 일이 많으므로 깨지기 쉬우므로 언제라도 사서 보충하는 것이 가능한 것으로 구입하는 것이 좋다.

깨지기 쉬우므로 취급하는 데 특별한 주의가 요구된다. 상점에서 구입하여 집에 왔을 때 글라스에 금이 간 경우도 있을 수 있으므로 상점에서 충분히 확인하고, 글라스의 가장자리를 만져본다든지, 가볍게 두드려보아 맑은 소리가 나는지를 확인해보는 것도 좋다.

크리스털 광택을 즐기기 위해서는 손으로 다듬은 것인지 기계로 다듬은 것인지를 알아보는 안목도 중요하다. 글라스를 빛에 대고 표면에 빛이 들어오면 손으로 다듬은 것이고, 기계로 다듬은 것은 그 빛이 삐뚤어져 보인다.

Q 글라스 손질과 수납방법은 어떻게 해야 할까요?

A 글라스는 다른 식기들과 다른 곳에 별도로 2~3개씩 씻는다. 얇은 글라스는 특별히 조심해서 씻고, 손잡이가 있는 글라스는 볼부분과 손잡이 부분을 강하게 잡으면 깨지므로, 전체를 감싸 잡아서 손질한다.

40도 정도의 뜨거운 물에 중성세제를 풀어 놓고 글라스를 부드러운 스펀지로 가볍게 문질러 씻는다. 글라스 표면의 컷트 부분에는 먼지나 지방분이나 물속의 칼슘이 대부분이므로 레몬이나 소금을 묻혀서 칫솔로 닦으면 깨끗해진다. 글라스에 묻은 립스틱 자국은 칫솔에 알코올을 묻혀 닦으면 된다. 길고 좁은 글라스 밑부분에 손이 닿지 않으면 손잡이가 긴 브러시를 이용하면 되고, 글라스 밑부분에 잘게 부순 달걀 껍질을 넣고 물을 넣고 흔들어 주면 먼지가 깨끗이 떨어진다.

글라스를 세제로 씻었다면 물로 헹구고, 미지근한 물로 마지막으로 헹군다. 뜨거운 물은 글라스가 깨질 위험이 있으므로 주의하고, 물기를 닦고 건조시킨다. 건조 후는 목면이나 마의 혼방직물 등으로 글라스를 닦아주면 더욱 깨끗해지며, 안경 닦는 헝겊을 이용해도 좋다.

글라스를 닦을 때는 반지나 시계를 벗어 놓아 글라스에 상처가 안 생기게 주의한다.

평소에 잘 이용하지 않는 글라스는 사용하기 쉽도록 손에 잘 닿는 곳에 나란히 늘어 놓고, 겹쳐 놓은 글라스가 빠지지 않으면 아래쪽의 글라스를 뜨거운 물에 넣고 천천히 돌려주면 간단히 빠지게 된다.

Q 리넨은 어떻게 보관해야 하나요?

A 리넨은 손질과 보관에 따라 수명이 달라지고, 손질한 리넨은 청결로 인해 요리를 돋보이게 하며, 원단을 상하게 하는 주름과 중앙을 벗어난 주름을 피하기 위해 테이블 클로스의 폭과 같은 길이의 원통 모양의 보관용 막대에 말아서 보관한다. 테이블 클로스는 손세탁이 가능한 것으로 선택하며, 비닐 봉지에 보관하는 것은 곰팡이와 변색의 원인이 되므로 좋지 않고, 장기간 보관시에는 주름지는 것을 막기 위해 세탁 후 다림질을 하지 않는다. 오염된 리넨은 시간이 지날수록 제거하기 힘들므로 리넨의 더러움은 미리미리 제거하여 두는 것이 좋다.

Q 양식기를 구비할 때 가장 처음에는 어떤 것을 고르면 좋을까요?

A 기본적인 것으로 다음의 것들을 구비하면 좋다. 디너 접시, 디저트 접시, 시리얼 볼(혹은 수프접시), 컵, 소서 이 아이템들은 아메리카의 일반가정의 기본 아이템이다. [테이블 파이브]라고도 하며, 가장 사용빈도가 높은 5점을 조합해두면, 1인 식사에서부터 티타임, 접대까지 할 수 있는 합리적인 세트이다. 기호에 따른 디자인으로 2인분, 4인분을 구비하여 사용하는 것도 좋다. 색은 흰색이 가장 무난하다.

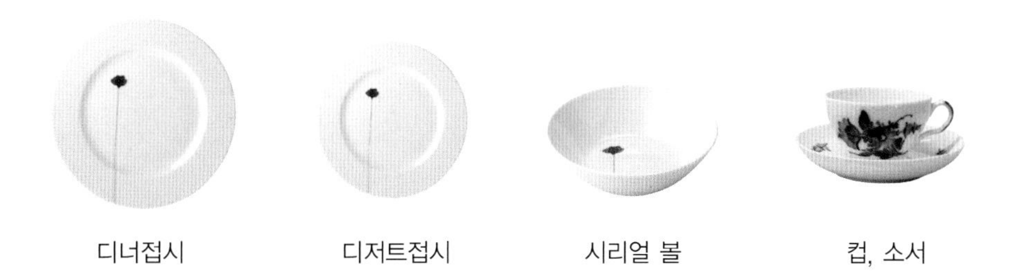

디너접시 디저트접시 시리얼 볼 컵, 소서

Q 커틀러리와 글라스의 구입은 어떻게 할까요?

A 커틀러리도 식기처럼 기본적인 아이템부터 구비해 나가는 것이 좋다. 디너 나이프, 디너 포크, 디너 스푼, 후르츠 포크(혹은 케이크 포크), 티스푼으로 이것도 아메리카가정의 기본으로 [파이브 피스]라고 한다. 디너 나이프, 포크, 스푼은 요리 전반에, 디저트 포크는 샐러드나 디저트, 티스푼은 커피, 홍차, 아이스크림에도 사용할 수 있어, 최소한 이 5종류만 있다면 편리한 구성이라 할 수 있다. 디자인은 심플한 것이 식기에 맞추기 쉽고 질리지 않는다.

디저트 포크 디너 포크 디너 나이프 디너 스푼 티스푼

글라스는 각 가정이 즐겨 마시는 음료에 따라 다르지만, 스템이 있는 것과 응용범위가 넓은 텀블러 둘 다 있으면 편리하다. 와인 글라스, 고블렛, 샴페인 툴, 주스 텀블러, 올드 패션 글라스 이것만 있으면, 와인, 샴페인, 맥주, 위스키, 소프트드링크 등 일반적으로 자주 마시는 대부분의 음료에 대응이 가능하다. 매일의 식사부터 접대까지 폭넓게 활용할 수 있다.

레드 와인 글라스

화이트 와인 글라스

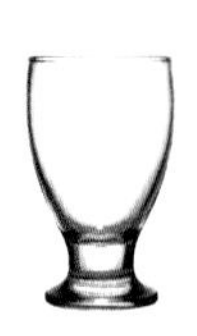

고블렛

샴페인 글라스

주스 텀블러

올드패션 글라스

Q 영국식과 프랑스식 테이블셋팅은 어떻게 다른가요?

A 영국식은 옆으로 직선적인 형으로 놓는 것이 특징이다. 커틀러리는 정면을 향하게 두고, 아래의 라인에 맞추어 놓는다. 글라스는 정면보다 오른쪽에 가깝게 배치하고, 반드시 빵 접시가 두어진다.

프랑스식은 전체적으로 곡선적으로 놓는다. 커틀러리는 라인을 맞추어 두는 경우도 있지만 조금씩 높이를 다르게 하여 둔다. 글라스는 중앙에 모으고, 빵 접시는 기본적으로 사용하지 않는다.

형식을 중시하는 영국식에 비교해 프랑스식은 시각적 이미지를 중요시한다.

영국

프랑스

Q 영국과 프랑스의 식사 매너는 어떤 차이가 있나요?

A 커틀러리의 두는 법에 차이가 있다. 식사중에 커틀러리를 두는 경우, 영국식은 팔자로 하여 접시 중앙에 두고, 가장자리에 걸치지 않도록 한다. 프랑스식은 포크를 엎어서 비스듬하게 둔다. 식사 후에 커틀러리를 두는 경우 영국식은 커틀러리를 나란히 하여 일자로 그릇 위에 올려 두며, 프랑스식은 나란히 하여 사선으로 그릇 위에 놓는다.

영국

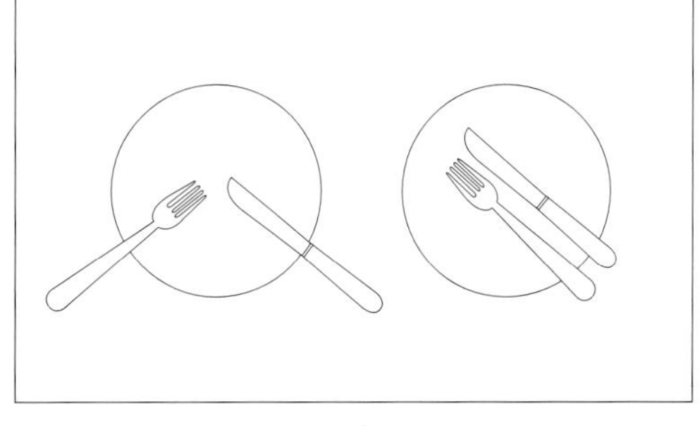
프랑스

Q 냅킨의 색상은 어떻게 고르는 것이 좋을까요?

A 냅킨의 색상은 포멀한 자리를 제외하고는 특별히 규칙이 없으므로, 분위기에 맞추어 고르는 것이 좋다. 기본적으로는 테이블 클로스와 같은 색 혹은 동색계열로 고르면 통일감이, 반대색을 고르면 두드러지는 효과가 있다. 무늬가 있는 클로스의 경우는 클로스 안에 한 가지 색을 클로스에 색이 없는 경우는 그릇의 한가지 색을 고르면 실패하지 않는다.

Q 접는 법도 알고 싶어요. 간단한 방법을 알려 주세요

A 접는 법은 복잡한 것일수록 손으로 만지게 되므로, 입을 닦는 경우를 생각하면 가능한 심플한 편이 좋다.

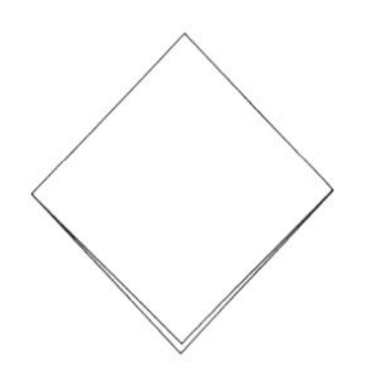

1. 가장자리를 반대편으로 하여 4개로 접는다(2번 접는다는 뜻사각형 4개가 생기므로)

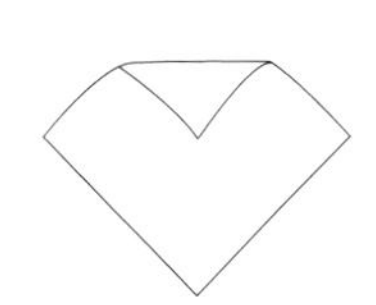

2. 반대편 각을 앞으로 접는다.

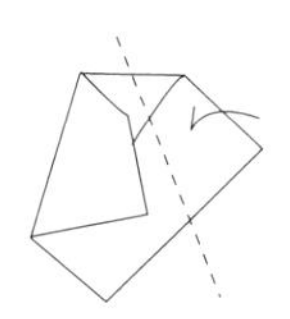

3. 양측을 중심을 향해 접어 겹치게 한다.

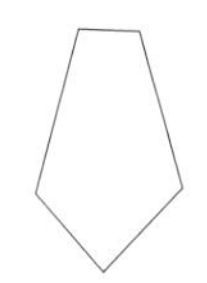

4. 뒤집는다.

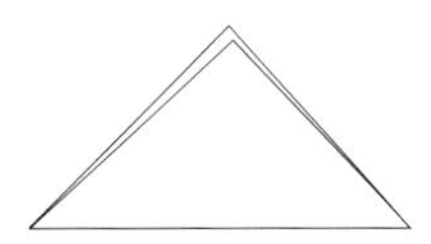

1. 가장자리가 앞으로 오게 3각으로 접는다.

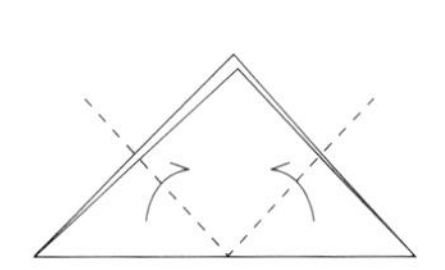

2. 양측을 반대측 각에 겹치게 한다.

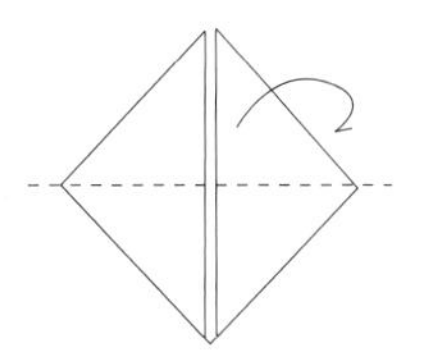

3. 중심을 접는다.

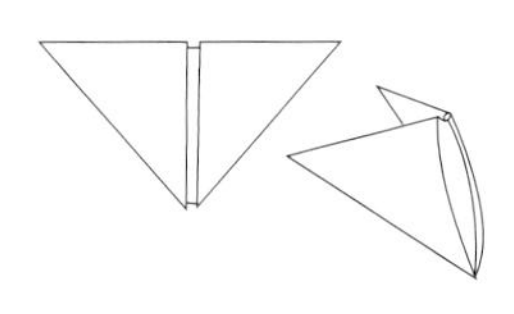

4. 좌우의 각을 마주보게 한다.

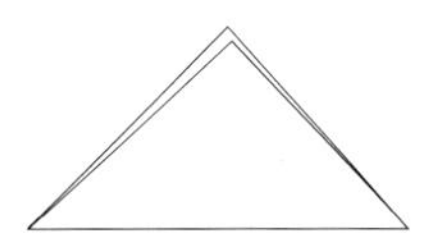

1. 가장자리를 앞으로 오게 3각으로 접는다.

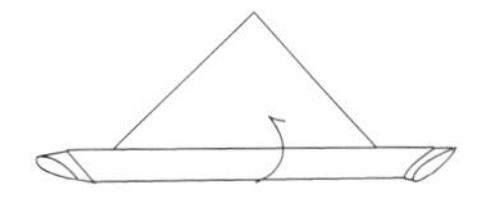

2. 앞을 향해 말아간다.

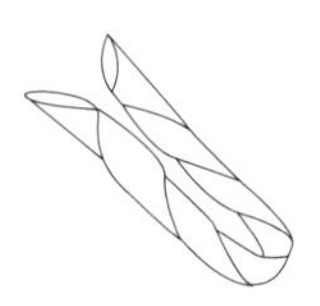

3. 두 개로 접는다.

4. 가장자리가 된 부분부터 글라스에 꽂는다.

Q 식전주와 식후주는 어떻게 고르면 좋나요?

A 식전주에는 위를 자극하여 식욕을 증진시키는 효과가 있다. 쌉쌀하고 알코올 도수가 낮은 것을 고르면 좋다. 샴페인이나 쉐리, 베르모트 등이 일반적이다. 식후주는 배가 부른 위에 자극을 주어 소화되기 쉽게 하는 것 뿐 아니라 식사의 여운도 즐길 수 있게 해 준다. 맛과 향이 강하고 단맛에 알코올 도수가 높은 것이 알맞다. 추천할 수 있는 종류로는 코냑 등의 브랜디(포도주나 과실주를 증류시킨 것)나 후르츠 계의 리큐어(증류주에 과실이나 향료, 착색료, 감미료 등을 더한 것)이다.

식전주에 알맞은 술

샴페인
프랑스의 샴파뉴 지방에서 만들어진 발포성 와인. 그 외의 지역에서 만들어진 것은 스파클링 와인이라고 한다.

쉐리
스페인 남서부에서 만들어진 브랜디를 사용한 알코올강화 와인. [티오페페]가 유명

베르모트
쑥 등의 향료를 더한 와인. 기원전 5세기경, 히포크라데스가 만들었다고 알려졌다.

식후주에 알맞은 술

코냑
프랑스의 코냑지방에서 만들어진 브랜디. 물에 타서 식후주로 하기도 한다.

럼
서인도제도산의 사탕수수를 원료로 한 스피리츠(증류수). 화이트, 골드, 다크의 종류로 나뉜다.

코안토로
서인도의 큐라소도산의 오렌지로 만들어진 리큐어. 산지명에서 오렌지쿠라소라고도 한다.

Q 와인을 맛있게 마실려면 어떻게 해야 하나요?

A 와인을 맛있게 마시기 위해서는 소재나 요리방법과의 궁합을 알아두면 좋다. 크게 나누면 화이트와인은 생선요리, 레드와인은 고기요리에 맞다. 그러나 각각의 와인이 가지고 있는 맛을 고려하여 음식과 맞추는 것이 좋으며, 각각의 토지, 풍토와 기후에 따라 맛이 다르게 형성되기 때문에 프랑스 요리에는 프랑스 와인을, 이탈리아 요리에는 이탈리아 와인을 고르는 것이 좋다.

와인의 종류		마실 때의 온도	어울리는 소재	어울리는 요리 예
화이트 와인	단맛	냉장고에서 2시간 이상 보관한다.	어패류 조류	시몬 마리네
	쌉쌀한 맛			어패류의 샐러드, 생선 튀김
로제 와인				춘권, 어패류의 사프란
레드 와인	가벼운 음식	냉장고에서 1시간 정도 보관한다.	소시지류 조류, 돼지고기	보일 소시지 키친소테
	무거운 음식	실온	오리고기, 쇠고기	스테이크

국내 서적

강진형 외, 「이야기가 있는 아름다운 우리 식기」, 교문사, 2006
구난숙 외, 「세계 속의 음식 문화」, 교문사, 2001
구천서, 「세계의 식생활 문화」, 경문사, 1994
권상구, 「기초 디자인」, 미진사, 1999
김경미, 김경임, 유현석, 「색채와 푸드스타일링」, 교문사, 2005
김규원 외 59인, 「화훼재료 및 형태학」, 위즈밸리, 2005
김복래, 「서양 식생활 문화사」, 대한교과서, 1998
김수인, 「푸드 코디네이트 개론」, 한국외식정보(주), 2004
김종금, 「현대일본요리」, 홍익제, 개정본 2000
김재규, 「유혹하는 유럽 도자기」, 한길아트, 2000
김진숙, 김인화, 최우승, 「파티 플래닝」, 교문사, 2007
김진한, 「색채의 원리」, 시공아트, 2004
김춘일, 박남희 편역, 「조형의 기초와 분석」, 미진사, 2006
나정기, 「외식산업의 이해」, 백산출판사, 1998
노부유키 마츠히사, 오정미 번역, 「노부, 맛의 제국」, 디자이너하우스, 2003
노영희, 「맛있는 음식, 행복한 식탁」, 동아일보사, 2001
남호정외, 「기초 디자인」, 안그라픽스, 2003
도서출판인아, 「화훼장식사 자격시험을 위한 플라워 디자인」, 도서출판 인아, 2005
문영희, 「포토샵 포트폴리오 디자인」, 정보문화사, 2006
미셀 뵈르들리, 김삼대자 옮김, 「중국 가구와 실내장식」, 도암기획, 1996
박윤정 외 5인, 「화훼장식학」, 위즈밸리, 2005
유관호 , 「디지털 색채론」, 세진사, 2001
유홍준, 윤용이, 「알기 쉬운 한국 도자사」, 도서출판 학고재, 2001
윤평섭 외 6인, 「화훼장식 디자인 및 제작도」, 위즈밸리, 2005
오영근, 「세계 가구의 역사」, 기문당, 1999
오춘란, 「조형예술원론」, 동아대학교출판부, 2003
우석진 외, 「컬러리스트」, 영진닷컴, 2005
이승재, 유한나, 김진숙, 김인화, 「푸드스타일링」, 백산출판사, 2008
이연숙, 「서양의 실내 공간과 가구의 역사」, 경춘사, 1991
이연숙, 「실내 디자인 양식사」, 연세대학교출판부, 1998
이유주, 「식공간 디자인 양식사」, 경춘사, 2005
이유주, 「푸드 코디네이트 용어 사전」, 경춘사, 2005
임영상 외, 「음식으로 본 서양 문화」, 대한 교과서, 1997
IAC 한국 총회, 「한국차문화와 다기전」, 재단법인세계도자기엑스포, 2004
I.R.I색채연구소, 「감성만족 컬러마케팅」, 영진닷컴, 2004
I.R.I색채연구소, 「color combination」, 영진닷컴, 2003
양향자, 「푸드 코디네이터 길라잡이」, 양향자, 크로바 출판사
식공간연구회, 「테이블 코디네이트」,
식공간연구회, 「푸드 코디네이트」, 교문사
조은정, 「오늘부터 따라 할 수 있는 테이블 데코」, 쿠켄, 1999
조은정, 「테이블코디네이션」, 도서출판 국제, 2005

참 고 문 헌

주영하, 「그림 속의 음식, 음식 속의 역사」, (주)사계절, 2005
최지혜, 「엔틱 가구 이야기」, 도서출판 호미 , 2005
W. Kandinsky, 「점. 선. 면. 회화적인 요소의 분석을 위하여. 칸젠스키의 예술론Ⅱ」, 열화당, 2004
한국 관광식음료 학회, 「음료학 개론」, 백산출판사, 1999
한국색채학회, 「색색가지세상」, 도서출판 국제
한정혜, 오경화, 「정통 테이블 세팅」, 백산출판사, 2005
황규선, 「테이블 디자인」, 교문사, 2007
황규선, 「아름다운 식탁」, 중앙 M&B, 2000
황재선, 「푸드 스타일링 & 테이블 데커레이션」, 교문사, 2004
황지희, 유택용, 나영아, 「푸드 코디네이터학 」, 효일출판사, 2002
황혜성 외, 「한국의 전통음식」, 교문사, 1990

국내 논문 외

김지영, '이미지 분류와 선호도에 관한 연구–디너웨어를 중심으로' , 경기대학교 관광전문대학원, 석사학위 논문, 2003
김지영, 류무희, '빅토리아 시대의 식문화와 테이블 세팅 요소에 관한 연구'『한국식생활문화학회지』, 19(2), 2004
김진숙, '패밀리 레스토랑의 재방문에 시각적 요소가 미치는 영향에 관한 연구' , 경기대학교 관광전문대학원, 2005
류무희, '테이블 세팅과 푸드 코디네이션을 위한 내용 분석' , 경기대학교 관광전문대학원, 석사학위논문
유한나 , '텍스타일이 식공간에 미치는 영향 연구' , 경기 대학교 관광전문대학원 , 2004
전현정, '아파트 식공간의 단위평면 특성 및 만족도 분석, 경기대학교 관광전문대학원, 석사학위논문, 2005
장혜진, '커틀러리의 역사적 고찰– 유럽의 식탁을 중심으로' ,경기대학교 관광전문대학원, 석사학위논문, 2003
조경숙, '한식당 식공간의 시각적 요소의 중요도와 성과도 평가에 관한 연구' , 경기대학원 관광전문대학원, 석사학위논문, 2000

국외 서적

Aileen Dawson, 「The Art of Worcester Porcelain」, the British Museum press, 2007
Dallas Museum of Art, 「 China and Glass in America 1880~1980」, Harry N.Abrams, Inc., 2000
Hugh Tait, 「Five Thousand Years of Glass」, BRITISH MUSEUM PRESS, 1991
David & Charles, 「Introduction to VICTORIAN STYLE」, A QUINTET BOOK, 1990
The Museum of Asian Art, 「Inaugural Exhibition」, The Museum of Asian Art, 1993
日本フードコーディネーター協會, プロのためのフードコーディネーション技法, 平凡社, 2002
日本フードコーディネーター協會, フードコーディネーター教本, 柴田書店, 1998

참고사이트

www.design.co.kr
www.fooddesigns.com
www.naver.com
www.daum.net
www.google.com

그림목차

그림 · 표 목차

표 목 차

찾아보기 · 인덱스

ㅈ

ㅊ

ㅋ

테이블 코디네이트 Table Coordinate

2008년 8월 30일 초판 1쇄 발행
2021년 8월 30일 초판 7쇄 발행

지 은 이	김진숙 · 유한나 · 전현정 · 이강춘
발 행 인	진욱상
발 행 처	백산출판사
본 문 편 집	안정민
표지디자인	안정민

주 소	경기도 파주시 회동길 370(백산빌딩 3층)
전 화	02-914-1621(代)
팩 스	031-955-9911
등 록	1974. 1. 9 제406-1974-000001호
홈 페 이 지	www.ibaeksan.kr
e-mail	edit@ibaeksan.kr
I S B N	978-89-6183-093-5

정 가 25,000원